U0220775

周丛生物研究方法

吴永红 徐 滢 等 著

科学出版社

北京

内 容 简 介

周丛生物直接影响水-土（或液-固）界面的物质循环、能量流动和信息交换，是生态系统的重要组分和界面过程的关键带、热区。本书是作者研究团队近二十年的方法总结，主要包括周丛生物的特征及其效应、周丛生物综合调查的采样点布设方法、样品采集与保存、室内扩大化培养技术，以及周丛生物样品常见物理、化学和生物指标的分析测试技术等内容。

本书有助于读者学习周丛生物野外调查、样品处理、常见理化生指标分析测试的方法。本书内容涉及水生生物学、土壤学、环境科学、农学、微生物生态学等领域，可作为相关领域的研究生指导用书，还适用于农学、生态学、环境科学、海洋学等领域的研究与技术推广人员，以及相关管理人员阅读与参考。

图书在版编目 (CIP) 数据

周丛生物研究方法/吴永红等著. —北京：科学出版社，2024.1
ISBN 978-7-03-076542-0

Ⅰ. ①周… Ⅱ.①吴… Ⅲ. ①水生生物–研究方法 Ⅳ.①Q17-3

中国国家版本馆 CIP 数据核字（2023）第 189370 号

责任编辑：李 迪 高璐佳 / 责任校对：郑金红
责任印制：肖 兴 / 封面设计：无极书装

科学出版社 出版
北京东黄城根北街 16 号
邮政编码：100717
http://www.sciencep.com
北京捷迅佳彩印刷有限公司 印刷
科学出版社发行 各地新华书店经销

*

2024 年 1 月第 一 版 开本：720×1000 1/16
2024 年 1 月第一次印刷 印张：15
字数：302 000

定价：228.00 元
（如有印装质量问题，我社负责调换）

《周丛生物研究方法》著者名单

主要著者

吴永红　徐　滢

其他著者
（按姓氏拼音排序）

陈志浩　韩燕云　黄宇琳　金泽凡

李　丹　李庭芳　李志福　刘俊琢

刘凌佳　刘苏贤　陆文苑　罗华溢

孙朋飞　孙宇婷　陶　静　王　凯

吴丽蓉　相　棣　周　蕾　周晴晴

主要著者简介

吴永红　男，中国科学院南京土壤研究所研究员（二级）、博士生导师、中国科学院大学南京学院岗位教授，国家杰出青年科学基金和国家优秀青年科学基金项目资助获得者，"国家高层次人才特殊支持计划"科技创新领军人才，科技部"创新人才推进计划"中青年科技创新领军人才。长期从事相界面过程与效应研究，研究目标是减少养分损失、控制农业污染、回收稀缺资源、保护农业环境，促进绿色发展。先后主持国家杰出青年科学基金、国家优秀青年科学基金、973计划青年科学家专题、比尔及梅琳达·盖茨基金会"探索大挑战"计划、国家自然科学基金委员会国际合作、中国科学院"从0到1"原始创新等项目。获国际生物过程学会青年科学家奖、中国青年科技奖、中国土壤学会科技奖一等奖（第一完成人）、中国科学院大学"领雁奖章"、中国科学院优秀导师等荣誉，获授权发明专利15项，其中5项发明专利和1项实用新型专利已成功转让（或许可）。

徐　滢　女，中国科学院南京土壤研究所特别研究助理，国家"博士后创新人才支持计划"获选者。长期从事周丛生物相互作用及其生态效应研究，研究目标是废物流中进行二次资源回收，促进稀缺资源绿色可持续发展。先后主持博士后创新人才支持计划、国家自然科学基金青年科学基金项目、江苏省基础研究计划（自然科学基金）青年基金项目等项目。获授权国家发明专利2项，参与编撰学术专著1部，并在 *Trends in Biotechnology*、*Water Research*、*Bioresource Technology* 等主流学术期刊上发表多篇论文。

致 谢

1. 国家自然科学基金委员会国家杰出青年科学基金
   项目编号：41825021
2. 国家重点基础研究发展计划（973 计划）青年科学家项目
   项目编号：2015CB158200
3. 江苏省重点研发计划-重大科技示范项目
   项目编号：BE2020731
4. 中国科学院"从 0 到 1"原始创新项目
   项目编号：ZDBS-LY-DQC024
5. 比尔及梅琳达·盖茨基金会"探索大挑战"计划
   项目编号：Opp1083413
6. 江苏省农业科技自主创新资金项目
   项目编号：CX(22)1003

序

确保粮食安全不仅是实现经济社会平稳发展的基础，还是保证国家经济安全的关键。在当前"百年未有之大变局"背景下，影响我国粮食安全的国内因素与国际因素相互交织，进一步加剧了我国粮食安全形势的不确定性和复杂性。土壤是粮食生产的根本基石，土壤生态系统是陆地生态系统的核心，是维系人类衣食住行不可或缺的体系。然而，我国土壤，尤其是耕地资源，正面临着养分供需不匹配、地力不足、环境污染等问题，潜在威胁我国粮食安全。

与此同时，我国生态环境保护中水、土、气分而治之，缺乏系统性管治的理念根深蒂固，生态环境结构性、根源性、趋势性压力尚未根本缓解。习近平总书记在进一步推动长江经济带高质量发展座谈会上提出："要继续加强生态环境综合治理，持续强化重点领域污染治理，统筹水资源、水环境、水生态，扎实推进大气和土壤污染防治，更加注重前端控污，从源头上降低污染物排放总量。"

自2014年起，中国科学院南京土壤研究所吴永红研究员带领他的团队经过顽强努力，在全国多处水体、稻田生态系统中设立采样点，对周丛生物的物理、化学、生物特性进行了全面、深入、系统的研究，查明了周丛生物对碳氮磷循环的影响，阐明了周丛生物削减污染物的机制，构建了周丛生物调控生态环境的技术体系。基于长期对周丛生物的研究攻坚，该团队从野外调查采样到室内模型、田间小区试验都具备丰富的研究经验，建立了较为完整的研究体系。

《周丛生物研究方法》一书覆盖了周丛生物综合调查布点设置，采样方法，样品保存，以及周丛生物样品常见物理、化学和生物指标的分析测试方法等方面。首先，该书介绍了周丛生物的特征及其效应，剖析了国内外周丛生物研究方法进展；再对周丛生物调查点位的布设方法、样品采集、保存与培养方法等进行了详尽的介绍；最后，结合团队的研究经验，归纳和总结了周丛生物物理、化学和生物指标的分析测试方法。希望该书能够对周丛生物领域和其他相关领域的科研工作者起到借鉴及启发作用，更希望周丛生物研究领域能出现越来越多的后起之秀。

实施土壤改良和农业面源污染防控是实现土壤健康与农业绿色发展的必由之路。周丛生物的研究与应用为健康土壤构建，以及实现农业面源污染减排提供了新思路和新途径。但是，健康土壤构建和生态环境综合治理是一项复杂、系统的工程，需要统筹考虑环境要素的复杂性、生态系统的完整性、自然地理单元的连续性、经济社会发展的可持续性。周丛生物凭借其超强的适应能力和惊人的功能冗余性，适用于多样的水土环境。同时，周丛生物具备很强的固氮、固碳能力，可调控温室气体助力全球碳中和，它还是一个有机生命体，有其自身发展演化的客观规律，能协同周围环境，促进环境净化、恢复，最大限度地弱化人为干扰，是生态修复的合适选择。我们要站在人与自然和谐共生的高度谋划发展，尊重自然、顺应自然、保护自然，有效降低发展的资源环境代价，这就要求我们科研工作者不能墨守成规，应当走出舒适圈，勇于打破传统，将生态环境与人文、经济等多领域结合，加速推进人与自然和谐共生的现代化，全面推进美丽中国建设。

周丛生物研究作为新兴领域，在有效减少资源消耗的同时可协调水、土、气三大环境体系。应加强周丛生物研究与其他领域交叉融合，在应对日益复杂的环境变化、层出不穷的新型污染物时，因地制宜地采取有力措施，以重点突破带动全局提升。狠抓前沿理论和关键核心技术攻关，培养造就一支国际化的水土科学交叉融合的科技队伍。希望越来越多的科研工作者勇于担当，甘于奉献，进一步挖掘周丛生物功能，扩大应用，挑起国家粮食安全和生态环境保护的历史重担。

目前对周丛生物的研究多是室内试验，或可控规模的野外试验，极少有投入到大规模生产的实践，从周丛生物的基础研究到形成新兴产业还有很长的一段路要走。科研工作的关键就在于守心，任何一个领域"从 0 到 1"的突破均非易事，此书的呈现更是耗费了研究团队大量心血。希望他们继续探索，砥砺前行，以取得的每个阶段性的突破作为下一个起点，重新出发。

朱永官

中国科学院院士

2023 年 11 月

前　言

　　土壤生物地球化学循环是气候、植被、地形、地貌、水文及土壤因素等自然条件的综合反映，研究不同类型生态系统中土壤生物地球化学循环的变化特征，可促进生态系统稳态转换和可持续发展。周丛生物作为生态系统中经常被忽略的一大体系，能够同时连接水体、气体和土壤之间的元素转化，然而目前并没有系统的周丛生物研究方法。因此，我们总结了多年的周丛生物研究经验，撰写了《周丛生物研究方法》一书，希望能尽此绵薄之力让更多研究者了解周丛生物及其研究方法。

　　第一章详细介绍了周丛生物的功能特征。规范了周丛生物的定义，深入剖析了周丛生物的结构组成，阐述了周丛生物的形成过程。着重介绍了周丛生物对环境元素的调控作用，突出了其生态优势和强大功能，不仅能对碳、氮、磷起到调控作用，更能进一步利用自身优势富集金属化合物，从而实现对各类污染物的去除，奠定了周丛生物在生态修复中作用的基础。

　　第二章总结归纳了目前国内外周丛生物研究方法进展。介绍了目前周丛生物的野外采集和室内培养一体化技术，归纳了周丛生物一系列理化性质的检测技术。高通量测序等组学技术可有效表征周丛生物群落特征，监测周丛生物群落的动态变化，从微生物内部互作的角度解释周丛生物的生态功能多样性。最后总结了各种成像表征技术，可探索周丛生物基质的可视化过程，有助于从宏观到微观完整地认识周丛生物。

　　第三章介绍了周丛生物调查点位的布设方法，详细阐述了调查点位的选择依据、采样频率等，确保采样科学，样品可靠。除了常见的农田生态系统采样，还列举了森林生态系统、草原生态系统、淡水生态系统，给刚进入周丛生物领域的初学者尽可能地提供理论上的指导。

　　第四章承接第三章的内容，具体介绍了周丛生物的采样方法，包括采样所需要的材料和器具、采样要点、采样记录等，适用于稻田、沟渠、河流、水库、湖泊等多类生态系统。同时阐述了周丛生物的培养和富集的方法，包括野外富集方法、室内静态和动态扩大化培养方法及人工快速驯化具有特定功能周丛生物的方法。

　　第五章介绍了周丛生物物理指标测试方法，包括覆盖度、厚度、粗糙度和三维图像构建等。读者可依据周丛生物形态、测试要求选择合适的表征测试技术。这些物理特征的揭示可从不同层面、不同角度展现周丛生物的物理结构和内部微观过程。

第六章列举了周丛生物化学指标的测试方法，所涉及的指标包括碳、氮、磷、钾、钠、钙、镁、硫、铁、锰、铜、锌、钼、硅、氯、硼这16种元素，由于周丛生物的特殊性质，其既不属于土壤也不属于植物，这些检测方法都是我们多年反复实验的结果，希望能对读者有一定的指导作用。

第七章总结了周丛生物生物指标测试方法。研究周丛生物生物量，并对周丛生物群落结构的变化进行动态监测，有利于进一步研究周丛生物在不同气候带的分布，保护土壤和水体健康，促进农业生态系统的可持续发展，以及探究周丛生物对海洋设施的危害及防治措施。

值本书出版之际，特别感谢科技部、国家自然科学基金委员会、中国科学院、江苏省科技厅等单位长期以来对我们工作给予的大力支持和资助。特别感谢著名土壤学家朱永官院士在百忙之中为本书撰写序言，感谢他一直以来对著者及所在实验室给予的学术上的指导和鼓励。

初稿写成之后，徐滢、陶静为本书统稿和修改做了大量工作。由于各种原因，本书疏漏之处还很多，尤其随着新技术和新方法的应用，周丛生物研究方法还需进一步跟上时代，但是，我们仍然本着抛砖引玉的理念，希望本书的出版能够吸引更多的学者来研究周丛生物，推动和加强周丛生物研究领域的发展。

著　者

2023 年 11 月

目　　录

第一章　周丛生物的特征及其效应

第一节　周　丛　生　物

一、周丛生物的定义

周丛生物是指生长在淹水基质上的微生物聚集体及与其交织的非生物物质（如铁锰氧化物）的聚合体，又名自然生物膜，广泛分布于水生生态系统，尤其是浅水生态系统（Wu，2016）。典型的浅水区域如稻田、沟道、河道、湖泊和湿地等，可以为周丛生物的形成和生长提供光照、水分、养分和温度等适宜的环境（Kasai，1999）。而进入工业社会以来，大部分浅水区域不同程度地受到人为活动的影响，如稻田中会大量使用化肥、秸秆和生物炭；湖泊、河道和湿地等都会受到工业废水、生活污水的污染，最终浅水区域受到人类活动影响后不可避免地影响各自的周丛生物（图1-1）的群落组成、生长和功能，从而影响周丛生物对外界环境的响应，进一步影响对氮、磷、有机碳和金属矿物的调控以及有机污染物的去除效率（Lu et al.，2017）。

图 1-1　稻田周丛生物照片

二、周丛生物的组成

周丛生物包括显性的生物相（细菌、藻类、真菌、原生动物和后生动物）和由胞外聚合物、矿物质（铁、锰、铝和钙）及营养物质（氮、磷）组成的次要的非生物相（Wang et al., 2022b），其是一个以微生物和藻类为主的微生态系统。因其复杂的微生物组成，周丛生物被广泛用于环境修复的多个领域。最近，大量研究表明，周丛生物在土-水界面的营养传递平衡、有机污染物的降解和氧气渗透等方面发挥了重要的作用，并以此保持了该生态系统的功能多样性和群落结构的稳定性。

（一）微生物等有机组分

周丛生物的组成元素多样，主要由不同类型的微生物（细菌、真菌和病毒）组成，同时被聚合物基质所包裹，最终形成层状结构而存在。细菌作为周丛生物的主体，其产生的胞外聚合物（extracellular polymeric substance，EPS）可以促使周丛生物形成膜状结构，并作为周丛生物的基础结构（Bengtsson et al., 2018）。周丛生物中的细菌种类很大程度上取决于周丛生物所处的环境及其生长速率，如外部温度和细菌在周丛生物中的空间分布等环境因素、水中的营养状况和细菌的附着生长状况。和没有细胞核的细菌相比，真菌具有明显的细胞核且没有叶绿素，并且大部分会形成丝状结构。在降解有机物方面，真菌一方面利用范围广泛的有机物，包括多种含碳有机物，另一方面对难降解有机物如木质素等的降解具有比细菌更好的效果。事实上，周丛生物是喜光的生物体，在光照的影响下会形成藻类，并且藻类成为周丛生物的主要成分，从人工的生物滤池表层滤料和稳定塘中的附着污水中的填料，再到自然环境中的溪流和沟渠都会附着周丛生物，其中大部分以藻类为主要成分。动物界最低等的单细胞动物如原生动物，主要以细菌为食，发挥了维持周丛生物中细菌种类结构合理并保证细菌种群的活动旺盛的作用。多细胞后生动物，包括线虫类、轮虫类、寡毛类和昆虫及其幼虫等，在周丛生物中发挥着维持生态系统稳定的作用。

（二）无机矿物质

周丛生物中除了丰富的有机物外，同时富含大量的矿物质，主要以铁、锰和铝的氧化物形式存在，并因此具备富集痕量金属和磷等元素的能力。在水体中，广泛存在的铁和锰的水合氧化物往往附着于微生物表面或者其他多种矿物基质（硅铝酸盐、碳酸盐和黏土）表面，从而形成表层附着层，尽管其在周丛生物基质中的质量占比很小，但在很大程度上驱动着周丛生物的地球化学循环，正因如此，应当重视矿物质在周丛生物研究中的重要性（郭军权和吴永红，2019）。应当注意，不同水体中的天然水合铁氧化物的性质和状态一般不同，而且还掺杂着多种元素（如钙、硅和磷），直接导致了这些铁氧化物的吸附和迁移特性存在很大的差异。例如，水合锰氧化物在天然水环境中被公认为由微生物控制，并且通过生物作用氧化形成的锰氧化物的表面吸附性能比非生物过程形成的锰氧化物的表面吸附性能高（Guan et al.，2020）。

矿物质对周丛生物有着显著影响，具体表现在以下 4 个方面。①为细胞提供微量元素。微生物可以通过多种途径来获得周丛生物所需的矿物质微量元素，具体为微生物代谢产物如铁转运蛋白、氰化物和有机酸可促进金属离子的溶解释放。②作为微生物呼吸的电子源或汇。微生物将变价金属矿物作为电子供体和受体，直接改变了金属价态，并促进了矿物质在沉积物或者土壤中的溶解等。③作为周丛生物的生长基质。矿物质在稻田系统中可以作为周丛生物黏附的载体，因为矿物质能够为微生物提供一个相对稳定的环境，并促进胞外聚合物（EPS）的粘连。④促进微生物细胞之间的相互作用。最近发现沉积物和土壤中广泛分布的赤铁矿、黄铁矿和磁铁矿等（半）导体氧化铁，可以为电活性微生物之间的氧化还原提供天然电子传递介体，从而实现空间上分隔的氧化还原的耦合。周丛生物中的各种微生物可以通过多种途径与矿物质发生反应，影响着周丛生物的功能和性质，从而对自然界生态系统中氮、磷、硫和铁等的生物地球化学循环产生重要作用（Kato et al.，2010；Ng et al.，2016）。

（三）微生物聚集体

周丛生物的复杂群落结构和无机矿物质等会组成一个小型生态系统，各种生物化学作用无时无刻不在发生，如细菌异常强大的竞争力要优于浮游植物，在对有机物质发挥同化作用时，其可以和高等水生植物上附着生长的藻类处在相对平衡的状态。这是因为浮游植物所需要的营养物质在自然水体中太过分散，但是附着藻类可以在高等植物分泌的营养物质形成的小生境下获得生长所需的充足的营养。高等植物会影响附着藻类的生产力、种类组成和种群演替等。而高等植物的生长过密会导致光线供给不足，极大地影响附着藻类和浮游藻类的光合作用。

周丛生物与单一物种相比具有复杂的组成结构，微生物可以附着在基质上并被 EPS 包围从而实现稳定的生长（Brileya et al.，2014），并且其内部巨大的网状结构可以聚集微生物和吸附其他物质（Liu et al.，2017）。此外，周丛生物具有非常好的生物多样性，导致了不同微生物之间的复杂相互作用，形成了具有强大功能的稳定微生物群落（Wang et al.，2022a）。周丛生物中不同代谢类型的微生物相比单一菌种可以保护整个生物聚集体，从而获得对不利环境的抵抗性（Rather et al.，2021）。

周丛生物是一个互利共生的微生物聚集体，如微藻和细菌之间具有共生关系。微藻为细菌的生长提供有机物（如蛋白质和碳水化合物）以及栖息地（Unnithan et al.，2014），而细菌可以消耗 O_2 以及释放 CO_2，以此降低光合作用释放的氧气的含量，同时为微藻的生长提供 CO_2（Yao et al.，2019）。这些微生物可以通过交换代谢物来建立共生关系，从而提高整体的养分去除效率和生产力（Mendes and

Vermelho，2013）。另一个微生物共生的典型例子可以很好地证明这点，产甲烷菌尽管在热力学上不可能实现和其他菌种的共生关系，但在高浓度的碳源以及存在自养和异养微生物的条件下，这种共生关系得到实现（Abreu et al.，2011）。

在自然界，生态系统中往往共生与竞争并存，以此维持生态系统的稳定。周丛生物作为自然生态系统的组成部分，也相应地存在竞争和拮抗作用（Wu et al.，2017a）。例如，研究表明，枯草芽孢杆菌和金黄色葡萄球菌对小球藻素这种抗菌物质表现敏感（Sung and Jo，2020）。与此类似，细菌可以分泌具有杀藻功能的代谢物（Mu et al.，2021）。周丛生物中共生与拮抗往往同时存在，也正是由于微生物的这种复杂性能，周丛生物的功能才会十分强大。

（四）胞外聚合物

胞外聚合物（extracellular polymeric substance，EPS）是自然水体周丛生物的重要成分（Kilic and Bali，2023），在周丛生物的形成、功能和结构等方面发挥了重要作用。EPS 为周丛生物中细菌等分泌的有机高分子混合物，主要成分为蛋白质、腐殖酸、多糖、核酸和脂类等大分子物质。多项研究表明，EPS 中多糖、蛋白质和脂质的组成分别占 10%～57%、2%～63% 和 1%～22%（Butt et al.，2020；Hattich et al.，2023；Kianianmomeni and Hallmann，2016）；EPS 中的腐殖酸类物质含量极少并且分布区域较单一，主要分布区域为污泥絮体的外部；核酸是微生物死亡裂解时所释放出来的内容物质（王冬等，2019）。由于周丛生物的微生物组成和结构复杂，因此形成的 EPS 含量和组成有着很大差异，并且周围环境条件、周丛生物的生长阶段、提取方法和所使用的分析工具也在很大程度上影响着 EPS（Sangroniz et al.，2022）。

不同地区的微生物分泌的 EPS 可能不同，位于不同位置的微生物由于其组成结构的差异，分泌的 EPS 也可能存在差异。EPS 可细分为结合性胞外聚合物（bound extracellular polymeric substance，B-EPS，包括囊聚合物、鞘、凝胶体和附着的有机材料）、松散性 EPS（loose extracellular polymeric substance，L-EPS，包括松散结合的聚合物）和可溶性 EPS（soluble extracellular polymeric substance，S-EPS，包括可溶性大分子、黏液和胶体）（Ahn et al.，2006；Maqbool et al.，2019）。B-EPS 的组成为微生物产生的结合体聚合物和水解、裂解产物等。L-EPS 可形成一个保护性屏障，抵抗外部胁迫。S-EPS 作为溶液中的游离部分，主要成分有附着在表面的水解产物、微生物渗出物和细胞裂解产生的有机物。EPS 可以影响表面电荷、传质、絮凝能力、脱水能力、沉降性能、黏附能力和周丛生物的各种物理化学特性（Costa et al.，2013）。

EPS 在周丛生物中所占的比例较高，这一特性表明周丛生物可以作为制备生物絮凝剂的良好材料来源。传统的生物絮凝剂的制备方法主要为提取培养的单一微生物分泌的 EPS。然而，单一微生物分泌的 EPS 不仅含量低且结构单一，无法产量化。其带来的是高昂的絮凝剂制作成本，从经济上制约了微生物絮凝剂的广泛应用。而微生物聚集体（如周丛生物）中的 EPS 含量丰富（Sun et al.，2018），可以提高 EPS 的产量，十分适合作为制备微生物絮凝剂的原料来源。

三、周丛生物的结构

周丛生物是由细菌、真菌、微藻、原生动物、后生动物、矿物质、EPS 等组成的空间结构，该结构影响着周丛生物的运输能力从而显著影响着周丛生物的活性（图 1-2）。可以通过多种概念和数学模型来解释周丛生物的功能与结构（O'Toole et al.，2000；Roy et al.，2018）。例如，将周丛生物系统划分为特定的分隔小单元：大块液泡、周丛生物、基质、可能的顶部空间。周丛生物单元进一步被细分为表面膜和基膜（Yin et al.，2019）。通过激光扫描共聚焦显微镜的扫描结果可知，周丛生物表面不是规则的，微生物的分布也不均匀。这一结果表明，周丛生物具有复杂的结构，细胞排列方式为层状或簇状，包含空洞、通道、细丝和空隙（Lu et al.，2014）。空洞的存在对周丛生物的基质、产物与水相（有效交换表面）的交换及传质（平流）有相当大的影响（Yin et al.，2019）。

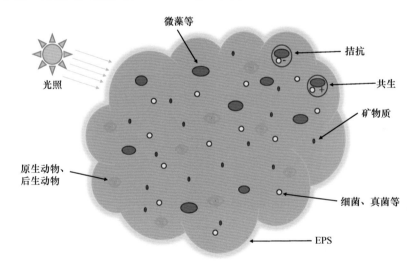

图 1-2　周丛生物组成和结构示意图

由于周丛生物适应的表面和栖息地多种多样，其不同类群的形态结构存在很大的差异。周丛生物的微生物从直径约 1 μm 的单个细胞到长达数十厘米的大型藻类，大小不等。其形状从简单的不活动的单细胞到活动的多细胞的丝状结构，各不相同。非活动形式的单细胞藻类、丝状藻类和集落藻类通过黏性分泌物及适应特殊环境的细胞附着在底物上。一些分类群［如毛枝藻属（*Stigeoclonium*）］的形态存在差异，如分为基细胞和丝状细胞。基细胞形成宽广的横跨底物表面的水平伸展细胞，基细胞又可垂直发育为丝状细胞。蓝藻和绿藻等单细胞生物的黏性分泌物可以像硅藻一样组织成特殊的管、柄或垫，也可是无定形的（Yan et al.，2023）。

　　总的来说，从层级排列的角度来看待周丛生物，可以看出周丛生物主要由细胞和胞外多糖组成。周丛生物的结构排列在时间和空间上是复杂的，同时还可以结合在一起形成如基膜和离散的细胞团（可以呈现各种尺寸和形状）等二级结构。此外，周丛生物内部基膜、细胞团与团之间空隙的排列决定了整体的周丛生物结构。水动力条件（剪应力和流速）及电化学条件等许多其他因素也可以影响周丛生物的组成和结构（Agrawal et al.，2020；Schilcher and Horswill，2020；Kerdi et al.，2021）。

第二节　周丛生物的形成及其理化特性

一、周丛生物的形成过程

　　周丛生物广泛分布于水-土界面，对养分运输和元素循环都有重要影响。由于初始附着生物、土壤和上覆水理化性质不同，周丛生物的形成过程较为复杂，根据生物量和空间结构不同将其形成过程划分为定殖（初始附着）、生长（扩散）和成熟三个阶段（图 1-3）（Monroe，2007）。随着周丛生物的形成，生物量逐渐增加并趋于稳定，微观结构和三维形态发生变化，微生物群落结构趋于稳定，生物多样性先增加，然后趋于稳定（Hartmann et al.，2019）。周丛生物的形成可以概括为以下 7 个过程：①水-土界面的微生物掉落在土壤表面，或土壤中微生物向上繁殖到达土壤表面；②微生物在土壤表面繁殖，形成一层微生物细胞组成的薄膜；③继续繁殖，细胞薄膜生长变厚，并松散地附着；④继续生长，聚居的微生物膜紧密地黏结在土壤表面；⑤多种聚居微生物膜形成群落，产生胞外聚合物进一步黏附细胞和土壤；⑥微生物群落继续向上和向下生长、变厚，三维形态更加复杂，内部由胞外聚合物紧紧相连；⑦周丛生物成熟，新的微生物加入，形成稳定的群落，无机和有机成分结合，物种的生长和脱落交替进行。

图 1-3　周丛生物的定殖、生长和成熟阶段

有研究者将周丛生物形成过程划分为初始附着、不可逆附着、成熟和分散四个阶段，认为周丛生物的形成有一条可逆转和不可逆转的附着的分界线，因为初始黏附在基质表面的"先驱细胞"对后续出现的细胞有很强的吸引力，周丛生物形成速度会逐渐加快，最终形成一个具有空间结构的稳定的微生物聚集体（Hartmann et al.，2019）。也有研究者从动力学角度探究流动水体中周丛生物的形成特征，发现周丛生物的物种组成、结构特征等受到水体流速带来的剪切力的影响。此外，附着基质对周丛生物的形成过程和生长繁殖也有影响，这主要是因为基质的表面光滑程度影响微生物的初始定殖。

二、周丛生物生物量变化的影响因素

作为微生物聚集体，周丛生物具有多种功能，它们对于支持环境生物修复技术、碳排放和稻田养分循环至关重要。已发现周丛生物在废水、地表水和地下水的生物修复中具有潜力，例如，可降低纳米粒子的毒性和从废水中回收磷（Peng et al.，2022；Wu et al.，2010b）。使用周丛生物修复环境污染物的技术越来越受欢迎。周丛生物反应器对废水中铜（Cu）和镉（Cd）的去除率非常高，增强了对重金属离子的耐受性，并对微塑料有显著去除作用（Zhang et al.，2017）。其还可作为绿色材料用于净化被高浓度结晶紫和硝酸盐污染的水体（Sorour，2023；Zhu et al.，2019）。在稻田中，周丛生物固定的二氧化碳量占固定二氧化碳总量的10%左右，还充当磷缓冲池（Wang et al.，2022c）。

为了量化研究周丛生物的功能，研究人员从不同的角度对周丛生物进行了表征（Romanów and Witek，2011）。但由于表示方法的多样性，不同研究的结果不可比。生物量通常使用质量来表征，并使用湿重来测量，但存在包含生物和非生物物质的缺陷（Morin and Cattaneo，1992）。一些研究人员还使用代谢率来表征生物量，并使用全磷消耗率来量化生物量（Rodríguez et al.，2012）。但这种方法不严谨，因为没有考虑非活性物质，并且消耗率和生物量的换算系数不是常数。此外，由于藻类生物量通常占周丛生物的大部分，因此叶绿素 a 浓度也用于量化生物量（Lamprecht et al.，2022）。然而叶绿素 a 的浓度显示的是绿色部分的信息，它的缺陷是非绿色周丛生物也占据了生命周期的一部分，但没有被表征。因为胞外聚合物具有很强的吸附能力，其是影响周丛生物功能的重要因素。胞外聚合物用于显示非生物成分，按成分和含量进行量化。α 多样性和 β 多样性用于显示群落结构。研究人员使用扫描电子显微镜初步量化了周丛生物的生物体积和表面积。通常，周丛生物的物理特性包括生物量、生物体积、表面积、孔隙率和三维结构。化学性质包括总氮、总磷和总有机碳。微生物群落结构包括 α 多样性、β 多样性、优势微生物种类等。群落功能包括胞外聚合物、酶活性、金属离子含量等。每个指标都显示了周丛生物的部分特征，它们在全面表征周丛生物方面都存在缺陷。

另一个表征周丛生物生物量的强大工具是模型。先前的研究基于特征返回时间和时间延迟之间的联系，构建了离散和连续情况下周丛生物生长的一般模型，强调周丛生物稳定的一般要求是更长的恢复时间（Saravia et al.，1998）。多年来研究者还开发了基于动力学的模型，以根据养分吸收、颗粒附着和颗粒去除过程量化生物量（di Leonardo，1998）。为了简化未来生态调查的抽样（Bucklin et al.，2015；Rovzar et al.，2016），一些研究人员提出测量物理、生物变量和营养素作为解释变量来建立周丛生物模型（Cattaneo et al.，1993）。研究者还开发了周丛生物生物量和水质参数模型，生物量变化与生长早期的外部变量之间具有良好的相关性，但这种相关性在中期失去了。随着群落复杂性的增加，内部转化比与外部水环境的交换更重要，需要涉及更多的生态因素（Biggs，1988）。由于周丛生物生长与外界环境的复杂关系，以及需要考虑生态因素的增加，数据驱动的非线性模型近年来发展迅速。根据巴西河流的采样结果，使用人工神经网络通过 20 个水环境变量预测物种丰富度和丰度（Rocha et al.，2017）。在另一项研究中，使用三种机器学习模型根据外部水质数据对日本河流中的周丛生物生物量进行建模和预测（Huang et al.，2021）。来自新西兰河流的数据集被用来探索变量的重要性，如积累期和养分对叶绿素 a 峰的影响（Kilroy et al.，2020）。稻田是典型的水生生态系统，然而，我们对不同地区的稻田周丛生物生物量知之甚少。此外，以往的研究都是以生物量为基础对周丛生物进行表征和建模，而没有关注周丛生物其他特性的表征和量化，表现出不完整的特性。

本团队基于 2015～2019 年对中国不同气候区典型稻田周丛生物、土壤和上覆水体的采样，构建了水稻周丛生物、土壤性质、上覆水养分和气象因子数据库。共收集了 1080 个样本点，覆盖了中国 20 个城市。使用机器学习模型构建了高度准确的周丛生物生物量模型，并提出了一种表征周丛生物的周丛生物综合指数（BCI）方法，包括物理（生物量）和化学性质（总氮和总磷，以及金属离子）、群落结构（α 多样性和 β 多样性）和功能（酶活性和胞外聚合物）。进一步构建可解释的高性能机器学习模型，根据周丛生物生长的环境条件（土壤、上覆水和气候因素）对 BCI 进行建模，并评估多种机器学习模型在预测周丛生物 BCI 中的潜在应用，从而进一步准确地表征和量化水稻周丛生物。

随机森林模型分析结果表明，土壤（总有机碳、Fe、Ca 含量等）、气候（辐射、日照时数、年平均降水量）、周丛生物总氮和胞外聚合物含量对周丛生物生物量有重要影响。相关分析发现，周丛生物生物量与土壤有机碳含量呈正相关关系，与纬度呈负相关关系。为了进一步探讨土壤、上覆水和气候因素对周丛生物生物量的影响，我们通过方差分解分析发现，土壤因素对周丛生物生物量变化的贡献较大，而上覆水和气候对周丛生物生物量变化的贡献较小。

为了探究各因素对周丛生物生物量的影响大小，使用具有 2 个链、10 000 次迭代和 1000 次运行预热的 R 包 brms 拟合模型。结果表明，辐射强度是周丛生物生物量的最强决定因素，在辐射强度高的地方生物量水平高。年均温对生物量有直接和间接的负面影响。我们发现年均降雨量对生物量没有显著的直接影响，但由于降雨对上覆水养分和土壤特性的影响更大，年均降雨量确实具有间接影响。如上所述，年均降雨量对生物量的影响是由土壤总有机碳介导的。土壤总有机碳对生物量具有积极且显著的影响，并且通过影响土壤质地和离子交换能力来决定生物量水平。土壤质地对生物量有显著的正向直接影响，同时介导土壤总有机碳对生物量的正向间接影响，阳离子交换能力对生物量有负向直接影响，同时介导土壤总有机碳对生物量的负向间接影响。

使用数据驱动的机器学习方法对稻田周丛生物生物量进行建模，以预测不同地区的周丛生物生物量。使用 8 种机器学习模型对周丛生物生物量进行建模，利用土壤和气候数据预测不同区域的周丛生物生物量，包括贝叶斯一般线性模型、贝叶斯岭回归、贝叶斯正则化神经网络、支持向量机、贝叶斯套索回归、随机森林、贝叶斯尖峰-平板（spike-and-slab）回归及线性判别分析（LDA）回归模型。其中，随机森林法的模型精度和拟合度最好。使用年均降雨量、年均温和土壤总有机碳，预测了中国稻田的周丛生物生物量。周丛生物生物量主要受土壤总有机碳、年均温和年均降雨量影响，使用这三个变量对周丛生物生物量进行建模及预测，预测结果表明东北地区单位面积周丛生物生物量较高，这是由于土壤总有机碳含量较高。由于具有较高的年均温和年均降雨量，南部地区的周丛生物生物量较高。

为了进一步了解水稻周丛生物的综合特性，我们通过量化周丛生物的物理、化学、群落和功能特性构建了周丛生物指数。结果表明，上覆水物理化学特性解释了 BCI 的最大变化，土壤和气候因素分别解释了较小的变化。结果表明，上覆水的理化性质对周丛生物的物理、化学、群落和功能影响最大。结构方程模型表明，年均降雨量和日照时数对 BCI 有正直接影响，上覆水 pH 对 BCI 有正直接影响，而土壤总有机碳和土壤质地则有负间接影响。

周丛生物生物量受气候因素影响最大，其中年均温和辐射强度贡献最大。以往的研究发现热带地区的周丛生物胞外聚合物含量较高。也有研究发现光照对周丛生物的发育有影响，周丛生物的叶绿素 a 浓度受年均温和降雨量的影响（Sun et al.，2022b）。土壤因素对周丛生物生物量的影响主要由总有机碳、pH 和阳离子交换能力决定。最近的研究发现，土壤总有机碳对周丛生物胞外聚合物含量有积极影响。中国周丛生物生物量的空间分布表明，东北和南方生物量较高，有研究发现总有机碳和年均温高的地方周丛生物叶绿素 a 含量较高。生物量仅代表周丛生物的物理特性，BCI 则表征周丛生物的综合特性。与生物量不同，周丛生物的综合性能受到年均降雨量的直接正向影响，这可能是因为降雨影响土壤、上覆水养分和周丛生物的迁移和移动，因此对周丛生物的综合指标影响更大。

综上，周丛生物生物量由多种指标表征，包括叶绿素 a 浓度、湿重、总有机碳含量、厚度和 ATP 消耗速率等。根据本团队的研究，周丛生物生物量主要受气候、土壤和上覆水理化性质影响。其中年均温和辐射强度对周丛生物生物量影响最为显著；在上覆水理化性质中 pH 对周丛生物生物量的影响最大，此外，土壤总有机碳、总氮和总磷对周丛生物生物量也有显著影响。根据表征方法的不同，周丛生物生物量的影响因素也不同。叶绿素 a 浓度受到辐射强度和水温的影响较大，湿重受到含水量的影响。因此我们需要强调构建周丛生物综合指数的重要性，想要探究周丛生物生物量的影响因素，就需要先将周丛生物生物量的表征和量化进行统一及规范。根据本团队的研究，周丛生物综合指数主要受到上覆水理化性质的影响。由此可见，在考虑周丛生物生物量、理化性质和胞外聚合物的情况下，上覆水对周丛生物的影响最大。

三、周丛生物的胞外聚合物组成及结构

胞外聚合物（EPS）是周丛生物中微生物自身产生的细胞裂解物、高分子质量分泌物、吸附的部分有机物和大分子的水解产物所组成的多聚物（Salama et al.，2016）。EPS 是周丛生物中重要的组成部分，细胞外成分达到整个周丛生物体积的98%（Ras et al.，2011），并且 EPS 的碳水化合物含量很高，占据周丛生物中有机物总量的 50%～90%（Wu et al.，2017c），因此 EPS 也被认为是水生环境中有机碳的重要供应者。EPS 能够通过疏水作用、静电作用、氢键及离子相互作用等将微生物细胞黏结在一起（图 1-4），并且对微生物聚集体结构、沉降性能、表面电荷、脱水性质、絮凝和吸附能力等理化性质有着重要的影响（Herzberg et al.，2009；Salama et al.，2016）。EPS 由微生物的天然分泌物、细胞裂解物和水解产物等组成，其主要成分包括多糖、蛋白质、脂质、腐殖质类物质、DNA、核酸等（Christensen，1989；Flemming and Wingender，2010）。EPS 中蛋白质和多糖含量最高，分别占10%～57%和 2%～63%，而脂质的含量占 1%～22%。EPS 的组成能够决定周丛生物的许多重要性能，如弹性、强度和吸附能力等（Becker，2007）。据报道，EPS 在各种微生物聚集体中的含量和组成差异较大，这主要与微生物培养条件、生长阶段、生物反应器类型、提取方法和分析工具等有关（Salama et al.，2016）。EPS 中不同的组分具有不同的作用，并且能够影响其中微生物聚集体的结构性质和功能。

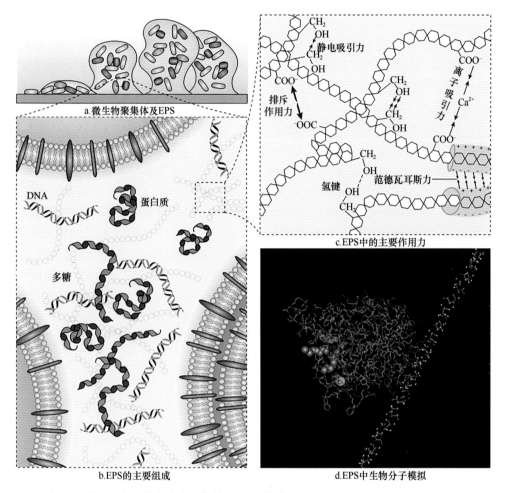

图 1-4　微观尺度下的微生物聚集体及 EPS 基质（Flemming and Wingender，2010）

EPS 中的多糖具有分子质量高的特点（>100 kDa），其中长碳主链和活性侧链的结构是 EPS 具有高絮凝性的主要原因（Yin et al.，2015；Yuan et al.，2011）。细胞外蛋白在 EPS 中的作用是结合多价阳离子和有机分子，并且蛋白质中氨基酸的组成与结构都会促进 EPS 的疏水作用，进而促进微生物聚集体的高聚集活性（Shi et al.，2017）。腐殖质的作用是提高黏附性和充当电子受体，而对 EPS 的絮凝性和吸附作用影响较小（Das et al.，2013；Wingender，1999）。细胞外 DNA（eDNA）的作用则是作为支架确保 EPS 结构的完整，并为生物膜的三维结构奠定基础（Shi et al.，2017）。

EPS 是周丛生物中微生物分泌聚合物等组成的复杂高分子混合物，根据提取方法和结合能力的不同，可以将 EPS 分为可溶性 EPS（soluble EPS，S-EPS）、松散性 EPS（loose EPS，L-EPS）和结合性 EPS（bound EPS，B-EPS）（You et al.，2017）。S-EPS 主要由微生物聚集体分泌的可溶性产物组成，包括 α-D-吡喃葡萄糖和 β-D-吡喃葡萄糖类多糖；而 B-EPS 的主要成分是蛋白质（Janissen et al.，2015；You et al.，2017）。其中 S-EPS 虽然与细胞之间的相互作用较弱，但也有研究表明微生物活性和表面结构特性在 S-EPS 的影响下呈现出不同。外层是松散结合的 EPS（L-EPS），是一个分散的、松散的、边缘不明显的黏泥层，而内层由紧密结合的 EPS（B-EPS）组成，其具有一定的形状并与细胞表面紧密稳定地结合（Salama et al.，2016）。而 L-EPS、S-EPS 和 B-EPS 不同的组分及含量会导致其吸附和絮凝性能出现差异，这对微生物聚集体的特性也会造成一定的影响（Flemming and Wingender，2010）。

EPS 具有良好的吸附性，可有效吸附去除污水中难溶解的细小颗粒物和胶体状态的污染物。另外，EPS 覆盖在聚集体表面或贯穿其中，通过各种分子间作用、静电作用以及桥接作用，将各种微生物聚集在一起形成一个巨大的空间网状结构，这为保证微生物免受干燥、有毒物质等不利条件的冲击提供了良好的庇护场所。EPS 在周丛生物中所占比例高并且具有絮凝性能较好的特点，因此，周丛生物可以用来制备生物絮凝剂。相比于传统的生物絮凝剂原料，周丛生物中的 EPS 不仅含量高，而且制作成本低，十分适合作为微生物絮凝剂的原料来源。

四、周丛生物内矿物质组成及分布

周丛生物是广泛生于河流、湖泊、湿地环境中的岩石和表层沉积物表面的微生物群落（微藻、真菌、细菌等）与非生物物质（胞外聚合物、矿质元素等）的集合体（Larned，2010；Wu，2016）。其中矿质元素是指除 C、H、O 以外，主要从土壤中吸收的元素。矿质元素是周丛生物生长的必要元素，不仅会影响周丛生物的生长发育，还会影响其有效营养成分的积累（Ibrahim et al.，2019；Zhao and Yang，2022）。类似于藻类，周丛生物体内包含多种矿质元素，其中 N、P、Ca、K、S、Mg 等属于大量元素，而 Fe、Mn、Zn、Cu 等属于微量元素。周丛生物的微生物细胞聚集体之间由 EPS 和矿质元素所填充并存在大量的空隙和通道，为养分和矿物质的吸附、络合和共沉降提供了充分的条件。并且周丛生物中的 EPS 也是重要的矿物质储存库，其中 EPS 上蛋白质常见的官能团，如带正电荷的季胺和叔胺，能与带负电荷的磷酸盐结合，从而达到汇集氮磷营养元素的功能（Wang et al.，2015），同时 EPS 中也存在带有负电荷的官能团（如羧基、磷酰基、巯基、酚基和羟基），可以与金属阳离子（如 Mg^{2+}、Al^{3+}、Ca^{2+}、Fe^{3+}、Fe^{2+}、Mn^{2+}）结合并在 EPS 中形成矿物沉淀（Sun et al.，2021）。周丛生物具有分泌丰富的胞外聚合物的能力，能够黏附金属矿物质，并产生复杂的相互作用，其"层级结构"为基质包裹微生物提供天然屏障,提高了周丛生物及其微生物对重金属元素,如 Cu、Cr、Pb 等的耐受性,同时周丛生物通过吸附、沉淀等过程固定金属离子,实现重金属的去除。

不仅 N、P、K 营养元素在周丛生物生长周期中发挥着关键性的作用,其他矿质元素在调节周丛生物生理功能上也具有重要的作用,其中 Ca 在植物的生理活动中起着稳定结构成分和酶的辅助因子的功能,钙不仅能够调控细胞生长,也能维持细胞壁、细胞膜和膜结合蛋白的稳定性,调控细胞内的各种生长发育过程,还能够作为偶连胞外信号与胞内生理生化反应的第二信使(林小芳和王贵元,2007)。细胞壁上结合位点多,能够大量吸附 Ca^{2+},其浓度能够达到 $1\sim5$ mol/L,可以起到保护质膜和维持细胞壁结构完整性的作用。S 主要存在于生物体的碳水化合物、油脂、蛋白质等的一些代谢产物中,如一些含硫氨基酸、寡肽、植物络合素和辅酶因子等,它们不仅影响蛋白质、氨基酸的物质组成,还能调节酶反应的活性,而且是辅酶、谷胱甘肽和叶绿素等合成的重要介质(Davidian and Kopriva,2010;李国强等,2005)。S 在周丛生物生长代谢过程中也发挥着重要的功能,研究表明 S 的营养水平能够直接影响到藻类光合膜结构和膜脂的合成,进而影响光合作用效率,同时在 S 水平较低的情况下藻类能够通过调节硫酸盐转运体的活性,影响捕获外源硫素和控制细胞分裂的进程,进而减少内源硫素的损失(Nikiforova et al.,2003)。Mg 是叶绿体的重要组成部分,能够维持叶绿体结构的稳定性,研究表明在植物体内会有 15%~30% 的 Mg 与叶绿素结合,影响着光合作用的进程(Karley and White,2009)。其中在光反应上,Mg 提高了叶绿素的可变荧光 Fv 和 PSII 原初光能转化效率(Fv/Fm),进而提高了光系统 II(PSII)的活性;对于暗反应来说,Mg 的功能主要表现在调控核酮糖-1,5-双磷酸羧化酶(RuBP 羧化酶)上,从而增加了它对底物的亲和力和反应速率(张亚晨,2018)。

微量元素虽然在周丛生物体内含量较少,但对周丛生物生长发育却有着重要的作用,微量元素通常作为一些反应酶的辅助因子影响周丛生物体内诸多的生物化学反应,进而影响其光合作用和细胞增殖过程。例如,在藻类的生长过程中,Fe 会参与叶绿素和藻胆色素的生物合成过程,是光合系统和电子传递的重要组分(王洁玉,2017)。Vassiliev 等(1995)研究发现 Fe 的缺乏会降低藻类 PSII 的光合效率,从而影响藻类的光合作用和生长发育过程。并且 Fe 也作为硝酸盐同化过程中的酶辅助因子,其浓度高低会影响藻类对氮的吸收效果(Lin et al.,2012)。而铅、锌、镉和铜等元素虽然含量较低,但周丛生物能够吸附少量的重金属并固持在生物量中,这对于稻田土-水界面重金属防控有着重要的意义。周丛生物中的矿物质可以与微生物发生多种反应,影响着周丛生物的功能和性质,从而对自然界生态系统的氮、磷、硫和铁等的生物地球化学循环产生重要作用。

五、周丛生物群落特征

周丛生物是附着在水生生态系统中固体表面的复杂聚集体，其微生物群落主要包括光能自养微生物（如蓝细菌、绿弯菌、硅藻、绿藻等）和异养微生物（如异养细菌、真菌、原生动物等）（Bharti et al.，2017）。其中，微藻在周丛生物群落组成中占主导地位（Wu et al.，2016）。相关研究发现，周丛生物群落随定殖时间呈现出明显变化，不同生长时期其微生物群落相关性差异显著，尤其是生长期到成熟期，周丛生物群落多样性和物种丰富度显著增加（丰美萍等，2023）。周丛生物的形成可以分为以下三个阶段：①淹水固体基质吸附了各类营养物质，经多次生化反应后达动态平衡，此阶段为微生物的定殖提供了营养准备；②以细菌为主体的多种微生物吸附和黏附于固体基质表面；③分泌胞外聚合物，形成初级周丛生物，周丛生物微生物多样性逐渐增加（图1-5）。研究发现，在海洋生物膜中，此阶段变形菌门占主导地位（Lee et al.，2008），在水产养殖池塘中，占比最大的为芽孢杆菌属（Khatoon et al.，2007）；之后硅藻、蓝藻等藻类与原生动物开始生长、聚集，形成稳定的周丛生物（Wu，2016）。不同藻类进行群落演替，此后藻类开始成为周丛生物的优势种群。在周丛生物快速生长时期，细丝或长链的绿藻或红藻可以在几周内生长并形成分层群落，特别是在稻田周丛生物中，丝状绿藻始终处于支配地位。也有研究发现，浮游细菌能在周丛生物上形成覆盖物，驻留在藻类表面，进一步增加了周丛生物群落多样性。

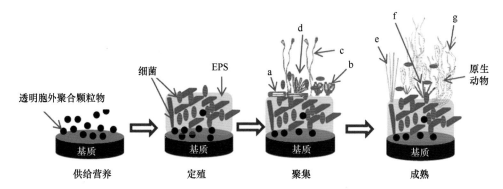

图 1-5　不同生成阶段周丛生物群落组成（Wu，2016）

a～g 代表周丛生物聚集、成熟阶段不同藻类

不同环境中形成的周丛生物微生物群落组成有明显的差异（Asaeda and Son，2000；Tarkowska-Kukuryk and Mieczan，2012；Wu et al.，2010b），但一般以藻类为优势物种（Larned，2010）。如在生物结皮中，假单胞菌属、劳尔氏菌属、支原

体、隐球菌、球黑孢菌、链孢菌、枝顶孢霉等菌群占比较大（Belnap et al.，2001；Dong et al.，2007；Ozturk and Aslim，2010）；在海洋环境中，周丛生物微生物组成主要有颤藻属、舟形藻属、鞘丝藻属、胶刺藻属、针杆藻属、隐球菌属、细鞘丝藻属、聚磷菌属、细球菌属等（De Philippis et al.，2005；Guidi-Rontani et al.，2014；Leary et al.，2014；Woebken et al.，2012）；在海水虾池中，周丛生物主要由硅藻、绿藻和蓝藻组成，最主要的优势属是双眉藻属、菖蕾属、菱苠属和颤藻属（Khatoon et al.，2007）。

河流中周丛生物主要由微囊藻、鞘丝藻属、双歧藻属、刚毛藻属、颤藻属等组成（Hamill，2001；Olapade et al.，2006；Seifert et al.，2007）；在冰川环境中，聚球藻属、鞘丝藻属、粘球藻属、眉藻属、颤藻属、节球藻属、念珠藻属等能稳定存于周丛生物中（De Los Ríos et al.，2007；Hitzfeld et al.，2000；Säwström et al.，2002）。不同地区稻田周丛生物群落组成差异显著，但是变形菌门在各个种植区中均为优势物种，拟杆菌、绿弯菌、酸杆菌、蓝藻等物种在不同种植区周丛生物中均有出现，并具有较高的相对丰度。

周丛生物的生长和附着需要载体基质，因此载体成为周丛生物形成的前提。据统计，培养周丛生物的载体大致分为三类：①天然载体，如岩石、底泥、水生植物、腐木、砂石、水生动物等表面；②合成的无机载体，如石英砂、瓷砖、陶粒、玻璃片等，这些载体也常用于各项废水、湿地处理工艺；③合成的高分子载体，如聚丙烯等（万娟娟，2016）。载体影响着周丛生物的形成和生长，不同载体上生成的周丛生物其优势物种各不相同。Renner 和 Weibel（2011）研究发现，载体基质能直接影响周丛生物中的微生物早期形成。载体表面电荷及其粗糙程度同样影响着微生物早期附着和生长。研究发现周丛生物的生物量积累、蓝细菌的附着与载体的表面极性呈正相关；天然载体如花岗岩对于原核生物与真核生物的附着起到积极作用，尤其有利于高光合效率物种的生长（伍良雨等，2019）。丙烯酸酯材料上形成的周丛生物种群大多以变形菌、厚壁菌和放线菌为主，在钢铁材料上生长的周丛生物中变形菌和拟杆菌占主要优势（Lee et al.，2008）。研究表明物种的附着定殖可能存在载体偏好，如变形菌很容易定殖于聚氯乙烯材料表面（Miao et al.，2021），这可能是载体影响周丛生物群落组成的原因之一（Head et al.，2006；Lee et al.，2008）。不同载体基质表面物理性质还会影响周丛生物生物量的积累，如水平表面上的周丛生物生物量积累一般高于竖直表面，粗糙表面的周丛生物生物量要高于光滑表面（李红敬等，2013）。

大量研究表明，环境变量对周丛生物微生物群落多样性有显著影响（Liu et al.，2019a；李红敬等，2013；孙瑞，2020）。有效光的减少会使得周丛生物藻类组成发生变化，如南集山自然保护区周丛生物藻类优势物种在春夏时期为蓝藻门，秋季为硅藻门，冬季为绿藻门（Jia et al.，2020）。较多的光线能增加周丛藻类的生物量，引起群落构成的变化（DeNicola and McIntire，1990；Pandey，2013）。有研究发现北美湖泊中的刚毛藻定殖受光照强度的限制，当光照强度小于 29 μE/（m²·s）时，刚毛藻不再生长（Lorenz et al.，1991）。研究表明光照强度与水体深度呈负相关，静水周丛生物由此形成群落结构和功能上的垂直格局（李红敬等，2013）。温度条件是微藻、细菌及其他微生物生长的关键制约因素，影响着周丛生物的结构和功能。Castella 等（2001）发现冰川河流底栖无脊椎动物丰富度对温度的响应呈正线性。此外，利用结构方程模型发现稻田气候因素（年均温和降雨量）对稻田周丛生物群落结构产生直接影响（孙瑞，2020）。此外还发现温度升高时，周丛生物中平裂藻丰度降低，厚壁菌和细鞘丝藻的丰度有所增加，在降温阶段周丛生物中乳球菌和平裂藻主导了细菌群落（孙瑞，2020）。水体酸碱度也是周丛生物群落多样性影响因素之一，研究发现极酸环境中周丛生物主要由微藻等真核微生物组成（Luís et al.，2019）。在稻作区，华南地区稻田田面水 pH 有利于周丛生物聚磷菌和微藻的多样性的提高。同样，在长江中下游地区稻田田面水 pH 有利于周丛生物群落多样性的发展，特别是对微藻多样性正向作用较为显著（陆文苑等，2022）。水体中养分浓度的变化也会反向影响周丛生物群落组成。由于波浪的冲刷，湖泊较浅区域底部有机物减少，营养贫乏导致周丛生物生长缓慢，同时波浪强有力的作用会影响藻垫的发育，但在较深区域，有机沉淀物的积聚和较小的波浪有助于藻垫发育及周丛生物的生长（李红敬等，2013）。研究发现，随着水体养分浓度的增加，周丛生物微生物形态从球状转变为丝状，此外，较高的养分水平还增大了周丛生物中细菌和原生动物的比例（Lu et al.，2016b）。以微鞘藻属和双歧藻属为优势物种的周丛生物转移至富含氮磷的水体中生长后会增加菱形藻属和桥弯藻属的丰富度（Zhang and Mei，2013）。由于氮磷循环的变化，犹他湖夏季的优势种由固氮蓝藻在初秋转变成非固氮蓝藻（Li et al.，2020a）。土壤总有机碳（TOC）是影响周丛生物群落组成及其多样性变化的关键因素，有机碳的供应还会引发藻类尤其是绿藻多样性的改变（Liu et al.，2019b）。

不同初始物种也决定了周丛生物群落走向。研究发现斜生栅藻的加入改变了周丛生物微生物群落的结构和组成，明显提高了 α-变形菌和蓝细菌的相对丰度，绿藻纲相对丰度显著提高了 177.6%（高孟宁等，2021）。聚磷菌的添加能显著提高周丛生物中衣藻相对丰度，而微藻与聚磷菌的共同添加改变了周丛生物中的优势藻类，显著提高了棕鞭藻的相对丰度（高孟宁，2021）。研究发现人工添加不同物种所生成的周丛生物微生物丰富度要显著高于自然生长的周丛生物，眼虫的加入会导致周丛生物群落有明显的变化（陆文苑，2022）。

六、周丛生物内功能酶活性特征

环境微生物的生长与代谢受到胞内和胞外酶活性的影响。周丛生物作为一种微生物聚集体，能分泌多种活性酶，对抵抗外界不利环境和调整自身生物活性等起着重要作用。

（一）脱氢酶

脱氢酶是一种氧化还原酶，它通过还原电子受体来氧化底物，天然受体主要有烟酰胺腺嘌呤二核苷酸（NAD⁺）、烟酰胺腺嘌呤二核苷酸磷酸（NADP⁺）、黄素腺嘌呤二核苷酸（FAD）、黄素单核苷酸（FMN）和细胞色素。生物体中绝大多数氧化还原反应是在脱氢酶及氧化酶的催化下进行的，因此脱氢酶活性可以作为微生物氧化还原系统的指标之一，用来表征土壤中微生物的氧化能力（陈佩等，2023）。细胞内物质经脱氢酶催化氧化后经一系列反应后能生成腺苷三磷酸（ATP），为生物体提供能量，因此其活性能间接反映微生物的数量及其活性状态，能直接表示生物细胞对物质的降解能力。周丛生物作为微生物聚集体，其活性也与脱氢酶活性相关，当外界环境抑制周丛生物生长时，其脱氢酶活性也会明显下降。研究发现，脱氢酶的活性与周丛生物有机物降解能力直接相关，温度的升高能激发周丛生物脱氢酶的活性，而当温度回落，周丛生物脱氢酶活性恢复到原来的水平（图 1-6）。研究还发现，在夏季时，不同基质上的生物膜脱氢酶活性最高，原因是温度越高，生命活动越旺盛，脱氢酶需要转化大量有机质为系统提供能量（马恒轶等，2018）。脱氢酶作为一种重要的土壤活性酶已在土壤微生物中被广泛研究，而在周丛生物内却没有被重点关注，相关研究鲜有涉及，因此在周丛生物功能酶活性研究方面需要我们重视脱氢酶的研究。

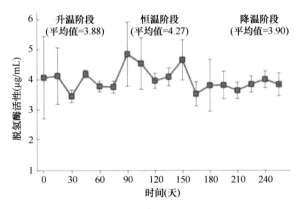

图 1-6　不同温度波动阶段周丛生物脱氢酶活性

（二）ATP 酶

ATP 酶是细胞代谢的重要指标，能为物质跨膜运输提供能量。ATP 酶又称为腺苷三磷酸酶（ATPase），它能将 ATP 催化水解为腺苷二磷酸（ADP）和磷酸根离子，在过程中释放能量。ATP 酶广泛存在于细菌、古菌和真核生物中，主要包括细菌的 F-ATPase、古菌的 A-ATPase 和真核生物的 V-ATPase 等（宋玉翔等，2022）。V-ATPase 是由 ATP 驱动的离子泵，其功能主要是酸化细胞器（如液泡、核内体、溶酶体等），但越来越多的研究表明，V-ATPase 在多种细胞的质膜质子转运中发挥着重要作用（Beyenbach and Wieczorek，2006；Forgac，2007），如中性粒细胞和巨噬细胞的质膜 V-ATPase 能将质子从细胞内转运到细胞外，保持胞内偏碱性（Nanda et al.，1996）。A-ATPase 和 F-ATPase 都是利用质子动力催化 ATP 合成，但 A-ATPase 与 V-ATPase 结构更相似（Zubareva et al.，2020）。在周丛生物中，ATP 酶对其新陈代谢有重要作用，能为其清除代谢废物，可代表周丛生物的活性，同时也能表征周丛生物生物量（陆文苑等，2022）。从周丛生物定殖开始，其 ATP 酶活性逐渐增加；随着周丛生物群落结构趋于复杂，周丛生物生长进入成熟期，ATP 酶活性达到最高；周丛生物进入衰退期后，群落代谢降低，ATP 酶活性也随之降低并维持在较低水平。研究发现，温度能显著影响周丛生物 ATP 酶活性，如在华南和长江中下游等温度较高地区的稻田周丛生物 ATP 酶活性要显著高于东北等温度较低地区的稻田周丛生物 ATP 酶活性（陆文苑等，2023）。课题组前期研究发现，周丛生物 ATP 酶活性在低浓度雌酮下显著提高，$Ca^{2+}+Mg^{2+}$ 型 ATP 酶活性提高了 50.48%，$Na^{+}+K^{+}$ 型 ATP 酶活性提高了 32.38%，而高浓度雌酮对 ATP 酶活性无显著影响，可能的原因是低浓度雌酮导致周丛生物体内酶活性的改变，增加 ATP 酶活性以提高细胞呼吸作用，从而抵消污染物对细胞的影响，使其在低浓度下能保持正常生长。但当浓度超过剂量的阈值时，雌酮干扰了正常的代谢过程，影响了细胞内外的酶活性，最终导致细胞的死亡。本课题组还发现，吲哚乙酸的存在能显著降低 ATP 酶的活性，这可能是吲哚乙酸作为一个信号分子取代了 Ca^{2+} 等离子的信号作用，导致其相应的 ATP 酶活性降低；也可能是吲哚乙酸造成了胁迫环境的产生，使得周丛生物叶绿素含量减少，从而导致 ATP 酶活性下降。

（三）磷酸酶

磷酸酶包括磷酸二酯酶、碱性磷酸酶、酸性磷酸酶和无机焦磷酸酶等，能水解磷酸酯键释放无机磷酸。随着环境 pH 的变化，磷酸酶具有不同的催化能力，酸性磷酸酶主要存在于 pH 小于 6 的环境中，当环境 pH 大于 7 时，主要以碱性磷酸酶形式存在（秦利均等，2019）。周丛生物中具有丰富的磷酸酶，且相较于单一物种的磷酸酶具有更强的底物亲和力（Cai et al.，2021a）。周丛生物对有机磷的矿化作用对磷素的生物地球化学循环有重要影响，而其中起主要作用的便是磷酸酶。研究发现，周丛生物磷酸酶活性受 pH 影响较大，但由于周丛生物主要由光能自养生物组成，利用光合作用消耗水中的 CO_2 并释放 O_2，导致水体 pH 升高（Hayashi et al.，2012），对碱性条件的适应可以诱导周丛生物碱性磷酸酶的产生，使其活性高于酸性磷酸酶。温度对周丛生物磷酸酶活性也有显著影响，研究发现周丛生物磷酸酶活性的最佳温度大于 37℃（Cai et al.，2021a）。由于周丛生物是一种复杂的微生物聚集体，其磷酸酶要比纯化的磷酸酶更能适应温度变化。在一定温度范围内，周丛生物微生物种群的代谢率会随着温度的升高而增加，从而使胞外聚合物上的酶活性增大，提高了水解速率。但温度过高会导致磷酸酶蛋白的构象变化或变性，从而导致酶的可逆或不可逆失活（Cai et al.，2021a）。磷酸酶是一种金属酶，Mg^{2+} 和 Zn^{2+} 是磷酸酶活性能得到充分发挥的两种重要的金属离子，其中 Zn^{2+} 是必需基团之一，而 Mg^{2+} 对酶活性的表达起重要作用。金属离子对酶活性的影响大致分为两类，即激活作用和抑制作用：①一些金属离子如 Mg^{2+} 和 Ca^{2+} 的加入可以促进酶活性中心与底物的配位结合，从而激活酶活性；②另一些金属离子，如 Hg^{2+}、Pb^{2+}，与酶的活性中心或相关基团结合，导致酶活性降低，起到抑制作用。金属离子的种类、浓度还会影响磷酸酶基因的表达。研究发现，Na^+ 和 K^+ 对磷酸酶活性无明显影响，说明 Na^+ 和 K^+ 与稻田周丛生物磷酸酶没有显著相关关系；Mg^{2+} 能提高周丛生物酸性磷酸酶和碱性磷酸酶活性，Ca^{2+}、Co^{2+} 在一定条件下也能够提升酶活性，但对磷酸酶活性的激活作用明显低于 Mg^{2+}；Cr^{6+} 在酸性条件下抑制磷酸酶活性，在碱性条件下激发磷酸酶活性；Zn^{2+}、Cu^{2+}、Mn^{2+}、Al^{3+}、Ag^+ 对磷酸酶表现出了抑制作用（蔡述杰等，2020）。不同金属离子对稻田周丛生物酸性磷酸酶或碱性磷酸酶可能有激活、抑制作用或无明显作用，这种作用与金属离子的种类、浓度和磷酸酶类型相关。研究发现，在周丛生物中，金属离子改变了其酸性磷酸酶或碱性磷酸酶与底物的亲和力和催化效率，从而影响磷酸酶活性，同时金属离子也能影响磷酸酶基因的表达（蔡述杰等，2020）。磷酸酶活性在不同磷条件下存在差异，在磷限制的环境下，由于周丛生物发育导致对磷的需求增加，磷酸酶活性可能会增加（Cai et al.，2021a）。此外，研究发现纳米颗粒很容易进入水生环境中，具有较强的渗透性，长期暴露于具有纳米颗粒的环境能显著降低周丛生物碱性磷酸酶活性（Cai et al.，2021b），抑制周丛生物的磷代谢（Hou et al.，2019）。

（四）抗氧化酶

细胞在代谢过程中除了为机体提供能量外，还会产生大量的代谢废物，如活性氧（ROS）。ROS 主要包括超氧阴离子（$O_2^{·-}$）、过氧化氢（H_2O_2）、羟基自由基（·OH）、臭氧（O_3）和单线态氧（$^1O_2$）等，由于它们含有不成对的电子，因此具有很高的化学反应活性。为维护细胞不受损害，几乎所有的 ROS 都应当及时被清除，因此需要一些酶类或非酶类物质清除 ROS，相关酶类有超氧化物歧化酶（SOD）、过氧化氢酶（CAT）、谷胱甘肽过氧化物酶（GSH-Px）等，非酶类主要有还原型谷胱甘肽（GSH）、维生素 C/E 等。其中，抗氧化酶类物质可直接将 ROS 转化成低反应活性物质，最终使得细胞内的 ROS 维持在平衡状态（宋美昕等，2023）。作为微生物聚集体，周丛生物在生长适应过程中也会产生抗氧化酶以抵抗细胞中的活性氧。研究发现，低浓度雌酮处理后的周丛生物，其 SOD 活性显著提高，消除过氧化物的抗氧化作用，以适应暴露在低浓度污染物环境中的生存（Zhang et al.，2021）。周丛生物在存在上转换材料（UCPs-TiO$_2$）的情况下，SOD 活性未显著下降，能保持良好的抗氧化应激能力（汪瑜，2020）。低浓度（25 mg/L）吲哚乙酸处理的周丛生物能提高 SOD 活性，但高浓度（50 mg/L、100 mg/L）吲哚乙酸所产生的胁迫更大，导致膜脂过氧化加剧，使得 SOD 遭到破坏（马兰，2018）。CAT 活性能反映周丛生物对外界环境变化的应激性水平。根据本课题组前期研究，在全国范围内稻田周丛生物 CAT 活性呈现"南北高，中间低"的趋势，在整个水稻生长时期，周丛生物 CAT 活性呈先增加再降低的趋势，说明不同地区不同水稻生长期稻田周丛生物应对外界环境变化的能力存在差异。

（五）硝酸还原酶

硝酸还原酶（NR）是一种氧化还原酶，在 NADH 或 FADH$_2$ 等还原剂的作用下能将硝酸盐还原成亚硝酸盐，同时释放一定的能量，在生物体中广泛存在，包括细菌、植物和动物等。NR 主要是以 NADH 或 NADPH 作为电子提供者，将硝态氮还原为亚硝态氮（傅斌，2014）。NR 的活性受多种因素的影响，如温度、pH、氰化物、硫化物等都会影响其活性。在土壤中，NR 的基本功能是将硝酸根离子还原成亚硝酸根离子，进一步还原成气态氮（N$_2$）。通过这种形式，土壤中的硝酸根离子变成 N$_2$ 释放到大气中，从而防止土壤酸化和地下水硝酸盐过量积累的问题发生。作为一个重要的土壤酶类，土壤硝酸还原酶对于土壤的健康和生态平衡具有不可忽视的作用。硝酸还原酶（NR）的存在与周丛生物进行硝化和反硝化反应的速率直接相关。本研究团队前期研究发现，在整个水稻生育期，周丛生物 NR 活性呈现逐渐降低趋势。在水稻生长初期，氮肥的使用极大提高了稻田的氮素水平，同时也刺激了硝化和反硝化反应，NR 活性升高；到水稻发育中后期，稻田中氮素以有机氮为主，而周丛生物能释放活化有机氮的酶，在为植株提供养分的同时，也会促进少量的硝化和反硝化作用发生。

第三节　周丛生物的环境效应

一、周丛生物对磷的调控作用

（一）磷资源损失现状及磷回收技术

磷是动植物生长必不可少的营养元素，也是不可再生的有限资源（Macintosh et al.，2018）。磷在自然界中主要以磷矿形式贮藏，磷矿因化学磷肥的生产而被大量消耗，现有储量最多只够维持人类 100 年的开采。磷最终的归宿是海洋，很难通过自然循环回归陆地（郝晓地等，2021）。在食物链的不同阶段，从矿山、农业、工业到市政系统，大量的磷损失进入水体。其中在采矿和加工过程中有 15%～30% 的磷损失进入水体和土壤（Cordell and White，2014）；在农业中，磷肥利用率较低，以及牲畜粪便排泄中磷损失，导致土壤磷储存量每年大约增加 12 万 t，而土壤侵蚀和径流使部分磷流失，直接进入地表水（Syers et al.，2008）；市政和工业废水以及扩散的城市排水导致大量磷流失进入地表水和海洋（Evans et al.，2019）。据 Bennett 等（2001）估计，除了大自然循环外，人类对全球磷循环的干预导致每年 2200 万 t 的磷进入海洋。地表水和海洋中过量的磷会导致富营养化以致有毒藻华过度生长、缺氧区的形成和生态系统服务的退化（Peacher et al.，2018；Yan et al.，2019）。城市污水中的高浓度磷排放到湖泊和河流，以及扩散性养分污染从农田泄漏是导致富营养化的主要途径。另外，磷作为不可再生资源以惊人的速度被消耗，未来磷资源的稀缺或成本增加可能会威胁到粮食和生物能源安全（Cordell and Neset，2014）。因此，最有效的磷管理方法是从废物流或二次资源中去除和回收磷，实现零废物磷循环经济。

主流的化学磷捕获方法虽然效率较高且稳定可靠，但药剂成本较高，化学污泥产量大且成分复杂，可能造成二次污染，同时较难实现磷的可持续利用。现有生物技术虽然可以避免二次污染，运行成本较低，但效率低，工艺复杂，并且由于水质波动大，实际处理时稳定性较差。例如，强化生物除磷（enhanced biological phosphorus removal，EBPR）工艺的除磷效果依赖于水质稳定性和严格的工艺运行控制；微藻系统的局限性在于操作复杂、难以回收生物质；生物电化学系统中阳极产电菌易中毒，稳定性和灵活性差。这些生物方法主要依赖于单一或少数物种群落，而忽略了自然状态下广泛存在的多物种微生物聚集体所展现的强大的生态功能。

（二）周丛生物捕获磷的优势

周丛生物是生长在淹水基质表面且在自然环境条件下形成的微生物聚集

体，其有机成分包括藻类、细菌、真菌、浮游动物等，是一个半稳定的、开放的动力学系统，具有较强的稳定性和磷富集能力。周丛生物具有天然优势，其回收磷是一个自然驱动的过程，操作投入相对较小，且生态友好。相对单一微生物群落而言，周丛生物具有丰富的胞外聚合物和复杂的种间（内）相互关系，具有生态稳定性、可控性和普遍性等优势。周丛生物在水体原位生物修复和非原位生物修复上都有相应的应用实例，周丛生物捕获磷具有以下优势：其中丰富的胞外聚合物可在磷回收过程中充当重要的磷储存库；其中的聚磷菌作为生物除磷工艺中主要的功能菌群，可高效回收磷；其中的微藻具有较强的磷储存能力，并且其含有的叶绿体可进行光合作用，制造丰富的有机物，释放氧气，改变磷形态，促进磷被结合或释放；同时多物种的周丛生物中积极的相互作用，可推动磷的回收。周丛生物中不同组分之间相互协作，共同调控周丛生物的结构和功能（Xu et al.，2020；高孟宁，2021）。此外，磷回收结束，可以将周丛生物进行工程设计以生产基于微生物的经济产品，如生物磷肥（Xiong et al.，2018）。

（三）周丛生物参与水-土界面磷循环

周丛生物在水-土界面磷循环中具有接收、处理、协调和传递信息的作用。其能很好地协调磷在界面中的迁移转化行为，包括捕获、滞留、转化和释放。界面捕获过程包括磷的直接吸收和生物降解/酶水解、水中颗粒态磷的过滤以及沉积物中所释放的磷的捕获。在湿地系统中，由于周丛生物的滞留作用，减缓了磷在沉积物-水界面的交换行为。滞留过程包括：①磷的直接吸收；②去除水体中的磷并使其流向沉积物；③拦截从底栖沉积物或老化的大型植物释放的磷；④周丛生物内藻类光合作用造成周围 pH 升高，有利于磷沉积（Lu et al.，2016a）。周丛生物群落通过胞外酶转化和胞内磷代谢过程将外部环境磷捕获、富集于体内，用于自身代谢。周丛生物还可以作为磷源向水体供磷，如再矿化或再悬浮，从而促进湿地系统中的磷循环。除上述外，它还可以作为湿地系统中磷通量的指标。周丛生物的总磷含量是水系统中磷负荷评价的最佳指标之一。

周丛生物与水体、沉积物或土壤之间的关系不是单向的，三者是相互作用的关系。水和沉积物中的磷形态及含量变化会影响周丛生物的生长、代谢和结构，如水体磷限制会改变群落结构，增加细菌丰度和产量（Li et al.，2016b；Song et al.，2018）；沉积物或土壤中磷的释放也是周丛生物的营养来源，通过直接和间接过程影响相关生物群落的生长及多样性。

（四）周丛生物捕获磷机制

周丛生物捕获磷主要由两个过程主导：胞外磷捕获和胞内磷捕获（图1-7）。胞外聚合物是胞外磷捕获的主要场所，其中官能团可吸附、络合和沉淀磷（Huang et al.，2015；Zhou et al.，2017）；胞内磷捕获依赖于其中的聚磷菌和微藻的磷摄取能力，并将磷以聚磷酸盐的形态储存（Liu et al.，2017；Renuka et al.，2015）。周丛生物内藻-菌相互作用、群体感应（quorum sensing，QS）和适应性可以促进磷捕获过程。

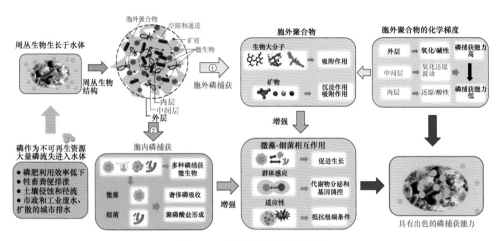

图 1-7　周丛生物磷捕获机制

1）胞外磷捕获机制

胞外聚合物（EPS）是一种主要由碳水化合物和蛋白质组成的可渗透水凝胶。胞外聚合物是允许微生物细胞相互聚集的"胶水"，也可以作为碳源/电子供体并保护细胞免受捕食、干燥和一些有毒物质的侵害。

EPS 是磷捕获的重要储存空间，例如，在 EBPR 污泥系统中，EPS 中的磷含量占整个污泥总磷含量的 30%～45%（Wang et al.，2014）；在微藻系统中，EPS 可快速捕获磷，捕获的磷占微藻内总磷含量的 16%～46%（Zhou et al.，2017）。周丛生物的 EPS 中具有大量的官能团，可与磷酸盐形态的磷结合（Zhou et al.，2019）。例如，蛋白质中的常见官能团，带正电荷的季胺（NH_4^+）和叔胺（NH_3^+）可与带负电荷的磷酸盐形成复合物（Zhou et al.，2017）。EPS 中负电官能团（如羧基、巯基和羟基等）与金属阳离子（如 Mg^{2+}、Al^{3+}、Ca^{2+}、Fe^{3+}等）结合形成矿物组分（Li and Yu，2014），进而驱动磷与矿物的沉淀作用，常见磷酸盐矿物沉淀包括羟基磷灰石、鸟粪石、白云石和磷酸铁（Huang et al.，2015）。研究表明，EBPR系统通过形成羟基磷灰石沉淀去除了 45%的磷（Mañas et al.，2011）。另外，EPS中金属氧化物（如铁和铝氧化物）对磷酸盐具有很强的吸附能力，可驱动胞外磷捕获（Li et al.，2016a）。对于有机磷捕获，EPS 可将胞外磷酸酶和有机酸聚集在细胞附近，以促进有机磷降解（Li et al.，2015）。

此外，EPS 还可以在不利环境中保障磷捕获微生物的活性（Zheng et al.，2014）。众所周知，高浓度重金属（Cr^{6+}和 Cu^{2+}）可以通过抑制聚磷微生物（PAOs）细胞内磷酸酶活性和干扰细胞内生物质的合成代谢，来减弱其磷捕获能力（Wang et al.，2015）。但 EPS 可以通过络合和固定作用在一定程度上拦截重金属，建立"保护屏障"以保护微生物细胞（Li and Yu，2014）。

2）化学梯度在胞外磷捕获中的作用

周丛生物中微环境的化学和物理条件会强烈影响 EPS 中磷捕获过程。水流和氧气渗透到周丛生物中会在聚集体内部产生 pH 和氧化还原梯度，从而导致 EPS 的磷捕获能力存在区域差异。化学磷沉淀在很大程度上取决于 pH 和阳离子浓度。在暴露于水的周丛生物外层，增加的 pH 和溶解氧浓度（与光合作用有关）会产生氧化和碱性区域，促进磷的吸附和沉淀。因此，EPS 的外层比内层具有更高的与磷结合矿物质含量。氧气渗透深度的不断变化会导致聚集体中间层的形成，氧化还原条件会在该层中波动。由于有限的氧气渗透和厌氧发酵产生的弱有机酸的存在，内层还原性和酸性更强，这种情况会促进配合物的分解和解吸，导致捕获的磷释放。因此，内层具有较弱的磷捕获能力。此外，化学梯度还导致微生物梯度的形成，周丛生物中不同的微生物组成沿着空间定义的生态位具有生理异质性。不同的微生物群落显著影响胞外聚合物组成，进一步差异化了周丛生物不同区域的磷捕获能力。

3）胞内磷捕获机制

在周丛生物中有多种磷捕获微生物，如 PAOs 和微藻。PAOs 具有很强的磷积累和储存能力，在细胞内以聚磷酸盐的形态储存磷。在溪流和湖泊周丛生物中鉴定到了 PAOs，如索氏菌属和丛毛单胞菌科（Locke et al.，2014）。微藻具有出色的磷摄取能力，能够将环境中的磷酸盐吸收到非常低的浓度（$P<0.03mg/L$）（Liu et al.，2017）。光养型周丛生物中含有许多微藻物种，当环境磷含量较高时，一些微藻能够以一种被称为"奢侈吸收"的方式大量吸收和储存磷（Liu et al.，2019a）。微藻在磷饥饿后再次暴露于富磷溶液中，可通过一种被称为"过度补偿"的过程储存聚磷酸盐（Brown and Shilton，2014）。

磷捕获微生物细胞通过膜运输吸收无机磷（IP），以维持其细胞内 IP 供应（Rico-Jiménez et al.，2016）。细胞内一部分 IP 被胞内聚合物中的官能团（如叔胺、羧基、磷酰基和羟基）吸附（Zhou et al.，2017）；一部分 IP 参与微生物代谢用于生物质合成，可转化为细胞内溶解有机磷（DOP）（如磷脂、磷糖、磷蛋白、DNA、RNA、核苷酸、ATP 和 ADP 等）（Jiménez et al.，2016）；剩余的 IP 则以聚磷酸盐的形态储存于细胞内（Wang et al.，2018）。

4）藻-菌相互作用

微藻和细菌是在自然环境中调节周丛生物结构及功能的主要参与者，彼此之间有复杂的相互作用（Wu et al.，2018）。在周丛生物中，微藻和细菌协同参与 O_2 和 CO_2 循环，互惠互利（Zhang et al.，2020）。细菌的代谢产物可以作为藻类生长的促进剂，而藻类分泌物是细菌的主要碳源（Xiong et al.，2018）。例如，细菌将有机物分解成矿物质，并分泌胞外代谢物，如生长素和维生素 B_{12}，可以支持微藻生长（Ji et al.，2018）。微藻细胞表面可以为细菌提供稳定的栖息地，这对于周丛生物的群落构建和生长具有重要作用（Lei et al.，2018）。微藻和细菌这两类代谢活性和环境抗性不同的微生物组合所形成的多物种系统，往往更能抵抗不同环境条件的波动，从而确保周丛生物在更广泛的环境中发挥磷捕获作用（Xiong et al.，2018）。

除了互惠互利，由于营养有限，微藻和细菌之间也存在竞争关系。例如，微藻进行光合作用将基质 pH 提高到 9～10，破坏了大多数细菌喜好的中性偏酸环境；一些细菌可以分泌杀藻剂类活性物质抑制周边微藻生长（Wu et al.，2017b）。竞争关系引起的某些行为将有利于磷捕获，例如，微藻光合作用引起的 pH 升高会促进 EPS 中矿物质形式的磷沉淀（Sells et al.，2018）。

5）群体感应

周丛生物中不同微生物细胞的高度生物多样性和长期紧密联系允许其通过群体感应进行强烈的相互作用。群体感应使聚集体内的细胞能够协同作用，促进生物膜的发育并调节特定基因的表达。在周丛生物中，群体感应系统在革兰氏阴性菌中最为突出，其使用 N-酰化-L-高丝氨酸内酯（N-acylated-L-homoserine lactones，AHLs）型信号分子进行细胞间交流。群体感应可调控微生物群落稳定、胞外聚合物合成、生物膜合成和功能基因表达，对改善微生物磷捕获功能具有实际意义（Maddela et al.，2019）。研究表明，外添信号分子以增强群体感应可以促进胞外聚合物的合成，而胞外聚合物对磷具有较高的亲和力，可作为微生物群落内重要的胞外磷捕获场所，这表明群体感应可能在周丛生物胞外磷捕获过程中发挥重要作用（图 1-8）。群体感应还可促进微生物细胞分泌铁载体（Mishra et al.，2022），铁载体可与磷发生络合作用，这可能会促进细胞周围磷的富集。此外，群体感应可以优化功能菌群结构，研究发现，微生物群落功能和结构对群体感应信号分子 AHLs 高度敏感，而且已有研究证明 AHLs 介导的细菌个体或群体水平上的基因表达（Valle et al.，2004）。一些具有磷捕获能力的细菌作为群体感应生产者，其丰度和活性与群体感应强度呈正相关，如 *Micrococcus* spp.和 *Bacillus subtilis*（Ma et al.，2018；

黄昕琦等，2016）。

　　有研究通过在不同磷水平下孵育周丛生物，观察到周丛生物的磷捕获和其所分泌的 AHLs 浓度之间呈正相关。与此一致的是，外添 AHLs 后，周丛生物的磷捕获能力显著提高。由此证明，AHLs 介导的群体感应系统在周丛生物磷捕获中发挥积极的调控作用。通过周丛生物系统内 AHLs 检测和外添 11种 AHLs 强化磷捕获试验，结果发现 C8-HSL、3OC8-HSL 和 C12-HSL 是周丛生物磷捕获的主要 AHLs 调控者。AHLs 作为生长有益分子，刺激了周丛生物的生长和代谢，并为 PAOs 提供了生长优势。周丛生物群落中，*Acinetobacter*、*Pseudomonas* 和 *Aeromonas* 可以作为主要的 AHLs 响应者来促进磷捕获。AHLs通过上调 EPS 组分（氨基酸和氨基糖/核苷酸糖）的代谢合成，以促进胞外磷捕获。转录组学结果表明，AHLs 介导的群体感应对胞内磷捕获潜力的增强依赖于聚磷酸激酶基因（*ppk*）和磷酸盐转运蛋白基因（*pit*、*pstS*、*pstC*、*pstA*、*pstB*）的转录表达。这为 AHLs 介导的 QS 在多物种微生物聚集体的磷捕获过程中的调控作用提供了新的见解，并为开发更有效的磷回收技术提供了理论基础。

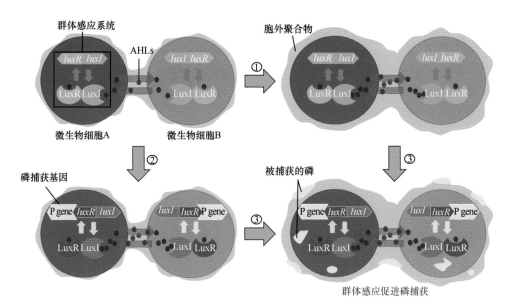

图 1-8　周丛生物捕获磷的群体感应机制

在群体感应系统中，基因 *luxI*/*luxR*（AHLs 合成/调节基因）编码 LuxI/LuxR 蛋白。蛋白质 LuxI 负责 AHLs 的生物合成，AHLs 与受体蛋白 LuxR 结合。LuxR-AHLs 复合物随后激活靶基因转录。AHLs 可以自由扩散进出细胞。群体感应调控作用包括：①促进胞外聚合物合成；②调控参与磷捕获的基因表达；③胞外聚合物产量增多和磷捕获基因的上调将促进周丛生物磷捕获过程

6）适应性

周丛生物复杂的微生物组成和高度的微生物多样性增加了它们的生理灵活性，使它们能够适应营养缺乏和毒物暴露等环境变化。微生物聚集体的高适应性也保证了极端条件下的磷捕获功能。有研究表明，在污水处理厂中微生物聚集体暴露于聚氯乙烯中，微生物聚集体的高度多样性保证了出水水质的稳定性，同时，聚氯乙烯还增强了微生物聚集体对磷的去除。

周丛生物对极端条件的适应可以通过自发突变、生理适应和聚集体多样性增加引起的遗传变化来解释。一种经过验证的群落适应方法是水平基因转移（horizontal gene transfer，HGT），即通过与繁殖无关的机制在微生物之间转移遗传物质。周丛生物非常适合增强 HGT，因为它们具有高细菌密度和稳定的细胞间接触。在聚集体中，细菌可以通过 HGT 从其他生物体获取新基因，其中一些基因可以增强有机磷转化能力。例如，当微生物暴露于磷限制条件时，HGT 可以提供一种"快速反应"机制，通过在周丛生物群落中激活参与磷捕获的基因（*pstS*、*phoA* 和 *phoX*）来增强磷捕获能力。

二、周丛生物对氮的调控作用

（一）周丛生物对氮的转化途径

周丛生物可转化、利用不同形态的氮，其中，在藻类及细菌生长过程中，同化吸收是主要的无机氮转化途径（Gonçalves et al.，2017）。氧化态氮（如 NO_3^- 或 NO_2^-）的同化吸收始于其还原为铵并进一步合成氨基酸，而还原态氮（NH_4^+）可被微藻直接利用。具体而言，硝酸还原酶利用 NADH 的还原形式 $NADH^-$ 转移两个电子，将硝酸盐还原为亚硝酸盐。接下来，亚硝酸盐还原酶使用铁氧还蛋白（Fd）作为电子供体，将亚硝酸盐还原为铵（图 1-9，途径 I-a 及 I-b）。因此，不同形式的无机氮最终转化为铵，然后，铵通过 ATP 和谷氨酸转化为氨基酸（图 1-9，途径 I-c）（Cai et al.，2013；Gonçalves et al.，2017）。

除同化作用外，氨挥发、硝化和反硝化作用也是周丛生物转化氮过程中的关键途径（Basílico et al.，2016；Daims et al.，2015；Peng and Zhu，2006；Strohm et al.，2007）。在高 pH（如>8）下，铵态氮可转化为氨气（NH_3）从水中挥发（图 1-9，途径 II）（Basílico et al.，2016）。硝化作用是氨氧化古菌（AOA）、氨氧化细菌（AOB）、亚硝酸盐氧化细菌（NOB）或完全氨氧化细菌将铵盐（NH_4^+）氧化为亚硝酸盐（NO_2^-）（图 1-9，途径III-a），然后氧化为硝酸盐（NO_3^-）（图 1-9，途径III-b）。此外，反硝化作用是在厌氧环境下，通过反硝化细菌将硝酸盐（NO_3^-）

还原为亚硝酸盐（NO$_2^-$）（图 1-9，途径 V-a），然后还原为 N$_2$ 或 N$_2$O（图 1-9，途径 V-b）（Courtens et al.，2016；Fitzgerald et al.，2015）。

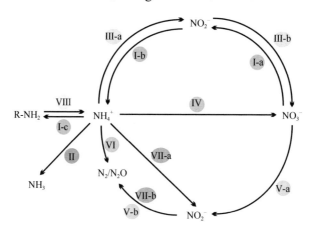

图 1-9 周丛生物对环境中氮的转化途径

（Ⅰ）藻类对无机氮的同化作用：Ⅰ-a 硝酸盐还原、Ⅰ-b 亚硝酸盐还原、Ⅰ-c 谷氨酰胺合成。（Ⅱ）pH 升高引起的氨挥发。（Ⅲ）氨的硝化作用：Ⅲ-a 铵盐（NH$_4^+$）氧化为亚硝酸盐（NO$_2^-$）；Ⅲ-b 亚硝酸盐（NO$_2^-$）氧化为硝酸盐（NO$_3^-$）。（Ⅳ）单一微生物的完全硝化作用。（Ⅴ）反硝化作用：Ⅴ-a，硝酸盐（NO$_3^-$）还原为亚硝酸盐（NO$_2^-$）；Ⅴ-b，亚硝酸盐（NO$_2^-$）还原为 N$_2$。（Ⅵ）厌氧氨氧化。（Ⅶ）以亚硝酸盐（NO$_2^-$）的方式进行短程脱氮：Ⅶ-a，氨氧化为亚硝酸盐（NO$_2^-$）；Ⅶ-b，将亚硝酸盐（NO$_2^-$）还原为 N$_2$/N$_2$O。（Ⅷ）有机氮矿化

传统上，铵在有氧条件下被氧化为亚硝酸盐（NO$_2^-$），然后被氧化为硝酸盐（NO$_3^-$），硝酸盐（NO$_3^-$）通过厌氧脱氮转化为 N$_2$ 或 N$_2$O（Strohm et al.，2007）。然而，在过去的几十年里，发现了越来越多的厌氧铵氧化细菌（anammox，图 1-9，途径Ⅵ）和有氧反硝化细菌（ADB），这些细菌能够在完全有氧或厌氧条件下直接将铵态氮（NH$_4^+$）或硝态氮（NO$_3^-$）转化为 N$_2$ 或 N$_2$O（Yao et al.，2013）。例如，*Candidatus brocadia* 能够用羟胺氧化还原酶将铵（NH$_4^+$）厌氧氧化成 N$_2$（Jetten et al.，2001）。*Pseudomonas* sp.和 *Alcaligenes faecalis* 可进行有氧反硝化（Guo et al.，2013）。而异养硝化与有氧反硝化细菌的组合（如 *Acinetobacter* sp.与 *Bacillus methylotrophicus*）能够在有氧条件下同时进行硝化和反硝化（Yao et al.，2013；Zhang et al.，2012）。此外，周丛生物还可以通过亚硝酸盐进行短程硝化和反硝化（图 1-9，途径Ⅶ-a 及Ⅶ-b）（Peng and Zhu，2006）。有机氮（如氨基酸、氨基糖等）可以在谷氨酰胺合成酶、谷氨酸-2-氧戊二酸转氨酶和谷氨酸脱氢酶等酶的参与下分解为 NH$_4^+$（图 1-9，途径Ⅷ），即铵化或矿化反应（Simsek et al.，2016）。

（二）周丛生物对氮的调控潜力

基于多样化的生长环境及氮转化途径，周丛生物可用于多种环境中氮循环的

调控，如地表水体净化、生活污水脱氮、稻田氮素高效利用等（Liu et al.，2017，2021a；Wu，2016；Wu et al.，2018；吴永红，2021）。

周丛生物对地表水体（如河流、农村排水沟渠等）中的氮具有较好的去除效果。Wu 等（2011）的研究表明，周丛生物在处理工农业混合污水时，9 d 内氨氮去除率可达 90%；在处理高浓度城市污水时，氨氮去除效率更高，8 天内可达 100%；对于低浓度农田排水，氨氮的去除效率可达 62%～90%。周丛生物不仅可用于河流湖泊等大型地表水体的净化修复，而且可有效治理面源污染，抑制水华暴发（吴国平等，2019）。纪荣平等（2007）利用人工介质富集周丛生物去除太湖梅梁湾水源中氮等营养物质，研究表明，在介质密度为 26.8%、水力停留时间为 5 d 时，人工介质富集的周丛生物对地表水总氮、亚硝态氮及氨氮的去除率分别为 26.6%、79.4% 和 43.2%。Li 等（2016a）将周丛生物与生态浮床相结合形成复合生态浮床并置于乡村河道中，将河道水体中总氮浓度由 3.0 mg/L 降低至 2.0 mg/L 以下。

氨挥发是我国农田氮素流失的重要途径之一，而稻田是重要的氨挥发排放源，其氨挥发比例从 5% 到 47% 不等（She et al.，2018），不仅造成巨大的能源和经济损失，而且产生了严重的生态环境问题。氨挥发通量随水稻生育期呈现较大波动，如尿素施用 1～2 d 后氨挥发通量即达到最大值，而后氨挥发通量随时间逐渐减少，而周丛生物通过影响田面水 pH 在氨挥发中扮演着重要角色。夏永秋等（2021）通过添加特丁净（$C_{10}H_{19}N_5S$）改变稻田周丛生物的生长环境，发现在基肥施加期间，通过减少周丛生物生物量可以将氨挥发通量峰值由 8.5 kg/（hm²·d）降至 5.1 kg/（hm²·d），降低近 40%；在施加分蘖肥时添加 $C_{10}H_{19}N_5S$ 控制周丛生物，将最大氨挥发通量由 3.6 kg/（hm²·d）降低至 2.0 kg/（hm²·d），降低了约 44.4%；在穗肥添加阶段则可将氨挥发通量由 2.0 kg/（hm²·d）降低至 1.2 kg/（hm²·d），降低了 40%。

反硝化是土壤中氮素损失的主要途径之一，反硝化速率受到环境中氮素浓度及厌氧条件影响（Huang et al.，2022）。然而，周丛生物一方面具有巨大的比表面积和电位，能吸附和固持环境中的活化氮，降低环境中氮素的浓度，因而降低了土壤中硝化和反硝化速率；另一方面，周丛生物内部较高的氮浓度和厌氧条件，又会促进周丛生物内的反硝化过程（Toet et al.，2003）。

周丛生物会通过改变水体或者土壤环境因子而影响反硝化速率。Abulaiti 等（2023）的研究表明，稻田土壤反硝化速率与田面水溶解性有机碳浓度和水体氨氮浓度显著相关，说明该稻田土壤反硝化的硝态氮主要来自硝化过程。反硝化速率同时受土壤硝态氮和氨氮浓度影响，说明土壤中同样存在耦合的硝化-反硝化过程。周丛生物对反硝化速率的影响可能原因是，周丛生物能释放反硝化所需要的溶解性有机碳。同时，周丛生物有巨大的比表面积和电位，能向水体或者土壤中吸附/释放更多的氨态氮和硝态氮,当周丛生物释放氨态氮或硝态氮时,会增加水体或土壤中氮浓度,提高硝化速率,增加了反硝化过程所需产生的硝态氮,从而增加了稻田土壤沉积物的反硝化速率。此外,反硝化速率很大程度受微生物组成影响,例如,相关分析表明反硝化速率和 *Pseudomonas*、*Rhodobacter* 比例呈显著相关,表明周丛生物内 *Pseudomonas*、*Rhodobacter* 的组成是主导反硝化差异的主要因素。

氮素是周丛生物生长必需的大量元素,而通过吸收无机氮素,周丛生物能够有效地截留地表水或稻田田面水等环境中的氮,减少氮的流失。有研究表明,周丛生物最多可积集 70 mg N/g 干重(Liu et al., 2016),当生物质腐解时,氮被释放回土壤或沉积物中(Su et al., 2017)。同化是周丛生物富集无机氮的主要途径,然而,藻类和细菌对不同形态氮的吸收能力存在物种间差异(Liu and Vyverman, 2015; Ross et al., 2018)。在土壤中,氮以各种形式存在,物种丰富的群落在富集不同形式的氮方面具有优势(Barry et al., 2019; Bracken and Stachowicz, 2006)。鉴于稻田土壤及田面水不断变化的理化条件,周丛生物的群落结构和代谢活性可能会发生很大变化,从而导致周丛生物生长和氮富集能力的变化(Lu et al., 2016a)。Liu 等(2021a)发现固持在稻田周丛生物中的氮含量在 3.0～16.0 mg/g 干生物量范围内变化。在我国从华南到东部,稻田周丛生物氮富集量呈上升趋势,而在长江流域,从西向东呈下降趋势。尽管存在区域差异,但周丛生物氮含量与土壤有机碳呈显著正相关,表明土壤有机碳对稻田周丛生物固持氮素具有潜在影响。

三、周丛生物对碳的调控作用

生长在淹水固体表面和土-水界面的周丛生物(又称自然生物膜)属于自养和异养微生物群落聚集体,与单一的微生物群落相比,具有更复杂的结构和生态功能,能够显著影响环境中的生物地球化学循环过程(Battin et al., 2016),包括有机物循环、生态系统呼吸和初级生产等,是食物网的重要组成部分(Battin et al., 2016; Liboriussen and Jeppesen, 2009)。周丛生物由微藻、真菌、细菌、原生动物等微生物和胞外聚合物、铁锰氧化物等非生物物质组成,其中微生物和藻类能够在生长过程中吸收碳、氮、磷等元素转化为生物量,例如,一个水稻生长季 1 hm^2 稻田中周丛生物生物量可累积到数百千克(Liu et al., 2021b),并且在其死亡衰解后将养分释放到环境中,从而影响土壤或上覆水中有机碳浓度和组成。同时周丛生物作为食物网中主要的初级生产者,也是溶解有机碳的重要来源,在养分循环和能量流动中起到重要的作用(Bichoff et al., 2016)。此外,周丛生物分泌物和残体中富含多糖及蛋白质,这类物质生物活性较强，易被微生物降解利用，进而影响环境中微生物群落组成及其对有机碳的矿化作用，从而改变温室气体排放特征（Wang et al.，2022c；Xia et al.，2018）。基于微生物聚集体功能冗余性高、稳定性强等特点，以及微生物细胞聚集体之间存在大量的空隙和通道，为矿物质的吸附、络合和共沉降提供了充分的条件（Lu et al.，2016a；Wu et al.，2012）。因此，充分认识周丛生物对碳的调控作用，包括对碳固定、有机碳组分和矿化以及温室气体排放的影响，对厘清生态系统碳循环过程至关重要。

（一）周丛生物对碳固定的影响

广泛生长在淹水固体表面和水-土界面上的周丛生物对二氧化碳（CO_2）的固定和排放有显著的影响（图 1-10），周丛生物对大气中 CO_2 的固定主要通过藻类和自养微生物的光合作用，这一过程不断消耗 ATP 和 NADPH 并固定 CO_2 形成葡萄糖等有机物。研究发现微藻生长速度快，固碳效率高，它可以将 CO_2 转化为油脂、蛋白质、多糖等物质，平均每生产 1 t 微藻生物质能够固定 1.83 t 的 CO_2（张虎等，2023）。有研究探究了周丛生物在溪流中的碳固定量，经 Flipo 等（2007）测定，法国马恩河（La Marne）溪流中周丛生物的碳固定量在 180~315 mg。同时 Flipo 等也比较了周丛生物与浮游生物对溪流碳固定的贡献，其中浮游生物的净光合活性高于周丛生物，但周丛生物在溪流中的平均生物量（3.4 g C/m^2）显著高于浮游生物（0.3 g C/m^2），这导致周丛生物的光合绝对活性更强，具有更好的固碳效果。周丛生物中藻类含量也会影响到固碳速率，对稻田生态系统的研究发现，稻田中的微生物 CO_2 固定效率明显高于旱地（Ge et al.，2013），且大部分光合作用碳出现在土壤表层（0~1 cm）（Wu et al.，2014），这是由于稻田水-土界面中的周丛生物含有大量的藻类。使用 $^{13}CO_2$ 脉冲标记有和没有周丛生物生长的土壤发现，周丛生物中的 $^{13}C/^{12}C$ 值最高，其次是有周丛生物附着的表层土壤，两者都明显高于没有周丛生物生长的土壤（遮光处理），这也证实了周丛生物的固碳效应（Wang et al.，2022c）。进一步通过在中国的热带、亚热带和温带稻田中进行微区实验发现，周丛生物的存在使稻田固碳效率提高 7.2%~12.7%，同化的 CO_2 量分别为每季每公顷 78 kg、211 kg 和 118 kg（Wang et al.，2022c）。周丛生物对 CO_2 的固定主要发生在水稻生长的苗期和分蘖期（<40 d），此时周丛生物中的微藻因充足的阳光而繁盛（Wang et al.，2022c）。此外，表层通过光合作用同化的部分碳还能被向下输送，为下层的化能自养微生物提供碳源或电子供体，以这种方式促进化能自养生物参与 CO_2 同化过程（Wu et al.，2014）。

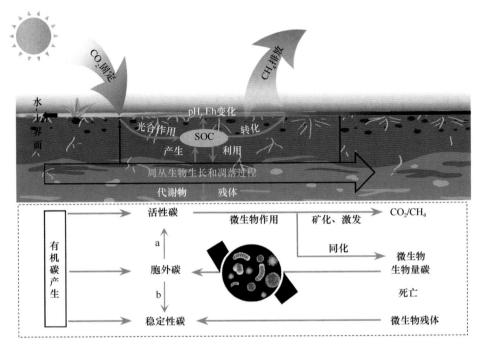

图 1-10　水-土界面周丛生物对碳的调控作用示意图

周丛生物作为 CO_2 和 CH_4 的生物转换器，通过光合作用固定碳进入土壤有机碳（SOC）库，并促进 CH_4 排放。水-土界面周丛生物生长和腐解过程通过产生及利用 SOC 改变了土壤碳库的组成特征，伴随着 pH 和氧化还原电位（Eh）的变化。周丛生物产生的活性碳组分［如溶解性有机碳（DOC）被土壤微生物处理并转化为 CO_2/CH_4（好氧/厌氧矿化、激发效应）、微生物生物量（合成代谢）和胞外碳（代谢物和酶等）。微生物残体和代谢物可作为稳定碳库的前体物质。胞外碳也可能影响活性碳库和稳定碳库，如酶可能催化土壤大分子成分的解聚（a），而其他胞外分泌物可能促进 SOC 的聚集和矿物固持（b）

自养 CO_2 固定途径主要包括卡尔文循环（Bassham et al.，1950）、还原性三羧酸（rTCA）循环（Evans et al.，1966）、还原性乙酰辅酶 A 途径（Wood et al.，1986）、3-羟基丙酸/丙醇辅酶 A 循环（Holo，1989）、4-羟基丁酸循环（包括 3-羟基丙酸/4-羟基丁酸循环）（Berg et al.，2007）和二羧酸/4-羟基丁酸循环（Huber et al.，2008）。周丛生物的光合固碳主要是通过卡尔文循环途径，这是植物、藻类、细菌等自养生物最重要的 CO_2 固定途径（Boller，2012；Shively et al.，1986），它不仅是生态系统中初级生产的主要动力，还对大气中 CO_2 的浓度有着重要影响。核酮糖-1,5-双磷酸羧化酶（RuBP 羧化酶）是卡尔文循环的关键酶，不同类型 RuBP 羧化酶在结构、催化性能和氧气敏感性上存在差异，从而影响循环过程的催化速率（Tabita，1988；Tabita et al.，2008），而周丛生物的存在不仅会影响土-水界面的理化性质，还会影响 RuBP 羧化酶的种类和活性，进而对卡尔文循环产生重要的作用。此外，室内实验结合代谢组分析表明，周丛生物的生长可以导致表层土壤（0～1 cm）中乙酰辅酶 A、丙二酰辅酶 A 和 3-羟基丙酰辅酶 A 等代谢物的上调，可能表明

3-羟基丙酰/丙二酰辅酶 A 循环在周丛生物碳固定中发挥重要作用（Wang et al.，2022c）。这种固碳途径的一个重要特点是共同吸收许多有机化合物，使其适合于混合养分的微生物（Zarzycki and Fuchs，2011），这与周丛生物的组成特点一致，即由自养生物和异养生物及胞外多聚物等组成的微生物聚集体。然而，需要进行更多的实地调查和实验室实验，以进一步揭示周丛生物碳固定的群落及代谢驱动机制。

（二）周丛生物对碳组成及转化的影响

周丛生物生长所需的碳源主要是溶解性有机质（dissolved organic matter，DOM）和光合碳，它们通过被捕食进入更高的营养级，并作为富含碳的营养成分转移（Liboriussen and Jeppesen，2009；Saikia，2011；Su et al.，2017；Wu et al.，2017c）。在浅水生态系统水-土界面中，周丛生物的生长和凋落可以通过消耗及生产有机化合物来改变环境中有机碳的组成特性（Casals，2016；Frost et al.，2007；Schiller et al.，2007）（图 1-10）。一方面，周围水、土环境中的溶解性有机碳（dissolved organic carbon，DOC）浓度能显著影响浅水底栖周丛生物中藻类及细菌的群落结构和功能（Besemer，2015；Findlay et al.，2003；Hullar et al.，2006；Olapade and Leff，2005；Wilhelm et al.，2014）。另一方面，土壤有机碳（soil organic carbon，SOC）含量也在野外区域和室内实验尺度上被证明是影响稻田周丛生物光合作用和生物量积累的主要因素（Liu et al.，2021b）。

在高 SOC 和 DOC 水平下，周丛生物由物种丰富的藻类和细菌群落组成，光合作用相关的许多途径的表达均上调（Liu et al.，2021a）。此外，DOM 水平和成分也会影响稻田水-土界面周丛生物的特征，与土壤质地、水分和复合体的形成密切相关的类腐殖质丰度越高，周边生物的生物量和氮磷含量则越高（Liu et al.，2021a）。同时，周丛生物在生长和凋落过程中也会产生有机物，这部分周丛生物来源碳一部分被周围环境中的微生物利用，以 CO_2 或甲烷（CH_4）的形式矿化到大气中，另一部分释放到周围环境的有机碳库中（图 1-10），特别是生物活性较高的碳组分，如微生物生物量碳（microbial biomass carbon，MBC）和 DOC（Ge et al.，2013；Wu et al.，2014；Xiao et al.，2021）。对稻田周丛生物的研究表明，与没有周丛生物生长的土壤相比，有周丛生物生长的土壤中土壤孔隙水的 DOC 浓度升高，表面 SOC 含量增加（Liu et al.，2021a；Wang et al.，2022c）。DOC 的增加可能是由于周丛生物生长和凋落过程释放的可溶性有机物、残留物及分解产物（Ge et al.，2013；Liu et al.，2023；Xiao et al.，2021）。因此，周丛生物与周围环境中碳的相互作用是复杂的，且具有强烈的相互影响作用。

周丛生物作为微生物聚集体亦富含胞外聚合物等非生物组分（Sun et al.，2021），周丛生物生长过程通常会释放大量的有机化合物，包括酶、复杂有机酸、单糖和蛋白质等,进入周围环境(Kalscheur et al.,2012;Liu et al.,2023)(图 1-10)。周丛生物内的多聚物(如纤维素)可以通过解聚作用形成糖单体和脂质,然后脂质被转化为甘油和长链脂肪酸(Malyan et al.,2016;Thauer et al.,2008)。具体而言,稻田水-土界面周丛生物生长和凋落降解会将类腐殖质及类色氨酸物质释放到土壤中,并增加碳水化合物、木质素、脂质、蛋白质和类氨基糖类化合物的丰度(Liu et al.,2021b;Wang et al.,2022c)。这些化合物中的大多数被认为是微生物活性较高的底物,因此可以作为微生物代谢活动的热点(Berggren et al.,2010;Guillemette et al.,2016;Zhou et al.,2021)。相应地,周丛生物的存在也被发现促进了脂质、碳水化合物和氨基酸化合物的代谢,包括甘油磷脂、甘氨酸、苏氨酸、丝氨酸和丙酮酸盐,并导致乙酰辅酶 A 含量增加(Wang et al.,2022c)。这些代谢特征变化可能与周丛生物凋落物的微生物分解密切相关,并进一步与营养盐循环相结合,包括氮固定和磷组分变化,强调了周丛生物在界面生物地球化学循环中的重要作用(Wu et al.,2018)。

周丛生物中包含复杂的多糖基质,可以通过堵塞土-水界面的孔隙空间(Leopold et al.,2013),减少一些矿物质和离子的运动,起到屏障的作用(Sun et al.,2022a,2021a)。周丛生物凋落及残留物中富含蛋白质和腐殖酸,可以吸附到矿物表面(如铁和氧化铝),这一过程可能形成新的有机-矿物组合,并可能进一步结合到土壤团聚体中,从而促进 SOC 的稳定,这对全球碳固存至关重要(Kopittke et al.,2018)。具体而言,已经发现光合碳最终存在于腐殖质中(Xiao et al.,2021),而腐殖质被认为与土壤矿物的形成密切相关,并且不利于微生物降解(Gautam et al.,2021)。周丛生物来源碳转化途径包括生物量(细胞成分)、CO_2/CH_4、代谢和凋落物等,部分将最终被转化为微生物残体碳,这也是稳定 SOC 的重要前体物质(Leopold et al.,2013;Liang et al.,2017;Mitchell et al.,2020)(图 1-10)。

(三)周丛生物对碳矿化及甲烷排放的影响

碳矿化是一个重要的碳输出过程,直接影响生态系统的碳排放特征。周丛生物生长和凋落过程可以通过改变非生物因素(如 pH 和氧化还原条件)和生物因素(如微生物组成和代谢)来影响生态系统碳的矿化,从而导致 CO_2 和 CH_4 排放的变化(Battin et al.,2023;Qiu et al.,2018)(图 1-10)。具体来说,研究发现,稻田周丛生物通过调节土壤产甲烷菌和甲烷氧化菌的组成及代谢、碳源有效性和土壤 Eh 等影响 CH_4 排放(Said-Pullicino et al.,2016)。田间试验发现,周丛生物对热带、亚热带和温带的稻田 CH_4 排放都有促进作用,其中周丛生物能够使 CH_4 排放量提高 7.1%~38.5%(Wang et al.,2022c),其原因是周丛生物分泌物和生物碎屑的降解都提高了土壤有机碳有效性,这为产甲烷菌提供了更好的物质基础(Ellwood et al.,2012;Wu et al.,2018)。同时,有机碳的降解过程也会降低界面土壤的氧化还原电位（Eh），进而增加产甲烷菌的丰度，降低甲烷氧化菌的丰度。

　　在周丛生物定殖和生长阶段，微藻是微生物聚集体的主要组成部分，并且由于光合作用将增加界面氧含量并提高 Eh，这可以通过提供电子受体来增强微生物矿化（Li et al.，2021），并通过促进界面 CH_4 的氧化来抑制 CH_4 的产生（Wang et al.，2022c）。另外，周丛生物可以通过释放胞外聚合物、堵塞界面孔隙，在水-土界面形成物理屏障，从而限制气体向大气的转移（Jacotot et al.，2019；Leopold et al.，2015）。对红树林湿地的 CH_4 和 CO_2 进行每月的监测研究发现（Jacotot et al.，2019），去除表层 1～2 cm 沉积物土壤后，CO_2 和 CH_4 的排放通量都有明显的增加，这是由于表层的周丛生物一方面促进光合作用固碳，另一方面作为物理屏障阻止气体的排放。与 CO_2 固定作用类似，周丛生物也可充当 CH_4 的汇，在厌氧甲烷营养古菌和硫酸盐还原细菌作用下可以氧化 CH_4，从而减少 CH_4 的排放（Cui et al.，2015）。而对于稻田生态系统而言，由于周丛生物的生长阶段与稻田 CH_4 大量排放的时间相重合，周丛生物不足以氧化所有 CH_4 并阻止其排放，综合表现为通过提高有机碳有效性进而提高 CH_4 排放通量。因此，周丛生物对 CH_4 排放的影响是促进和抑制过程综合的结果。

　　当周丛生物腐解和凋亡时，异养菌在微生物聚集体中占主导地位（Li et al.，2020b）。异养呼吸和微生物分解来自周丛生物凋落物的可生物降解的 DOC 可以导致 O_2 和其他电子受体（如 Fe^{3+}、NO_3^-）的更大消耗，从而降低土壤中的 Eh（Arndt et al.，2013）。这种底物丰富的还原性环境可以进一步促进产甲烷群落的活动，特别是由 *Methanosarcina* 属进行的乙酸产甲烷，其底物范围比其他产甲烷群落更广，并且可以降低好氧产甲烷群落的丰度（Malyan et al.，2016；Thauer et al.，2008）。因此，周丛生物的腐解和凋亡过程会导致更高水平的 CH_4 生产和排放。

　　除了来源于周丛生物的碳被微生物矿化外，活性碳源的输入还可能刺激原位土壤碳的矿化或分解（即产生激发效应），导致原位难降解的碳矿化为气态或可溶性形式，然后从土壤系统中流失（Kuzyakov et al.，2000；Mitchell et al.，2020）。以往研究表明，微生物分泌物、动植物残体以及人为外源性有机物的添加均会影响土壤微生物的分泌，从而改变 SOC 的周转（Kuzyakov，2010；Kuzyakov et al.，2000）。有研究表明，激发效应可以促使 SOC 的分解加速达 380%，也有研究发现，激发效应可以抑制 SOC 分解，抑制率达 50%，前者为正的激发效应，而后者为负的激发效应（Kuzyakov et al.，2000）。目前已有学者提出以下几种关于激发效应的机制：碳饥饿（Hobbie and Hobbie，2013）、氮挖掘（Craine et al.，2007）、底物偏好利用（Cheng，1999）、微生物组成改变（Fontaine et al.，2003）和微生物激活（Blagodatskaya and Kuzyakov，2008）等，这些影响机制均与土壤微生物活动相关，因此，激发效应主要发生在微生物活性热区，如根际、覆盖周丛生物区、碎屑周际等区域（Kuzyakov，2010；Nannipieri et al.，2003；Shahzad et al.，2015）。

以往研究显示，藻类碎屑对沉积物有机质（SOM）矿化具有正向的激发效应，并诱发 CO_2 和 CH_4 的排放，激发效应的强度与原位基质性质和外源基质添加的数量有关（Wang et al.，2021；Yang et al.，2022）。DOC 降解副产物，如低分子量酸，可以破坏本地矿物相关土壤有机碳的稳定性（Kaiser and Kalbitz，2012）。这些结果表明，周丛生物诱发的 CO_2/CH_4 排放也可能部分来自本地稳定的土壤碳库。目前关于周丛生物对界面土壤矿化的激发效应认识还有待进一步加深。

综上所述，周丛生物生长和腐解过程中消耗及产生有机物，不仅可以作为"养分供应器"储存和释放氮磷等养分，也可以作为"生物转换器"将 CO_2 转化为 CH_4、影响温室气体的排放，同时还可以通过调节微生物活性与组分影响界面土壤的碳组分及其矿化与激发效应。

四、周丛生物对金属矿物的调控作用

（一）周丛生物中的金属矿物

周丛生物广泛生长于被水覆盖的固体表面，如淹没的岩石、沉积物等，呈片状分布。周丛生物主要包括生物部分和非生物部分，生物部分主要由藻类、真菌、细菌、原生动物和后生动物组成，而非生物部分主要包括微生物分泌的胞外聚合物（EPS）、矿质金属和微量核酸，如图 1-11 所示。

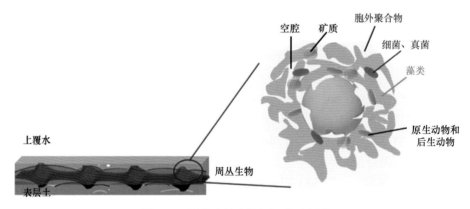

图 1-11　周丛生物生长与组成示意图

胞外聚合物中的矿质金属元素以铁氧化物、锰氧化物和铝氧化物为主。由于周丛生物所处的环境不同，导致形成的周丛生物上的金属矿物的种类、含量、存在形态也有较大的差异，当膜上某种金属矿物经过氧化还原反应导致其"形成"速度大于其"消耗"速度时，该金属矿物在膜上逐渐累积。深究其积累机制，根据课题组前人的研究，主要由周丛生物的两大部分——微生物部分和非生物组成的胞外聚合物部分所决定。胞外聚合物主要组分为多糖和蛋白质，结构松散，比表面积大，具有大量带负电的活性基团，如羧基、磷酸基等，能够从环境中吸附并络合带正电的金属元素，与此同时，周丛生物中的微生物可能会消耗、利用部分金属矿物以满足自身的生长需求。以常见且为可变价态的铁、锰元素为例，铁、锰在进入环境后，部分铁、锰被周丛生物胞外聚合物所吸附，受水体 pH 和溶解氧影响，Mn(Ⅱ)和 Fe(Ⅱ)可通过化学氧化形成不溶于水的 $Fe_2O_3 \cdot (H_2O)_x$ 和 MnO_x。周丛生物中铁锰氧化物形成的另一个关键因素是铁锰氧化还原菌的微生物氧化。周丛生物中的某些细菌的代谢活动能够利用金属矿物作为电子的受体或者供体，进而改变了铁、锰的状态，进而导致铁、锰金属氧化物的形成。

铁、锰作为自然界中常见的金属矿物元素，同时也是生物所需的微量元素，所以受到的关注也相对较多。Dong 等（2010）在研究南湖自然水体中培养出的周丛生物上铁锰氧化物的生成速率时发现，周丛生物上铁锰氧化物的生成均符合一阶动力学反应，并且周丛生物上铁氧化物的生成速率远远大于锰氧化物的生成速率。此外，Dong 等（2003）对周丛生物进行铁锰氧化物的选择性提取，并利用提取得到的铁锰氧化物和有机质作为吸附剂，对重金属 Pb、Cd、Cu 和 Co 进行吸附实验，结果表明，生物膜上的金属氧化物对重金属离子有一定的吸附作用，而锰氧化物在浓度低时具有良好的吸附作用，该结果表明，周丛生物中的部分金属氧化物能对水体中重金属的迁移转化起到关键的影响作用。综上所述，探究周丛生物对金属矿物的调控作用，不仅能够研究周丛生物中金属矿物的循环，还能研究周围环境中金属的迁移循环。因此，本研究综合分析土壤矿物与周丛生物的相互作用，包括周丛生物与矿物的结合作用和矿物对周丛生物活性的影响，阐述周丛生物对金属矿物的调控作用（Dong et al.，2003）。

（二）周丛生物对金属矿物的结合作用

随着社会的发展，自然环境中的各类金属元素早已超出其原本的背景值，甚至进一步对人类的健康造成危害。尤其是重金属元素，由于其在生物体中的富集作用，危害更为严重。传统的化学和物理处理方法都存在成本高和二次污染等缺陷，生物膜的生长周期快，对多种金属元素都表现出很强的去除作用，能有效处理工业废水。藻菌生物膜对金属的去除主要是由细菌所分泌的胞外聚合物的吸附结合藻类对金属的富集。张道勇等（2004）研究了藻类与细菌共存的生物膜中 EPS 的含量与污水中 Cd 的关系，发现 EPS 对污水中 Cd 的去除效率以及生物膜中 Cd 的积累之间存在正相关，且 EPS 的存在能够为藻类及与其共生的细菌提供一个缓冲 Cd 毒性的微环境，使得藻菌生物膜能够在不利环境中依旧保持较高活性。为了解淡水中存在的藻菌共生系统对污水中重金属 Cd 的去除，通过对藻菌生物膜上多聚糖、ATP 的测定，发现藻菌共生系统对污水中 Cd 具有较强的去除能力，且生物膜分泌的多聚糖与水中 Cd 去除率呈正相关（高敏和李茹，2016）。同为藻菌聚合体的周丛生物，其外部分泌的 EPS 含有大量带负电的官能团，能够吸附环境中的阳离子。根据课题组前人的研究发现，周丛生物 EPS 分为三大部分：可溶性 EPS（S-EPS）、结合性 EPS（B-EPS）和松散性 EPS（L-EPS），其中 L-EPS 具有较高的生物吸附性，B-EPS 主要起到絮凝沉淀的作用，而 S-EPS 能够增大金属离子的流体动力学直径，从而起到将分散的金属离子聚集起来的作用（Tang et al.，2017）。

　　董明德等在研究自然水体中的周丛生物对多种金属的吸附过程时发现，周丛生物虽然对不同金属的吸附能力不同，但对不同金属的吸附过程均符合朗缪尔（Langmuir）吸附等温曲线（$R^2>0.8$），同时还发现周丛生物对金属的吸附能力可能受到生物膜的成分、周围环境中的 pH 和有机物的影响；同时为了确认 EPS 的影响，还单独研究了周丛生物的 EPS 对金属的吸附作用，证明了周丛生物的 EPS 对金属也具有吸附作用（董德明等，2004；李鱼等，2002）。根据 Harrison 等（2005b）的研究发现，由单个细菌（*Pseudomonas aeruginosa*）形成的生物膜，在短期暴露情况下，对重金属的抗性是浮游细菌的 2～25 倍，且暴露于重金属溶液中的生物膜中，产生了肉眼可见的棕色螯合物，由此推断生物膜不仅对重金属的毒性抗性更强，而且能够将溶液中的重金属离子分离出来。周丛生物不同于普通生物膜，是由多种微生物聚集而成，内部群落结构复杂，这也使得周丛生物抵御外部环境变化的能力更强。除了自然水体中的周丛生物能对金属起到富集作用，土壤表层的周丛生物同样能从周围环境中富集金属元素（Harrison et al.，2005b）。Sun 等（2021）发现南方酸性稻田土壤上层的周丛生物能够富集土壤中的金属锰（176±38）～（797±271）mg/kg，且富集的锰含量是相应土壤中锰含量的 1.2～4.5 倍，通过计算分析发现，EPS 主导的吸附作用可能是周丛生物富集锰的潜在机制，而周丛生物中的锰氧化菌可能通过形成不溶性的锰氧化物沉淀物来促进锰的积累。在调控土壤中锰元素迁移转化的同时，减少锰对作物造成的危害，进一步保障农业生产安全。

　　除了 EPS 本身对金属矿物的吸附外，微生物在生长过程中还会分泌一定量的有机酸、无机酸、多聚糖等酸性物质，这些物质电离出的 H^+ 能够溶解金属矿物，释放出更多的金属离子，被微生物表面的羧基、羟基、磷酸基团结合固定（Ren et al.，2018），如图 1-12 所示。部分被固定的金属矿物能与微生物分泌出的螯合物质进行氧化还原反应，形成细菌-矿物复合体（如氧化铁、氧化锰、氧化铝等），铁氧化物表面具有众多的羟基，孔隙分布特殊，比表面积大，对重金属具有很强的吸附能力（Xu et al.，2017）。除了对金属的吸附，细菌-矿质复合物还影响周丛生物对其他无机物的积累，Li 等（2017）发现 Ca(Ⅱ)和 Fe(Ⅱ)的添加可使得 Pi

的非生物积累提高 16 倍，Pi 的积累量与 Ca、Fe 积累量呈线性正相关。周丛生物与金属矿物相互作用一方面导致二者电位、表面位点密度的改变，从而可能会影响周丛生物对其他金属的吸附积累作用；另一方面，矿物会影响周丛生物中微生物的活性，扰乱其内在生理调控机制，最终影响周丛生物在环境中的定殖能力（Li et al.，2017）。

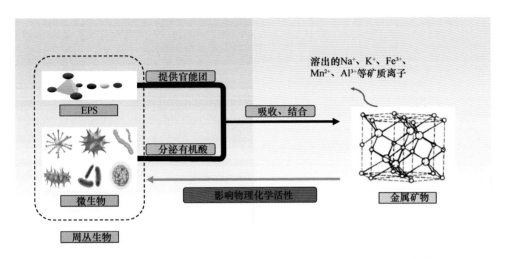

图 1-12 周丛生物与金属矿物的相互作用

（三）周丛生物对金属矿物的吸收利用

周丛生物对金属矿物的调控，不但体现在胞外聚合物对金属矿物的富集上，生物部分对金属矿物的利用、转化也十分关键。微生物通过主动运输和胞吞作用使金属进入细胞质并与细胞器相结合，部分金属矿物如铁、锰、铜等作为生物所必需的微量元素，能促进微生物的代谢生长，然而金属元素在细胞体内过量富集，必将引起周丛生物的死亡。金属进入周丛生物内，可通过多种途径与细胞作用，总体分为 5 类，如图 1-13 所示。有毒或者过量的金属进入细胞内，可以代替必需的无机离子与蛋白质结合，从而改变靶分子的生物学功能。例如，氧化还原活性金属蛋白中一些金属元素被其他金属元素替代，破坏了原有的功能，进一步导致 DNA 的损伤。有些金属可以与硫醇和二硫化物发生一系列反应，因此破坏含有敏感硫基团的蛋白质的生物学功能。某些过渡金属可参与细胞内芬顿反应，产生过量 ROS，会损害 DNA、脂质和蛋白质，使细胞处于氧化应激状态。金属必须通过转体或者亲脂性载体进入细胞，转运蛋白介导的有毒金属的摄取，由于竞争性抑制，可能对其他底物的正常运输造成干扰。某些金属氧离子被氧化还原酶 DsbB 还原，通过醌池的运输链中得到电子。

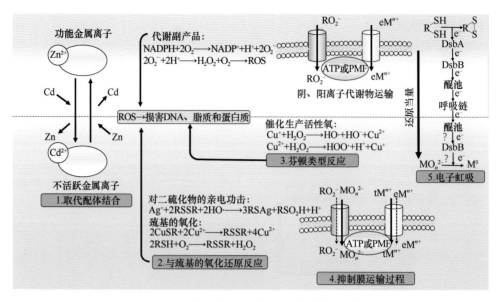

图 1-13　金属矿物与微生物互作的生化机制

PMF：质子动力；tM^{n+}：toxic metal，有毒金属；eM^{n+}：essential metal，必需金属；MO$_n^{2-}$：金属氧化物

　　周丛生物的生物多样性使其具有强适应性，能在恶劣的环境中被逐渐驯化，重新调整群落结构，研究发现，以 Na$_2$EDTA 为洗脱剂的土壤渗滤液中，周丛生物中叶绿素 a 相较于以去离子水为洗脱剂的土壤渗滤液中的含量更高，表明了周丛生物对 Na$_2$EDTA 具有良好的适应性，EDTA 刺激周丛生物的光合作用系统，诱导叶绿素的合成，从而促进周丛生物系统内部光合自养生物的生长（Yang et al.，2016a）。Tong 等（2021）通过检测在富铁(Ⅱ)水稻土中的微生物群落的变化，发现在 Fe(Ⅱ)的氧化过程中，假单胞菌、鞘单胞菌和变异单胞菌逐渐成为优势物种，且土壤中的群落结构逐渐趋于稳定，同时其他种类的细菌也会参与到 Fe(Ⅱ)的氧化过程中。新的群落结构的形成就意味着周丛生物可能会产生新的功能，目前课题组对金属矿物影响周丛生物功能结构的研究尚未涉及，但是目前国内外许多的研究者发现，金属矿物的添加不仅能影响微生物的群落结构，而且能促进各元素在自然界中的循环，Wang 等（2021）发现在人工湿地中添加锰氧化物能提高芦苇根际中氨氧化反应，其主要原因为锰氧化物驱动了微生物群落中的锰氧化细菌，而 92%的锰氧化细菌同时参与了氮循环。

五、周丛生物对环境污染物的去除作用

　　周丛生物可有效处理稻田生态系统污染物，如重金属、有机物质、一些新型污染物（如纳米颗粒、微塑料）等。与单一物种群落相比，周丛生物具有更强的

污染负荷能力和抗干扰能力，可通过自我控制群落结构和微生物活性对环境干扰表现出更强的抗性，如图 1-14 所示。

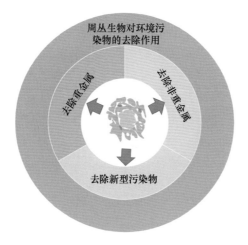

图 1-14　周丛生物对环境污染物的去除作用

（一）周丛生物对重金属污染物的去除

周丛生物已被证明能够有效吸附、富集和去除铜（Cu^{2+}）、镉（Cd^{2+}）、铅（Pb^{2+}）、锰（Mn^{2+}）等重金属离子。周丛生物的多物种群落特征使其对重金属的耐受性高于单一物种，如藻类或细菌。Yang 等（2016b）研究发现，在经过 Cu^{2+} 暴露后，周丛生物的微生物群落代谢活性和碳源利用率保持在正常水平，甚至有所提高。结果显示，周丛生物对 Cu^{2+} 具有较高的抗性，并能维持其微生物活性，表明周丛生物可能是去除水中高 Cu^{2+} 污染的环境友好介质，同时发现周丛生物通过三种主要机制去除重金属：胞外聚合物吸附、细胞表面吸附和细胞内摄取（Yang et al.，2016b）。Zhong 等（2020）研究发现，周丛生物通过三种主要机制去除废水中重金属：胞外聚合物吸附、细胞表面吸附和胞内吸收。观察到周丛生物对废水中不同浓度（$0.5 \sim 2$ mg/L）的 Cu^{2+} 均具有较高去除效率，在 0.5 mg/L 和 2 mg/L Cu^{2+} 暴露组中，Cu^{2+} 的去除率在前 60 h 持续增加。在 108 h 的暴露实验结束时，0.5 mg/L 和 2 mg/L Cu^{2+} 组的最终 Cu^{2+} 去除率分别高达（99±5）% 和（98±4）%。结果表明，周丛生物对污染环境中的 Cu^{2+} 有较好的去除效果。但 2 mg/L 的 Cu^{2+} 明显降低了叶绿素 a 总量，表明 2 mg/L 的 Cu^{2+} 抑制了微藻的生长。同时，经 2 mg/L Cu^{2+} 处理后，周丛生物的代谢活性（异养微生物）和化学需氧量（COD）去除率基本保持不变。结果表明，周丛生物对 Cu^{2+} 胁迫具有较强的耐受性，能够在维持自身微生物功能的同时去除废水中的 Cu^{2+}。

周丛生物可以通过吸附和吸收从周围水中积累镉（Cd）（Duong et al.，2010；

Hill et al.，2000；McCauley and Bouldin，2016）。Lu 等（2020）研究发现，在 Cd 污染土壤中，周丛生物的生长显著降低了地表水中 Cd 的浓度。稻田水中 Cd 污染水平越高，周丛生物体内 Cd 积累越多。结果表明，稻田周丛生物具有较高的 Cd 去除或吸收能力；另外，稻田系统中周丛生物不仅可以降低水中 Cd 的含量，对土壤中的 Cd 也有灭活作用，周丛生物主要通过改变土壤中 Cd 的形态显著降低土壤中 Cd 的生物有效性，具体而言，可交换性 Cd 含量在有周丛生物的土壤中显著降低，而碳酸盐态 Cd、可还原态 Cd 和可氧化态 Cd 含量显著增加，同时在高 pH 条件下，土壤 Cd 主要与碳酸盐结合，部分与 OH⁻或其他阴离子共沉淀，导致 Cd 有效性降低（Khaokaew et al.，2011）。

（二）周丛生物对非重金属污染物的去除

稻田中砷（As）是一种剧毒和致癌的类金属，在全球范围内造成了严重的环境挑战。胞外聚合物（EPS）在周丛生物对高浓度重金属的生物吸附中起着关键作用（Liu et al.，2018）。在 As(III)浓度为 2.0 mg/L 和 5.0 mg/L 时，周丛生物对 As(III)的去除率分别为 96% 和 60%（Zhu et al.，2018）；方解石与 As(III)的结合以及周丛生物表面的—OH 和—C=O 在去除 As(III)中起着至关重要的作用。Guo 等（2020）研究表明，经周丛生物处理过后的土壤 pH 显著增加，氧化还原电位（Eh）显著降低。土壤 pH 的增加有助于 As（V）的解吸，土壤 Eh 值的降低有助于含 As（V）Fe(III)矿物的还原溶解，并将 As（V）还原为 As(III)（Masscheleyn et al.，1991）。因此，pH 的增加和 Eh 的降低可以解释在周丛生物处理时土壤中 As(III)含量的增加。虽然周丛生物可以提高砷的迁移率和生物有效性，但孔隙水中砷的浓度却明显降低。这种现象可能是由于周丛生物的双重作用，因为大量的砷可能被周丛生物所捕获。采用傅里叶变换红外光谱（Fourier transform infrared spectrum，FTIR）仪对周丛生物表面的 400 个功能性基团进行了研究。在 3384 cm⁻¹ 处的 401 宽频带可能是由于—OH 和—NH 键的振动。此外观察到了可能代表酰胺与多糖的峰（Zivanovic et al.，2007；Leceta et al.，2013）。这些被观察到的峰证实，周丛生物的主要成分胞外聚合物可能在 As 吸附中起重要作用。

（三）周丛生物对新型污染物的去除

内分泌干扰物（endocrine disrupting chemicals，EDCs）是一种外源性化学物质，通过干扰人类的内分泌系统，对人类和自然生物群落产生负面影响。在过去的几十年里，酚类和类固醇雌激素广泛应用于农业、医药业和个人护理产品业，使得这些内分泌干扰物的生产量和使用量不断增加。在过去十年中，微塑料（microplastics，MPs）一直引起生态学家的注意，因为越来越多的报告显示，海洋动物误以为它们是食物（Shabbir et al.，2020）。在 MPs 中，聚丙烯（polypropylene，

PP）是世界上产量第二高的 MPs，到目前为止，一些传统的处理系统都不能有效地去除 EDCs 和微塑料等微污染物，从而导致吸积现象。Shabbir 等（2020）研究发现 4 种不同周丛生物（附生、表生、中生和混合周丛生物）具有同时降解 EDCs 和 PP 的潜在能力。结果表明，虽然所有的周丛生物都能在 36 d 内完全去除 EDCs（混合周丛生物时间稍长），但在 4 种周丛生物中，附生周丛生物对合成的 17α-乙炔雌二醇（17α-Ethynylestradiol，EE2）和双酚 A（bisphenol A，BPA）的完全去除率最高，表生周丛生物降解 EDCs 和 PP 的时间相对较短，其次是附生周丛生物；周丛生物也能有效地降解微塑料 PP，可同时降解 EDCs，对不同种类污染物的生物去除和生物降解均有较好的效果；由气相色谱质谱联用（GC-MS）得到的生物降解方案表明，与母体化合物相比，EDC 转化为毒性较小的脂肪族产物，而由凝胶过滤色谱法（GPC）观察证实了 PP 的生物降解；Illumina 焦磷酸测序结果表明，所有周丛生物中的微生物群落结构和丰度都发生了明显的变化，这种变化影响了 EDCs 的生物降解。

Miao 等（2017）研究了周丛生物对纳米 CuO 颗粒的去除，证明了在水环境中周丛生物吸附去除 CuO 纳米颗粒的有效性。根据 Langmuir 模型，在 pH 5、20℃条件下，周丛生物的最大单层吸附量为 62.4 mg CuO 纳米颗粒；一级动力学与吸附过程的良好吻合表明，物理过程可能主导了这种吸附现象。这些结果表明，周丛生物可以作为一种环境友好、有效去除纳米粒子的解决方案。

（四）影响周丛生物去除污染物效率的因素

1）重金属元素种类及含量

在环境中，植物必需金属元素如 Zn、Cu 和 Fe 通过细胞壁直接被吸收，而更具毒性的金属 Cd、Cr、Pb 和 As 首先通过改变金属离子形态解毒，然后被吸收（Marella et al.，2020）。Zhong 等（2020）研究发现，2 mg/L Cu^{2+} 对藻类的毒性会导致藻类死亡，2 mg/L Cu^{2+} 对周丛生物生物量有明显的抑制作用。已有研究表明，Cu^{2+} 是微生物酶的基本元素，涉及呼吸、结缔组织生物合成等生物过程，过量的 Cu^{2+} 暴露可能通过破坏细胞完整性、降低酶活性等导致金属毒性。

2）pH 及环境中有机质含量

废水中含有大量溶解性有机质（dissolved organic matter，DOM）。孙晨敏等（2020）的研究结果显示，牛粪来源的 DOM 主要含有羧基、酰胺基团、羟基等阴离子基团，而 Cu(Ⅱ)在水环境中主要通过与上述活性基团形成二元配合物进行迁移。据此推测，DOM 会和周丛生物竞争吸附 Cu(Ⅱ)，从而导致 DOM

抑制周丛生物对 Cu(Ⅱ) 的吸附。Miao 等（2019）研究发现，在水环境中 pH 和 DOM 浓度可以影响 CuO 纳米粒子和 Zeta 电位；同时吸附效率与 pH 密切相关，且随初始 pH 的增加而降低；DOM 的存在对 CuO 纳米颗粒的吸附效率有明显的抑制作用，说明纳米颗粒的稳定性（粒径分布和 Zeta 电位）对 CuO 纳米颗粒的去除起着重要作用。

3）温度及周丛生物的光合作用

Lu 等研究发现，光合作用控制着水体中的氧化还原电位和 pH（Hagerthey et al.，2011；Lu et al.，2016b）。周丛生物的生长会消耗 CO_2，向水中释放 O_2，导致水体溶解氧和 pH 显著升高，较高的 pH 梯度增加了金属在水中和周丛生物体微表面的沉淀可能性，导致水中 Cd 浓度降低，Cd 涌入周丛生物。光照使周丛生物对 Cd 的吸附增强了 40%（Hill et al.，2000）。此外，由于周丛生物的光合作用，pH 急剧上升，在扩散的水边界层和周丛生物层内部产生了相对稀少的质子，使带正电的金属（如 Cd）与带负电的质子竞争结合位点。因此，这些位点对 Cd 的吸附随 pH 的增加而增加（Hagerthey et al.，2011）。而对于常见防腐剂氯代甲基对羟基苯甲酸酯（chlorinated methyl-parabens，CMPs），呈现了不同的实验结果，Song 等（2017）研究发现，在周丛生物存在的环境中，CMPs 在黑暗中去除最快。与正常和光照相比，黑暗环境下的周丛生物生物量和多样性最低，但碳源利用能力和细菌多样性最高。这表明藻菌之间可能存在着竞争。黑暗条件下藻类生长受到抑制，细菌多样性增加，碳源利用能力增强。黑暗中 CMPs 的快速清除可能与周丛生物体内的氧化还原条件有关。因为藻类在无光照的情况下不能进行光合氧合，还原脱氯可能涉及 CMPs 的去除；同时较高的培养温度导致污染物 CMPs 较快被去除，而在较低的温度下培养，培养温度越高，细菌多样性越高，但碳源利用能力相近；在较高的培养温度下更快地去除所测试的化合物可能是由于微生物降解增强，因为生物反应的速率通常随温度增加而增加。

六、周丛生物对环境胁迫的适应性

周丛生物，又称自然生物膜，是地球上分布最广泛的生命形式之一，是生活在附着于生物或非生物表面的自生胞外聚合物（EPS）基质中微生物的有组织聚集体。其不是附着在表面上的细胞的简单结构集合，而是一个能够响应环境变化的动态复杂生物系统。周丛生物的形成是在极端环境中生长的微生物的关键特征，如极端温度、高辐射、极端酸碱环境、重金属污染等。在本节中，我们介绍了周丛生物对环境胁迫的生态适应性及其在极端条件下生存的生态策略。了解周丛生物对环境胁迫的生态适应机制，有助于揭示生态系统稳定性的内在机制，为合理调控提供科学依据。

（一）周丛生物对环境因子胁迫的适应性

1）紫外线辐射

紫外线辐射是一种主要的环境因子，可以通过内源性或外源性光敏剂吸收 UV-A 光子对生物体产生胁迫。根据波长范围，太阳紫外线辐射包括三种类型：UV-A（320～400 nm），UV-B（290～320 nm）和 UV-C（100～290 nm）。UV-A 可以通过促进活性氧的产生而破坏细胞生物分子，如蛋白质、脂质等。此外，还可造成细胞 DNA 的损伤、强烈抑制 DNA 复制（Graindorge et al.，2015）。而 UV-B 可以直接被 DNA 吸收使核苷酸改变（Sorg et al.，2005）。UV-C 作为能量最高的紫外线辐射，相较于 UV-A 或 UA-B 辐射产生更多的光产物（Kiefer，2007）。

周丛生物可有效保护微生物细胞免受紫外线辐射。Elasri 和 Miller（1999）通过将 RM4440（铜绿假单胞菌 FRD1 衍生物）固定在藻酸盐基质模拟周丛生物的形成，以研究周丛生物对紫外线辐射损伤的反应。结果表明，与浮游细菌相比，周丛生物的 EPS 基质可作为一层物理屏蔽，保护微生物减缓 UV-C、UV-B 和 UV-A 的辐射（Elasri and Miller，1999）。然而，Frösler 等（2017）则得出了相反的结论，即周丛生物似乎比浮游细胞更容易受到紫外线诱导的损伤，这可能是由于保留在细胞或 EPS 基质中的水分子的光解离产生 ROS。

2）极端温度

周丛生物的形成使极端环境中的微生物能够抵抗极限温度造成的损害。在极寒环境下，周丛生物的 EPS 可形成稳定细胞外液基质以保护细胞免受冻害，使其具有循环生长能力，从而提高微生物细胞对寒冷环境的适应性（Caruso et al.，2018）。周丛生物不仅可维持极端低温环境下微生物数量的稳定（Kelley et al.，1997），还可维持微生物的生理寿命（Williams et al.，2009）。嗜冷菌可以通过改变细胞膜的脂质组成以保持流动性（D'Amico et al.，2006），产生冷休克蛋白、防冻剂、结合冰分子和渗透剂等特殊分子以抵御极寒环境（Parrilli et al.，2021）。而在极热环境中，Lewin 等（2013）发现，嗜热菌通过增大细菌的饱和脂肪酸与不饱和脂肪酸的比例而修饰细胞膜，古菌通过采用脂质单层来修饰细胞膜以抵御极热环境。在极端温度的环境中，微生物细胞经常以生物膜的形式存在。周丛生物使微生物承受温度压力损害的能力更具弹性，为微生物在极端温度条件下的生存提供了合适的栖息地。在高温下，周丛生物可以承受外部高温并使内部适应生长和繁殖，此外，周丛生物也可以在外部极冷时稳定内部环境，导致细胞不冻结并使它们存活（Yin et al.，2019）。

3）极端酸碱环境

周丛生物有助于微生物抵抗极端酸碱环境的生理迫害。周丛生物的形成和 EPS 的产生是微生物在极端酸碱环境中的生存策略。在胁迫环境下，群体感应系统调节某种特定细菌的周丛生物形成。研究表明，在嗜酸菌中，群体感应网络基因至少占氧化亚铁硫杆菌 ATCC 23270T 基因组的 4.5%（141 个基因），其中 42.6%（60 个基因）与周丛生物形成有关（Mamani et al.，2016）。在极端酸性条件下，微生物物种丰度通常会降低，但受周丛生物保护的嗜酸菌仍然大量存在（Bellenberg et al.，2019）。Charles 等（2017）的研究表明，周丛生物在响应高碱性条件（pH 11.0、pH 11.5 和 pH 12.0）时保持较低的 EPS 内部 pH，表明周丛生物的形成可以在很大程度上为亲碱群落提供一个在高碱性胁迫下生存的避难所。

（二）周丛生物对环境污染物胁迫的适应性

除了以上讨论的自然环境压力外，周丛生物还可以保护微生物免受急性环境压力的侵害，如抗生素、重金属污染、纳米材料等。

1）抗生素

周丛生物是嵌入自产胞外聚合物基质中的聚集细菌细胞群落，对抗生素治疗和免疫防御具有顽固性及耐受性（Hathroubi et al.，2017）。微生物耐药性是微生物以遗传模式抵抗抗生素的后天能力（Blair et al.，2015）。周丛生物特异性抵御抗生素涉及以下几种分子机制。

首先，周丛生物可以作为物理屏障，其厚度和化学成分可以在一定程度上阻止抗生素的渗透（Dunne et al.，1993）。周丛生物的胞外聚合物（EPS）中有许多带电基团，如糖醛酸、蛋白质、糖蛋白、糖脂、eDNA 等，可以与带电荷的抗生素结合，为微生物形成一个庇护（Nadell et al.，2015），以帮助嵌入周丛生物内的微生物细胞建立对抗生素的耐受性。Tseng 等（2013）发现周丛生物的细胞外基质可以通过限制妥布霉素的渗透来保护铜绿假单胞菌周丛生物。其次，周丛生物中的多药外排泵可以运输抗生素以防止毒性积聚（Sun et al.，2014）。研究表明，铜绿假单胞菌的 PA1874-1877 外排泵在周丛生物状态下比在浮游状态中表达得更多，并且参与抗生素耐药（Zhang and Mah，2008）。再次，周丛生物显示出更强的抗生素耐药性。例如，白色念珠菌 β-1,3-葡聚糖可与氧氟沙星结合，与单一微生物大肠杆菌相比，在周丛生物内与白色念珠菌共同生存的大肠杆菌细胞对氧氟沙星的耐药性增加（De Brucker et al.，2015）。最后，调控抗性基因的表达以抵御外部极端环境也是微生物的一种生存策略。在极端环境下，周丛生物的形成、组成和功能似乎离不开一系列调控系统（Yin et al.，2019）。其中，群体感应作为调控系统不可或缺的一部分，是微生物根据群体中细胞密度的变化调节其基因表达谱，当微生物数量达到一定密度阈值时而发生的感应现象。铜绿假单胞菌可通过群体感应系统控制其许多毒性因子的表达，例如，群体感应参与铜绿假单胞菌周丛生物对卡那霉素、妥布霉素和过氧化氢的耐受性（Bjarnsholt et al.，2005）。

2）重金属

周丛生物可以通过周丛生物基质内的封存和固定、特异性基因诱导和代谢变化、持久细胞的产生等抵御重金属的胁迫。周丛生物的胞外聚合物基质充当有毒金属的屏障，有毒金属可以在其中被隔离、固定、矿化或沉淀（Harrison et al.，2007）。一些有毒金属与 EPS 基质组分的官能团（如羧基、磷酸基、羟基和氨基）结合（van Hullebusch et al.，2003）。这归因于 EPS 基质中正电荷和负电荷的组合限制了金属离子的扩散，因为胞外聚合物中可用于金属生物吸附的静电结合位点的数量比浮游细胞多 20～30 倍（Liu and Fang，2002）。基因表达和代谢的变化被认为与周丛生物介导的金属耐受性有关。研究表明，重金属暴露下的细胞有利于 EPS 的合成，周丛生物的 EPS 浓度与水中重金属浓度呈正相关关系，EPS 基质和细胞壁在吸附重金属中发挥重要作用（Aguilera et al.，2008），这意味着它们在生长过程中将受到周丛生物的保护，免受有毒金属的暴露。Fang 等（2022）通过研究南通嗜铜菌 $X1^T$（*Cupriavidus nantongensis* $X1^T$）对重金属镉的耐受与去除能力及其适应机制发现，随着镉浓度的提升，菌株 $X1^T$ 细胞内部的抗氧化酶的表达和活性都得到了一定的提升，这种差异性的表达能够有效减少重金属胁迫条件下产生的过量活性氧对细胞造成的损伤。持续细胞是一种既不生长也不死亡且长期暴露于有毒化合物的细胞亚群。Harrison 等（2005a）认为持续细胞的休眠状态有助于提高微生物对重金属的耐受性。目前，只有少数能够存活于重金属的微生物被发现，例如，铜绿假单胞菌 ATCC 27853 暴露于浓度高于最小杀菌浓度（MBC）的金属阳离子，以及大肠杆菌菌株 JM109 暴露于浓度略高于最小抑菌浓度（MIC）的氧阴离子。

3）纳米材料

纳米材料 Ag 纳米颗粒、TiO_2 纳米颗粒、CeO_2 纳米颗粒和 Fe_2O_3 纳米颗粒等在工业上的应用广泛。在以往的研究中，大多数学者选择使用单一生物体来评估纳米材料的环境毒理性。然而，这种方法忽视了不同生物体之间可能存在的协同效应和拮抗作用，也没有考虑到整个生态系统的自我调节机制（Liu et al.，2019a，2021b）。

周丛生物包含微生物、藻类、真菌、原生动物、后生动物及杂质体，在水环境中群聚生长，具有一定的自我净化能力。周丛生物通过限制细菌的代谢活性，并改变周丛生物的优势物种以抵御 CeO_2 纳米颗粒的胁迫作用（You et al.，2021）。周丛生物在纳米颗粒胁迫下具有功能冗余性，可通过改变胞外聚合物组分和群落结构以适应纳米材料 TiO_2 纳米颗粒的胁迫（Liu et al.，2019a）。

七、周丛生物技术及其生态修复应用

周丛生物由"生物相"和"非生物相"两部分组成："生物相"包括微藻、细菌、真菌、原生动物和后生动物等（Wu，2016）；"非生物相"包括由微生物自身分泌的 EPS 及其黏附的有机碎屑、矿质（铁、锰、钙及金属氧化物等）和营养物质（氮、磷等），可作为周丛生物内微生物生长的载体和骨架（Xing et al.，2016）。

周丛生物技术作为一种具有完备生态结构的微型生态系统的微生物调控技术，已被广泛应用于水环境生态修复中，如稻田水-土界面、湿地修复、湖泊水环境等领域（Craggs et al.，1996）。周丛生物介导的生物修复不但影响地球化学物质、能量、信息的传递，也影响碳、氮、磷等元素的迁移转化过程（郭婷，2021）。周丛生物是水-土界面的生物膜，通常呈薄片状，作为生态系统中的重要初级生产者，其生物生命活动和新陈代谢需要充足的能量和物质（吴国平等，2019）。

周丛生物的胞外聚合物具有良好的絮凝吸附能力，能够促进水-土界面矿物质与其他物质的吸附、络合、共沉降，故而周丛生物具有吸收并捕获元素的能力，对物质的吸纳表现出良好的"泵吸"积聚作用（Battin et al.，2016）。同时，周丛生物分泌物与矿质结合，利于初级生产、营养循环和底栖生物代谢（Rosi-Marshall and Royer，2012）。

近年来，国内外众多学者就周丛生物技术在生态修复领域的应用进行了众多研究，其结果表明，周丛生物技术相对于传统生态修复技术，如物理方法、化学方法等，具有操作便捷、绿色友好、生态环保等优点，预示着其在生态修复中更有潜力（Rittmann，2018）。本部分总结了关于周丛生物技术的应用案例，以期为利用周丛生物技术研究生态修复提供参考。

（一）周丛生物用于土壤修复

周丛生物具有改善土壤的理化性状的作用。研究表明，周丛生物在生长期间能够向胞外分泌化合物，这些分泌物含有羟基、羧基、酯基、磷酰基、巯基和酚羟基等官能团，能够与土壤矿质发生吸附、络合作用，并通过生物量的增加，增加水-土界面有机物，利于将土壤颗粒胶结起来，发挥网捕、桥联作用，可为菌类及其他微生物提供良好载体和附着位点，最终藻类、胞外聚合物、微生物矿质等物质交织形成网状多孔骨架结构，尤其是使藻类（丝状藻）的机械束缚作用更紧密，促进土壤团聚体形成或土壤稳定（Wu et al.，2018；Wu，2016）。

　　周丛生物具有调节土壤养分及物质循环的作用。赵婧宇等（2021）和 Saito 等（2005）通过野外田间微区试验证实，稻田氨挥发与周丛生物有关，使用特丁净（$C_{10}H_{19}N_5S$）调控周丛生物生长，能够有效减少施基肥及分蘖肥期间因稻田土壤氨挥发造成的氮肥损失。周丛生物中蓝绿藻向土壤中输入有机碳，改变土-水界面的理化性质及微环境，补充了土壤有机碳库，丰富了土壤有机碳组分，提供作物生长所需的碳元素，并进一步影响土壤微生物群落组成和代谢过程（Kalscheur et al.，2012）。周丛生物的生长及其新陈代谢需要营养元素和其他物质组分，可以减少土壤中营养盐组分和其他物质组分，进而对土壤中的重金属污染、有机化合物污染有一定的缓解作用。张启明等（2006）研究发现，水-土界面周丛生物藻类分解引起磷的释放，不但增加土壤有效磷的含量，还能提高土壤中磷的生物有效性。周丛生物具有协调集体行动的能力，即"集体功能"的协同作用，可提高表层土壤养分的有效性和幼苗对养分的利用率（孙瑞等，2022）。因此，周丛生物可以作为土壤表层养分固持和释放的缓冲器，能够吸收土壤的养分和污染物，阻止土壤中污染物向水体中的迁移。有研究证实，周丛生物分泌物对土壤中微生物群落有激发作用，藻类有机物来源物质，如不饱和脂肪酸、甾醇、氨基酸及维生素等，比植物来源物质更容易被微生物吸收（王思楚，2021）。

（二）周丛生物用于水环境修复与治理

　　周丛生物具有独特的生物组成及其群落结构，在水环境修复与治理中发挥着重要的生态功能，是水-土面物质元素如氮、钙、磷和硅迁移转化过程的决定性因素（Hung et al.，2008；Hung et al.，2008）。周丛生物具有很大的表面积，可吸附水体中呈多种形态的营养物质与有机污染物，并通过生物代谢作用而将其降解去除，是生态系统中物质元素迁移转化的重要"管理者"和"调节者"，对水、土环境污染净化、养分调控等起着非常重要的作用（Ellwood et al.，2012；Xu et al.，2021）。

　　周丛生物不但在光合作用过程中消耗 CO_2 和释放 O_2，且其新陈代谢过程中吸收大量营养物质，产生多种胞外酶，改变水体环境的 pH 和氧化还原条件（Ellwood et al.，2012）。周丛生物中的藻类进行光合作用还在一定程度上是环境友好型生物磷捕获微生态系统，譬如，以丝状绿藻为主的藻类群落吸收可溶性无机态磷的效果较明显（况琪军等，2004）。周丛生物是活性酶聚集的重要场所，如碱性磷酸酶、蛋白酶、脲酶和过氧化氢酶等，这些酶可以直接和间接影响氮素循环过程。

水环境中氮素的去除一般通过硝化、反硝化等过程实现（Inglett et al., 2004），其中硝化过程与周丛藻类固氮酶活性有关（Vargas and Novelo, 2007），固氮酶硝化作用是水体 NH_4^+-N 浓度下降、NO_3^--N 浓度增加的重要原因（Stewart et al., 2015）。周丛生物中藻类的反硝化作用主要受水体厌氧环境、NO_3^--N 与 TOC 浓度、水温、pH 及藻类生物量等条件的影响（Weisner et al., 1994）。此外，不同的周丛藻类对氮、磷污染物去除效果存在差异，其中大多数系统都表现出较高的磷污染物（特别是 PO_4^{3-}）去除效率，而对氮污染物的去除效果则相对较低（Craggs et al., 1996）。

（三）周丛生物用于面源污染防控

周丛生物是一种具有完备生态结构的生态系统，耦合周丛生物与污水处理工艺或生态系统可增强其污染物处理效果，提高其对面源污染的拦截与去除能力。例如，郭军权和吴永红（2019）对周丛生物"生态沟渠+人工湿地"组合工艺进行研究，结果表明，周丛生物的铺装提高了"生态沟渠+人工湿地"组合工艺处理高负荷农业面源污水的能力。有周丛生物组合工艺对 TP、TDP、TN、NO_3^--N 和 NH_4^+-N 的平均去除效率分别为 94.7%、94.2%、93.3%、80.4% 和 91.8%，无周丛生物组合工艺对 TP、TDP、TN、NO_3^--N 和 NH_4^+-N 平均去除率分别为 67.7%、61.0%、71.3%、53.2% 和 63.8%，有周丛生物比无周丛生物组合工艺平均去除率分别高 30.0%、33.2%、22.0%、27.2% 和 28.0%。周丛生物的存在极大地增强了"生态沟渠+人工湿地"组合工艺对氮磷的去除效果。

同样，Gao 等（2019）对人工基质（AS）和漂浮处理湿地（FTW）的研究表明，AS 处理和 FTW 处理对总氮的去除率分别为 60.4% 和 65.3%，对总磷的去除率则分别为 83.7% 和 39.45%。AS 上的周丛生物吸收了 2.5 g N/m² 和 0.85 g N/m²，分别占氮去除率的 20.8% 和磷去除率的 18.7%。Lu 等（2016c）也得出相同的结论，在 0.1 g/L、0.2 g/L 和 0.4 g/L 的周丛生物含量下，实验组和对照组的去除率分别为 90% 和 52%、95% 和 79%、100% 和 89%，而对照（无周丛生物）的去除率仅为 1% 和 4%。

（四）周丛生物用于物质资源回收

周丛生物介导的生物修复技术是去除和富集环境污染物及回收二次资源的有效方法，特别是对于高磷废水中磷及稀土废水中稀土元素的去除、富集及回收（Liu et al., 2017, 2019b; Wu, 2016）。基于周丛生物的物质回收技术，具有生态优化、低碳绿色、操作便捷、自然可持续等多重优点，且周丛生物具有完备的结构和健全的生态系统及超强的再生能力，使其对恶劣环境条件具有一定的适应性和抵抗力，能够用于极端条件下物质资源的去除和富集。此外，周丛生物作为菌藻、微生物共生体系，可以通过改善培养环境，操纵周丛生物微生物群落生态功能，提高其对物质资源的吸收和富集能力。

据报道，周丛生物具有较强的元素富集能力，如单位质量周丛生物的氮磷富集量分别为 3～16 mg N/g 和 1.1～9.7 mg P/g，每公顷水-土界面内周丛生物的氮磷富集量均在 10 kg 以上（吴永红，2021），对富集 N、P 的周丛生物进行工程设计以产生基于微生物生物量的经济产品，如生物氮磷肥。研究发现，利用斜生栅藻构建的人工周丛生物磷富集能力显著优于原生态的周丛生物（高孟宁等，2021）。人工周丛生物通过提升胞外蛋白中色氨酸类物质与酪氨酸类物质的含量，或上调维生素 B_6 代谢，增强细菌与藻类之间的相互作用关系，进而增强周丛生物对磷的捕获与吸附能力。

（五）周丛生物用于有毒物质及微污染物的降解

周丛生物由于具有丰富的胞外聚合物及其分泌能力，能够黏附金属矿物质，并产生复杂的相互作用，其"层级结构"为基质包裹微生物提供天然屏障，提高了周丛生物及其微生物对重金属元素如 Cu、Cr、Pb 等的耐受性，同时周丛生物通过吸附、沉淀等过程固定金属离子，实现对重金属的去除（Liu et al.，2017）。王逢武（2016）自主设计周丛生物反应器，研究周丛生物对 Cu 胁迫的响应过程，研究结果证实，反应器对周丛生物富集效果较好，Cu 去除效率可高达 99%。Yang 等（2016a）也得出了类似的结论，通过研究周丛生物对含不同形态 Cu(II)和 Cd(II)的农业固体废弃物渗滤液的生物修复作用得出，天然周丛生物从水和 Na_2-EDTA 洗涤的农业固体废物浸出液中去除具有不同分子和离子种类的 Cu(II)及 Cd(II)，去除率分别为 80.5%和 68.4%、57.1%和 64.6%。周丛生物可以在砷的毒性威胁下顽强存活，并实现砷去除以修复水环境（Wu，2016）。

周丛生物完善的"层级结构"也有利于对有机化合物的去除，如农药，以及药物和个人护理产品（PPCPs）。周丛生物能够通过吸附和生物降解作用快速去除铜绿微囊藻毒素和微囊藻毒素。此外，周丛生物膜对于磺胺和恩诺沙星均有良好的去除效果，磺胺去除率都在 50%以上，恩诺沙星去除率在 90%以上（谷雪维等，2021）。使用周丛生物光生物反应器可以同时去除营养物和 PPCPs，Kang 等（2018）对所选的 PPCPs 进行研究，得出只有双酚 A 被有效去除（72%～86.4%），氢氯噻嗪和布洛芬被适度去除（26.2%～48.7%），卡马西平和吉非贝齐被较差去除（6.45%～20.6%）。

（六）周丛生物用于生境生物群落恢复

周丛生物，通常由附着在基质中的微藻、细菌和真菌等组成，是小型无脊椎动物、鱼类和一些两栖动物的常见食物来源，并构成食物链的基础（Azim，2009），在浅水湖泊食物网中起着基础性的作用（Vadeboncoeur et al.，2003），促进初级生产、营养循环和底栖生物代谢（Cai et al.，2013），对良好水生态系统的维持具有重要作用。

周丛生物具有完备生态结构，其群落结构复杂，对环境变化的耐受力更强，生态功能也更加稳定，在土-水界面物质能量流动中发挥重要作用。在水生生态系统中，周丛生物占总初级生产力的 7%～97%，吸收利用水体中的营养元素，作为水体食物网中的生产者，周丛生物通过初级生产和食物链影响生境生物群落生存和繁殖，影响生境生物群落形成和演替（Azim，2009；Saikia，2011）。Liu 等（2019b）通过对大空间尺度的研究表明，土壤有机碳（SOC）、土壤总氮（STN）、碳磷比和氮磷比驱动微生物群落组成、多样性和 EPS 的改变。而土壤理化属性作为生境属性的重要组成，影响微生物群落的组成。因此，周丛生物不但可以通过食物链结构影响生物群落，也可以通过生境变化影响生物群落。基于水-土界面周丛生物调控，有望实现生境生物群落的调控。

（七）周丛生物用于生态系统碳调控

周丛生物广泛分布于湿地、稻田、池塘、河流、湖泊等生态环境中，介导水-土界面碳、氮、磷物质的迁移转化。周丛生物作为光合作用的主体，表现为水-土界面的碳汇作用，能够吸收大气中 CO_2 以实现无机碳在周丛生物体内向有机碳转化，实现碳的暂时储存，且有研究证实，在水-土界面温室气体的研究中，周丛生物作为一个生物转换器将大气中的 CO_2 转变成了 CH_4（申祺等，2022）。在热带、亚热带和温带试验水-土界面中，周丛生物的 CO_2 固定量分别占水-土界面生态系统累计固定量的 12.7%、12.5%和 7.2%；周丛生物引起的 CH_4 排放量分别占水-土界面生态系统累计排放量的 7.1%、38.5%和 10.4%（Wang et al.，2022a）。因此，周丛生物在湿地中的碳汇碳增作用尚不明确。Flipo 等（2007）的研究表明，溪流中周丛生物碳固定量为 180～315 mg/（$m^2\cdot h$）。Jacotot 等（2019）对比红树林湿地中，刮除沉积物表层生物膜后，CO_2 和 CH_4 通量均增加，这一证据证实周丛生物有助于减少碳排放，在 Leopold 等（2013）的研究中也得出了同样的结论。

周丛生物广泛存在于水-土界面，在生态修复中有良好的应用，包括土壤、水体、生物恢复等。周丛生物作为完善的微生态系统，具有应对外部胁迫的能力，作为初级生产者，可以通过影响食物链和区域微生境，进而影响整个生态系统。周丛生物广泛存在于水-土界面，呈现薄片状，对水-土两相物质能量的流动均有影响，故而是土壤和水体的脆弱区。但正由于其典型的生境特点，为土壤和水体修复提供了新视角。周丛生物不但具有水质净化、先锋物种重建、元素富集等多重功能，也能够为微生物群落提供丰富优质碳源，起到养分调控的作用，为生态学、农业土壤质量提升提供了新思路。

（八）周丛生物生态修复功能的强化措施

综上所述，周丛生物有良好的生态修复能力，提高周丛生物的功能以强化其生态修复能力具有极大的应用价值。王思楚（2021）采用吲哚乙酸调控周丛生物功能，研究发现，低浓度吲哚乙酸（≤10 mg/L）促进周丛生物中藻类生长，提高藻类的生理活性，而高浓度的吲哚乙酸有利于降低稻田水-土界面中 CH_4 的排放。有研究证实，自然生物膜经镨和锂掺杂的上转换材料刺激后具有很好的适应性，可有效地去除污水中的磷和铜，去除率分别达 61% 和 70%；对高、低初始浓度氮的去除率分别为 56% 和 96%。Zhu 等（2018）研究证实自然生物膜-纳米二氧化钛体系可促进硝酸盐反硝化过程的发生，自然生物膜与纳米二氧化钛可以同时为硝酸盐去除系统提供电子受体、电子供体和电子传输载体，另外，自然生物膜-纳米硫化镉生物电化学系统中，自然生物膜的存在也可以大幅度提高反硝化速率（Cates et al.，2015）。众多证据表明，可以通过外加生长激素、纳米材料、金属光催化材料等进行耦合联用以增强周丛生物的生态修复能力（吴国平等，2019）。此外，周丛生物技术为材料化学提供了良好的载体和反应位点，有助于光催化反应的运用及新型生态友好材料的发展。

周丛生物在生态系统中既是物质元素迁移转化的重要"载体"，也是水-土界面物质的良好"转运者"，对物质具"管理者"和"调节者"的多重功能。周丛生物技术作为一种近自然的微生物调控技术可以实现资源质量提升、资源再利用、资源回收、生态修复等，有利于资源的循环利用以及可持续发展（Cates and Kim，2015）。然而，由于近自然微生物调控技术周期长，见效缓，且周丛生物功能强化技术正处于初步尝试阶段，未来仍需对周丛生物技术及其强化功能技术进行更深入的研究，拓展周丛生物技术在生态修复领域中的运用。

主要参考文献

丰美萍, 邱继琛, 宋全健, 等, 2023. 上海临港滨海河道夏季周丛生物群落演替特征[J]. 上海海洋大学学报, 32(3): 597-608.

高孟宁, 2021. 高效富集磷的周丛生物构建及其种间关系研究[D]. 北京: 中国科学院大学硕士学位论文.

高孟宁, 徐滢, 吴永红, 2021. 高效富集磷的周丛生物构建及其特征分析[J]. 农业环境科学学报, 40(9): 1982-1989.

谷雪维, 林漪, 卢迪, 等, 2021. 不同氮磷浓度下周丛生物对水体中磺胺和恩诺沙星的去除[J]. 应用生态学报, 32: 4129-38.

郭军权, 吴永红, 2019. 基于周丛生物的"生态沟渠-人工湿地"处理高负荷农业面源污水影响研究[J]. 陕西农业科学, 65(12): 34-37, 50.

郝晓地, 郭小媛, 刘杰, 等, 2021. 磷危机下的磷回收策略与立法[J]. 环境污染与防治, 43(9): 1196-1200.

黄昕琦, 蔡中华, 林光辉, 等, 2016. 群体感应信号对"藻–菌"关系的调节作用[J]. 应用与环境生物学报, 22(4): 708-717.

纪荣平, 吕锡武, 李先宁, 2007. 人工介质对富营养化水体中氮磷营养物质去除特性研究[J]. 湖泊科学, 19(1): 39-45.

况琪军, 马沛明, 刘国祥, 等, 2004. 大型丝状绿藻对 N、P 去除效果研究[J]. 水生生物学报, 28(3): 4.

李国强, 朱云集, 沈学善, 2005. 植物硫素同化途径及其调控[J]. 植物生理学通讯, 41(6): 699-704.

李红敬, 张娜, 李伟, 2013. 环境因子对周丛生物的影响研究进展[J]. 信阳师范学院学报(自然科学版), 26(2): 245-249.

林小芳, 王贵元, 2007. 钙在果树生理代谢中的作用[J]. 江西农业学报, 19(5): 61-63.

陆文苑, 2022. 人工周丛生物的构建及其磷捕获能力的研究[D]. 北京: 中国科学院大学硕士学位论文.

陆文苑, 孙朋飞, 徐滢, 等, 2023. 我国主要稻区周丛生物群落组成及其磷捕获能力[J]. 土壤学报: 1-17

马兰, 2018. 吲哚乙酸(IAA)作用下周丛生物的响应及其对水体中氮磷的去除效果[D]. 南京: 南京林业大学硕士学位论文.

秦利均, 杨永柱, 杨星勇, 2019. 土壤溶磷微生物溶磷、解磷机制研究进展[J]. 生命科学研究, 23(1): 59-64, 86.

申祺, 马凌云, 黄裕普, 等, 2022. 周丛生物在稻田生态系统中的作用研究进展[J]. 北方水稻, 52(2): 61-64.

宋美昕, 张玮煜, 王欣凯, 等, 2023. 过氧化氢酶 BcCAT2 在灰葡萄孢生长发育和致病过程中的功能初探[J]. 河北农业大学学报, 46(2): 16-21.

孙晨敏, 邵继海, 匡晓琳, 2020. 牛粪中溶解性有机质对周丛生物吸附 Cu(II)特性的影响[J]. 农业环境科学学报, 39(3): 648-655.

孙瑞, 2020. 中国典型稻田周丛生物群落特征及其对磷的调控作用[D]. 北京: 中国科学院大学博士学位论文.

孙瑞, 孙朋飞, 吴永红, 2022. 不同稻田生态系统周丛生物对水稻种子萌发和幼苗生长的影响[J]. 土壤学报, 59(1): 231-241.

汪瑜, 2020. 周丛生物联合 UCPs-TiO$_2$ 去除水中四环素研究[D]. 南昌: 南昌大学硕士学位论文.

王冬, 王少坡, 周瑶, 等, 2019. 胞外聚合物在污水处理过程中的功能及其控制策略[J]. 工业水处理, 39(10): 14-19.

王洁玉, 2017. 微量元素铁、钴、钼对三种淡水藻类生长的影响[D]. 新乡: 河南师范大学硕士学位论文.

王思楚, 2021. 稻田周丛生物对土水界面环境及碳排放的影响与机制[D]. 北京: 中国科学院大学博士学位论文.

吴国平, 高孟宁, 唐骏, 等, 2019. 自然生物膜对面源污水中氮磷去除的研究进展[J]. 生态与农村环境学报, 35(7): 817-825.

吴永红, 2021. 稻田周丛生物[M]. 北京: 科学出版社.

伍良雨, 吴辰熙, 康杜, 2019. 载体对周丛生物生物量和群落的影响研究[J]. 环境科学与技术, 42(1): 50-57.

夏永秋, 王慎强, 孙朋飞, 等, 2021. 长江中下游典型种植业氨排放特征与减排关键技术[J]. 中国生态农业学报, 29(12): 1981-1989.

张虎, 谭英南, 朱瑞鸿, 等, 2023. 微藻生物固碳技术在"双碳"目标中的应用前景[J]. 生物加工过程, 21(4): 390-400.

张亚晨, 2018. 简述镁元素对植物的作用[J]. 农业开发与装备, (11): 166, 192.

Abreu A A, Alves J I, Pereira M A, et al, 2011. Strategies to suppress hydrogen-consuming microorganisms affect macro and micro scale structure and microbiology of granular sludge[J]. Biotechnology and Bioengineering, 108(8): 1766-1775.

Abulaiti A, She D L, Zhang W J, et al, 2023. Regulation of denitrification/ammonia volatilization by periphyton in paddy fields and its promise in rice yield promotion[J]. Journal of the Science of Food and Agriculture, 103(8): 4119-4130.

Adam N, Schmitt C, Galceran J, et al, 2014. The chronic toxicity of ZnO nanoparticles and ZnCl$_2$ to *Daphnia magna* and the use of different methods to assess nanoparticle aggregation and dissolution[J]. Nanotoxicology, 8(7): 709-717.

Agrawal S, Barrow C J, Deshmukh S K, 2020. Structural deformation in pathogenic bacteria cells caused by marine fungal metabolites: an *in vitro* investigation[J]. Microbial Pathogenesis, 146: 104248.

Aguilera A, Souza-Egipsy V, San Martín-Úriz P, et al, 2008. Extracellular matrix assembly in extreme acidic eukaryotic biofilms and their possible implications in heavy metal adsorption[J]. Aquatic Toxicology, 88(4): 257-266.

Ahn Y T, Choi Y K, Jeong H S, et al, 2006. Modeling of extracellular polymeric substances and soluble microbial products production in a submerged membrane bioreactor at various SRTs[J]. Water Science and Technology: a Journal of the International Association on Water Pollution Research, 53(7): 209-216.

Alzlzly K R H, Sorour M J, 2023. The costs of environmental failure and the impact of the green value chain in reducing them[J]. Journal of Namibian Studies: History Politics Culture, 33: 1937-1967.

Arndt S, Jørgensen B B, LaRowe D E, et al, 2013. Quantifying the degradation of organic matter in marine sediments: a review and synthesis[J]. Earth-Science Reviews, 123: 53-86.

Asaeda T, Son D H, 2000. Spatial structure and populations of a periphyton community: a model and verification[J]. Ecological Modelling, 133(3): 195-207.

Azim M E, 2009. Photosynthetic periphyton and surfaces[J]. Encyclopedia of Inland Waters, (2009): 184-191.

Barr W J, Yi T, Aga D A, et al, 2012. Using electronic theory to identify metabolites present in 17α-ethinylestradiol biotransformation pathways[J]. Environmental Science and Technology, 46(2): 760-768.

Barry K E, Mommer L, van Ruijven J, et al, 2019. The future of complementarity: disentangling causes from consequences[J]. Trends in Ecology and Evolution, 34(2): 167-180.

Basílico G, de Cabo L, Magdaleno A, et al, 2016. Poultry effluent bio-treatment with *Spirodela intermedia* and periphyton in mesocosms with water recirculation[J]. Water, Air, and Soil Pollution, 227(6): 190.

Bassham J A, Benson A A, Calvin M, 1950. The path of carbon in photosynthesis[J]. Journal of

Biological Chemistry, 185(2): 781-787.

Battin T J, Besemer K, Bengtsson M M, et al, 2016. The ecology and biogeochemistry of stream biofilms[J]. Nature Reviews Microbiology, 14(4): 251-263.

Battin T J, Lauerwald R, Bernhardt E S, et al, 2023. River ecosystem metabolism and carbon biogeochemistry in a changing world[J]. Nature, 613(7944): 449-459.

Becker E W, 2007. Micro-algae as a source of protein[J]. Biotechnology Advances, 25(2): 207-210.

Bellenberg S, Huynh D, Poetsch A, et al, 2019. Proteomics reveal enhanced oxidative stress responses and metabolic adaptation in acidithiobacillus ferrooxidans biofilm cells on pyrite[J]. Frontiers in Microbiology, 10: 592.

Belnap J, Büdel B, Lange O L, 2001. Biological soil crusts: characteristics and distribution[M]// Belnap J, Lange O L, Biological Soil Crusts: Structure, Function, and Management. Berlin, Heidelberg: Springer: 3-30.

Bengtsson M M, Wagner K, Schwab C, et al, 2018. Light availability impacts structure and function of phototrophic stream biofilms across domains and trophic levels[J]. Molecular Ecology, 27(14): 2913-2925.

Bennett E M, Carpenter S R, Caraco N F, 2001. Human Impact on Erodable Phosphorus and Eutrophication: a Global Perspective: increasing accumulation of phosphorus in soil threatens rivers, lakes, and coastal oceans with eutrophication[J]. BioScience, 51(3): 227-234.

Berg I A, Kockelkorn D, Buckel W, et al, 2007. A 3-hydroxypropionate/4-hydroxybutyrate autotrophic carbon dioxide assimilation pathway in Archaea[J]. Science, 318(5857): 1782-1786.

Berggren M, Laudon H, Haei M, et al, 2010. Efficient aquatic bacterial metabolism of dissolved low-molecular-weight compounds from terrestrial sources[J]. The ISME Journal, 4(3): 408-416.

Besemer K, 2015. Biodiversity, community structure and function of biofilms in stream ecosystems[J]. Research in Microbiology, 166(10): 774-781.

Bharti A, Velmourougane K, Prasanna R, 2017. Phototrophic biofilms: diversity, ecology and applications[J]. Journal of Applied Phycology, 29(6): 2729-2744.

Bichoff A, Osório N C, Dunck B, et al, 2016. Periphytic algae in a floodplain lake and river under low water conditions[J]. Biota Neotropica, 16: e20160159.

Bjarnsholt T, Jensen P Ø, Burmølle M, et al, 2005. *Pseudomonas aeruginosa* tolerance to tobramycin, hydrogen peroxide and polymorphonuclear leukocytes is quorum-sensing dependent[J]. Microbiology, 151(Pt 2): 373-383.

Blagodatskaya E, Kuzyakov Y, 2008. Mechanisms of real and apparent priming effects and their dependence on soil microbial biomass and community structure: critical review[J]. Biology and Fertility of Soils, 45(2): 115-131.

Blair J M A, Webber M A, Baylay A J, et al, 2015. Molecular mechanisms of antibiotic resistance[J]. Nature Reviews Microbiology, 13(1): 42-51.

Boller A, 2012. Stable carbon isotope discrimination by rubisco enzymes relevant to the global carbon cycle[D]. Doctoral Dissertation from University of South Florida.

Bracken M E S, Stachowicz J J, 2006. Seaweed diversity enhances nitrogen uptake via complementary use of nitrate and ammonium[J]. Ecology, 87(9): 2397-2403.

Brileya K A, Camilleri L B, Zane G M, et al, 2014. Biofilm growth mode promotes maximum carrying capacity and community stability during product inhibition syntrophy[J]. Frontiers in Microbiology, 5: 693.

Brown N, Shilton A, 2014. Luxury uptake of phosphorus by microalgae in waste stabilisation ponds: current understanding and future direction[J]. Reviews in Environmental Science and Bio/Technology, 13(3): 321-328.

Butt K R, Méline C, Pérès G, 2020. Marine macroalgae as food for earthworms: growth and selection experiments across ecotypes[J]. Environmental Science and Pollution Research International, 27(27): 33493-33499.

Cai S J, Deng K Y, Tang J, et al, 2021a. Characterization of extracellular phosphatase activities in periphytic biofilm from paddy field[J]. Pedosphere, 31(1): 116-124.

Cai S J, Wang H T, Tang J, et al, 2021b. Feedback mechanisms of periphytic biofilms to ZnO nanoparticles toxicity at different phosphorus levels[J]. Journal of Hazardous Materials, 416: 125834.

Cai T, Park S Y, Li Y B, 2013. Nutrient recovery from wastewater streams by microalgae: status and prospects[J]. Renewable and Sustainable Energy Reviews, 19: 360-369.

Caruso C, Rizzo C, Mangano S, et al, 2018. Production and biotechnological potential of extracellular polymeric substances from sponge-associated Antarctic bacteria[J]. Applied and Environmental Microbiology, 84(4): e01624-e01617.

Castella E, Adalsteinsson H, Brittain J E, et al, 2001. Macrobenthic invertebrate richness and composition along a latitudinal gradient of European glacier-fed streams[J]. Freshwater Biology, 46(12): 1811-1831.

Cattaneo A, Legendre P, Niyonsenga T, 1993. Exploring periphyton unpredictability[J]. Journal of the North American Benthological Society, 12(4): 418-430.

Charles C J, Rout S P, Patel K A, et al, 2017. Floc formation reduces the pH stress experienced by microorganisms living in alkaline environments[J]. Applied and Environmental Microbiology, 83(6): e02985-e02916.

Cheng W X, 1999. Rhizosphere feedbacks in elevated CO_2[J]. Tree Physiology, 19(4/5): 313-320.

Christensen B E, 1989. The role of extracellular polysaccharides in biofilms[J]. Journal of Biotechnology, 10(3/4): 181-202.

Cordell D, Neset T S S, 2014. Phosphorus vulnerability: a qualitative framework for assessing the vulnerability of national and regional food systems to the multi-dimensional stressors of phosphorus scarcity[J]. Global Environmental Change, 24: 108-122.

Cordell D, White S, 2014. Life's bottleneck: sustaining the world's phosphorus for a food secure future[J]. Annual Review of Environment and Resources, 39: 161-188.

Costa J C, Mesquita D P, Amaral A L, et al, 2013. Quantitative image analysis for the characterization of microbial aggregates in biological wastewater treatment: a review[J]. Environmental Science and Pollution Research, 20(9): 5887-5912.

Courtens E N, Spieck E, Vilchez-Vargas R, et al, 2016. A robust nitrifying community in a bioreactor at 50 ℃ opens up the path for thermophilic nitrogen removal[J]. The ISME Journal, 10(9): 2293-2303.

Craine J M, Morrow C, Fierer N, 2007. Microbial nitrogen limitation increases decomposition[J]. Ecology, 88(8): 2105-2113.

Cui M M, Ma A Z, Qi H Y, et al, 2015. Anaerobic oxidation of methane: an "active" microbial process[J]. MicrobiologyOpen, 4(1): 1-11.

D'Amico S, Collins T, Marx J C, et al, 2006. Psychrophilic microorganisms: challenges for life[J]. EMBO Reports, 7(4): 385-389.

Daims H, Lebedeva E V, Pjevac P, et al, 2015. Complete nitrification by *Nitrospira* bacteria[J]. Nature, 528(7583): 504-509.

Das T, Sehar S, Manefield M, 2013. The roles of extracellular DNA in the structural integrity of extracellular polymeric substance and bacterial biofilm development[J]. Environmental Microbiology Reports, 5(6): 778-786.

Davidian J C, Kopriva S, 2010. Regulation of sulfate uptake and assimilation—the same or not the same?[J]. Molecular Plant, 3(2): 314-325.

De Brucker K, Tan Y L, Vints K, et al, 2015. Fungal β-1,3-glucan increases ofloxacin tolerance of *Escherichia coli* in a polymicrobial *E. coli/Candida albicans* biofilm[J]. Antimicrobial Agents and Chemotherapy, 59(6): 3052-3058.

De Los Ríos A, Grube M, Sancho L G, et al, 2007. Ultrastructural and genetic characteristics of endolithic cyanobacterial biofilms colonizing Antarctic granite rocks[J]. FEMS Microbiology Ecology, 59(2): 386-395.

De Philippis R, Faraloni C, Sili C, et al, 2005. Populations of exopolysaccharide-producing cyanobacteria and diatoms in the mucilaginous benthic aggregates of the Tyrrhenian Sea (Tuscan Archipelago)[J]. Science of the Total Environment, 353(1/2/3): 360-368.

DeNicola D M, McIntire D, 1990. Effects of substrate relief on the distribution of periphyton in laboratory streams. ii . interactions with irradiance1[J]. Journal of Phycology, 26(4): 634-641.

di Leonardo M, 1998. Exotics at Home: Anthropologies, Others, American Modernity[M]. Chicago: University of Chicago Press.

Don M, 2007. Looking for chinks in the armor of bacterial biofilms[J]. PLoS Biology, 5(11): e307.

Dong D, Guo Z, Hua X, et al, 2010. Sorption of DDTs on biofilms, suspended particles and river sediments: effects of heavy metals. Environmental Chemistry Letters, 9(3): 361-367.

Dong D, Li Y, Zhang J, et al, 2003. Comparison of the adsorption of lead, cadmium, copper, zinc and barium to freshwater surface coatings[J]. Chemosphere, 51(5): 369-373.

Dong H L, Rech J A, Jiang H C, et al, 2007. Endolithic cyanobacteria in soil gypsum: occurrences in Atacama (Chile), Mojave (United States), and Al-Jafr Basin (Jordan) deserts[J]. Journal of Geophysical Research: Biogeosciences, 112(G2): G02030.

Dunne W M Jr, Mason E O Jr, Kaplan S L, 1993. Diffusion of rifampin and vancomycin through a *Staphylococcus epidermidis* biofilm[J]. Antimicrobial Agents and Chemotherapy, 37(12): 2522-2526.

Duong T T, Morin S, Coste M, et al, 2010. Experimental toxicity and bioaccumulation of cadmium in freshwater periphytic diatoms in relation with biofilm maturity[J]. Science of the Total Environment, 408(3): 552-562.

Elasri M O, Miller R V, 1999. Study of the response of a biofilm bacterial community to UV radiation[J]. Applied and Environmental Microbiology, 65(5): 2025-2031.

Ellwood N T W, Di Pippo F, Albertano P, 2012. Phosphatase activities of cultured phototrophic biofilms[J]. Water Research, 46(2): 378-386.

Evans A E, Mateo-Sagasta J, Qadir M, et al, 2019. Agricultural water pollution: key knowledge gaps and research needs[J]. Current Opinion in Environmental Sustainability, 36: 20-27.

Evans M C, Buchanan B B, Arnon D I, 1966. A new ferredoxin-dependent carbon reduction cycle in a photosynthetic bacterium[J]. Proceedings of the National Academy of Sciences of the United States of America, 55(4): 928-934.

Fang L, Zhu H, Geng Y, et al, 2022. Resistance properties and adaptation mechanism of cadmium in an enriched strain, *Cupriavidus nantongensis* X1T[J]. Journal of Hazardous Materials, 434: 128935.

Findlay S E G, Sinsabaugh R L, Sobczak W V, et al, 2003. Metabolic and structural response of hyporheic microbial communities to variations in supply of dissolved organic matter[J]. Limnology and Oceanography, 48(4): 1608-1617.

Fitzgerald C M, Camejo P, Oshlag J Z, et al, 2015. Ammonia-oxidizing microbial communities in reactors with efficient nitrification at low-dissolved oxygen[J]. Water Research, 70: 38-51.

Flemming H C, Wingender J, 2010. The biofilm matrix[J]. Nature Reviews Microbiology, 8(9): 623-633.

Flipo N, Rabouille C, Poulin M, et al, 2007. Primary production in headwater streams of the Seine Basin: the Grand Morin River case study[J]. Science of the Total Environment, 375(1/2/3): 98-109.

Fontaine S, Mariotti A, Abbadie L, 2003. The priming effect of organic matter: a question of microbial competition?[J]. Soil Biology and Biochemistry, 35(6): 837-843.

Freixa Casals A, 2016. Function and structure of river sediment biofilms and their role in dissolved organic matter utilization[D]. Doctoral Dissertation from University of Girona.

Frösler J, Panitz C, Wingender J, et al, 2017. Survival of *Deinococcus geothermalis* in biofilms under desiccation and simulated space and Martian conditions[J]. Astrobiology, 17(5): 431-447.

Frost P C, Cherrier C T, Larson J H, et al, 2007. Effects of dissolved organic matter and ultraviolet radiation on the accrual, stoichiometry and algal taxonomy of stream periphyton[J]. Freshwater Biology, 52(2): 319-330.

Gao X P, Wang Y, Sun B W, et al, 2019. Nitrogen and phosphorus removal comparison between periphyton on artificial substrates and plant-periphyton complex in floating treatment wetlands[J]. Environmental science and pollution research international, 26: 21161-21171.

Gautam R K, Navaratna D, Muthukumaran S, et al, 2021. Humic substances: its toxicology, chemistry and biology associated with soil, plants and environment[M] // Gautam R K, Navaratna D, Muthukumaran S, et al, Humic Substances. London: IntechOpen: 97-110.

Ge T D, Wu X H, Chen X J, et al, 2013. Microbial phototrophic fixation of atmospheric CO_2 in China subtropical upland and paddy soils[J]. Geochimica et Cosmochimica Acta, 113: 70-78.

Golshan M, Jorfi S, Haghighifard N J, et al, 2019. Development of salt-tolerant microbial consortium during the treatment of saline bisphenol A-containing wastewater: removal mechanisms and microbial characterization[J]. Journal of Water Process Engineering, 32: 100949.

Gonçalves A L, Pires J C M, Simões M, 2017. A review on the use of microalgal consortia for wastewater treatment[J]. Algal Research, 24: 403-415.

Graindorge D, Martineau S, Machon C, et al, 2015. Singlet oxygen-mediated oxidation during UVA radiation alters the dynamic of genomic DNA replication[J]. PLoS One, 10(10): e0140645.

Guan J N, Qi K, Wang J Y, et al, 2020. Microplastics as an emerging anthropogenic vector of trace metals in freshwater: significance of biofilms and comparison with natural substrates[J]. Water Research, 184: 116205.

Guidi-Rontani C, Jean M R N, Gonzalez-Rizzo S, et al, 2014. Description of new filamentous toxic Cyanobacteria (Oscillatoriales) colonizing the sulfidic periphyton mat in marine mangroves[J]. FEMS Microbiology Letters, 359(2): 173-181.

Guillemette F, Mccallister S L, Giorgio P A D, 2016. Selective consumption and metabolic allocation of terrestrial and algal carbon determine allochthony in lake bacteria[J]. The ISME Journal, 10(6): 1373-1382.

Guo L Y, Chen Q K, Fang F, et al, 2013. Application potential of a newly isolated indigenous aerobic denitrifier for nitrate and ammonium removal of eutrophic lake water[J]. Bioresource Technology, 142: 45-51.

Guo T, Zhou Y, Chen S, et al, 2020. The influence of periphyton on the migration and transformation of arsenic in the paddy soil: rules and mechanisms[J]. Environmental Pollution, 263: 114624.

Hagerthey S E, Bellinger B J, Wheeler K, et al, 2011. Everglades periphyton: a biogeochemical perspective[J]. Critical Reviews in Environmental Science and Technology, 41(S1): 309-343.

Hamill K D, 2001. Toxicity in benthic freshwater cyanobacteria (blue-green algae): first observations in New Zealand[J]. New Zealand Journal of Marine and Freshwater Research, 35(5): 1057-1059.

Harrison J J, Ceri H, Roper N J, et al, 2005b. Persister cells mediate tolerance to metal oxyanions in *Escherichia coli*[J]. Microbiology, 151(Pt 10): 3181-3195.

Harrison J J, Ceri H, Turner R J, 2007. Multimetal resistance and tolerance in microbial biofilms[J]. Nature Reviews Microbiology, 5(12): 928-938.

Harrison J J, Turner R J, Ceri H, 2005a. Persister cells, the biofilm matrix and tolerance to metal cations in biofilm and planktonic *Pseudomonas aeruginosa*[J]. Environmental Microbiology, 7(7): 981-994.

Hartmann R, Singh P K, Pearce P, et al, 2019. Emergence of three-dimensional order and structure in growing biofilms[J]. Nature Physics, 15(3): 251-256.

Hathroubi S, Mekni M A, Domenico P, et al, 2017. Biofilms: microbial shelters against antibiotics[J]. Microbial Drug Resistance, 23(2): 147-156.

Hattich G S I, Listmann L, Havenhand J, et al, 2023. Temporal variation in ecological and evolutionary contributions to phytoplankton functional shifts[J]. Limnology and Oceanography, 68(2): 297-306.

Hayashi M, Vogt T, Mächler L, et al, 2012. Diurnal fluctuations of electrical conductivity in a pre-alpine river: effects of photosynthesis and groundwater exchange[J]. Journal of Hydrology, 450/451: 93-104.

Head I M, Jones D M, Röling W F M, 2006. Marine microorganisms make a meal of oil[J]. Nature Reviews Microbiology, 4(3): 173-182.

Herzberg M, Kang S, Elimelech M, 2009. Role of extracellular polymeric substances (EPS) in biofouling of reverse osmosis membranes[J]. Environmental Science and Technology, 43(12): 4393-4398.

Hill W R, Bednarek A T, Larsen I L, 2000. Cadmium sorption and toxicity in autotrophic biofilms[J]. Canadian Journal of Fisheries and Aquatic Sciences, 57(3): 530-537.

Hitzfeld B C, Lampert C S, Spaeth N, et al, 2000. Toxin production in cyanobacterial mats from ponds on the McMurdo Ice Shelf, Antarctica[J]. Toxicon, 38(12): 1731-1748.

Hobbie J E, Hobbie E A, 2013. Microbes in nature are limited by carbon and energy: the starving-survival lifestyle in soil and consequences for estimating microbial rates[J]. Frontiers in Microbiology, 4: 324.

Holo H, 1989. *Chloroflexus aurantiacus* secretes 3-hydroxypropionate, a possible intermediate in the assimilation of CO_2 and acetate[J]. Archives of Microbiology, 151(3): 252-256.

Hou J, Li T F, Miao L Z, et al, 2019. Effects of titanium dioxide nanoparticles on algal and bacterial communities in periphytic biofilms[J]. Environmental Pollution, 251: 407-414.

Huang S F, Chen M, Diao Y M, et al, 2022. Dissolved organic matter acting as a microbial photosensitizer drives photoelectrotrophic denitrification[J]. Environmental Science and Technology, 56(7): 4632-4641.

Huang W, Wu L X, Wang Z W, et al, 2021. Modeling periphyton biomass in a flow-reduced river based on a least squares support vector machines model: implications for managing the risk of nuisance periphyton[J]. Journal of Cleaner Production, 286: 124884.

Huang W L, Cai W, Huang H, et al, 2015. Identification of inorganic and organic species of phosphorus and its bio-availability in nitrifying aerobic granular sludge[J]. Water Research, 68: 423-431.

Huber H, Gallenberger M, Jahn U, et al, 2008. A dicarboxylate/4-hydroxybutyrate autotrophic carbon assimilation cycle in the hyperthermophilic Archaeum *Ignicoccus hospitalis*[J]. Proceedings of the National Academy of Sciences of the United States of America, 105(22): 7851-7856.

Hullar M A J, Kaplan L A, Stahl D A, 2006. Recurring seasonal dynamics of microbial communities in stream habitats[J]. Applied and Environmental Microbiology, 72(1): 713-722.

Hung J J, Hung C S, Su H M, 2008. Biogeochemical responses to the removal of maricultural structures from an eutrophic lagoon (Tapong Bay) in Taiwan[J]. Marine Environmental Research, 65(1): 1-17.

Ibrahim Y E, Ali Alshifaa M, Erama A K, et al, 2019. Proximate composition, mineral elements content and physicochemical characteristics of *Adansonia digitata* L seed oil[J]. International Journal of Pharma and Bio Sciences, 10(4): 119-126.

Jacotot A, Marchand C, Allenbach M, 2019. Biofilm and temperature controls on greenhouse gas (CO_2 and CH_4) emissions from a *Rhizophora* mangrove soil (New Caledonia)[J]. Science of the Total Environment, 650: 1019-1028.

Janissen R, Murillo D M, Niza B, et al, 2015. Spatiotemporal distribution of different extracellular polymeric substances and filamentation mediate *Xylella fastidiosa* adhesion and biofilm formation[J]. Scientific Reports, 5: 9856.

Jetten M S M, Wagner M, Fuerst J, et al, 2001. Microbiology and application of the anaerobic ammonium oxidation ('anammox') process[J]. Current Opinion in Biotechnology, 12(3): 283-288.

Ji X Y, Jiang M Q, Zhang J B, et al, 2018. The interactions of algae-bacteria symbiotic system and its effects on nutrients removal from synthetic wastewater[J]. Bioresource Technology, 247: 44-50.

Jia J J, Gao Y, Zhou F, et al, 2020. Identifying the main drivers of change of phytoplankton community structure and gross primary productivity in a river-lake system[J]. Journal of Hydrology, 583: 124633.

Jiménez J, Bru S, Ribeiro M P, et al, 2016. Phosphate: from stardust to eukaryotic cell cycle control[J]. International Microbiology: the Official Journal of the Spanish Society for Microbiology, 19(3): 133-141.

Kaiser K, Kalbitz K, 2012. Cycling downwards - dissolved organic matter in soils[J]. Soil Biology and Biochemistry, 52: 29-32.

Kalscheur K N, Rojas M, Peterson C G, et al, 2012. Algal exudates and stream organic matter influence the structure and function of denitrifying bacterial communities[J]. Microbial Ecology, 64(4): 881-892.

Karley A J, White P J, 2009. Moving cationic minerals to edible tissues: potassium, magnesium, calcium[J]. Current Opinion in Plant Biology, 12(3): 291-298.

Kasai F, 1999. Shifts in herbicide tolerance in paddy field periphyton following herbicide application[J]. Chemosphere, 38(4): 919-931.

Kato S, Nakamura R, Kai F, et al, 2010. Respiratory interactions of soil bacteria with (semi)conductive iron-oxide minerals[J]. Environmental Microbiology, 12(12): 3114-3123.

Kelley J I, Turng B, Williams H N, et al, 1997. Effects of temperature, salinity, and substrate on the colonization of surfaces *in situ* by aquatic bdellovibrios[J]. Applied and Environmental Microbiology, 63(1): 84-90.

Kerdi S, Qamar A, Vrouwenvelder J S, et al, 2021. Effect of localized hydrodynamics on biofilm attachment and growth in a cross-flow filtration channel[J]. Water Research, 188: 116502.

Khaokaew S, Chaney R L, Landrot G, et al, 2011. Speciation and release kinetics of cadmium in an alkaline paddy soil under various flooding periods and draining conditions[J]. Environmental Science and Technology, 45(10): 4249-4255.

Khatoon H, Yusoff F, Banerjee S, et al, 2007. Formation of periphyton biofilm and subsequent biofouling on different substrates in nutrient enriched brackishwater shrimp ponds[J].

Aquaculture, 273(4): 470-477.

Kianianmomeni A, Hallmann A, 2016. Algal photobiology: a rich source of unusual light sensitive proteins for synthetic biology and optogenetics[J]. Methods in Molecular Biology, 1408: 37-54.

Kiefer J, 2007. Effects of ultraviolet radiation on DNA[M]//Vijayalaxmi G O. Chromosomal Alterations: Methods, Results and Importance in Human Health. Berlin, Heidelberg: Springer: 39-53.

Kilic T, Bali E B, 2023. Biofilm control strategies in the light of biofilm-forming microorganisms[J]. World Journal of Microbiology and Biotechnology, 39(5): 131.

Kilroy C, Stephens T, Greenwood M, et al, 2020. Improved predictability of peak periphyton in rivers using site-specific accrual periods and long-term water quality datasets[J]. The Science of the Total Environment, 736: 139362.

Kopittke P M, Hernandez-Soriano M C, Dalal R C, et al, 2018. Nitrogen-rich microbial products provide new organo-mineral associations for the stabilization of soil organic matter[J]. Global Change Biology, 24(4): 1762-1770.

Kuzyakov Y, 2010. Priming effects: interactions between living and dead organic matter[J]. Soil Biology and Biochemistry, 42(9): 1363-1371.

Kuzyakov Y, Friedel J K, Stahr K, 2000. Review of mechanisms and quantification of priming effects[J]. Soil Biology and Biochemistry, 32(11/12): 1485-1498.

Lamprecht O, Wagner B, Derlon N, et al, 2022. Synthetic periphyton as a model system to understand species dynamics in complex microbial freshwater communities[J]. NPJ Biofilms and Microbiomes, 8: 61.

Larned S T, 2010. A prospectus for periphyton: recent and future ecological research[J]. Journal of the North American Benthological Society, 29(1): 182-206.

Leary D H, Li R W, Hamdan L J, et al, 2014. Integrated metagenomic and metaproteomic analyses of marine biofilm communities[J]. Biofouling, 30(10): 1211-1223.

Leceta I, Guerrero P, de la Caba K, 2013. Functional properties of chitosan-based films[J]. Carbohydrate Polymers, 93(1): 339-346.

Lee J W, Nam J H, Kim Y H, et al, 2008. Bacterial communities in the initial stage of marine biofilm formation on artificial surfaces[J]. The Journal of Microbiology, 46(2): 174-182.

Lei Y J, Tian Y, Zhang J, et al, 2018. Microalgae cultivation and nutrients removal from sewage sludge after ozonizing in algal-bacteria system[J]. Ecotoxicology and Environmental Safety, 165: 107-114.

Leopold A, Marchand C, Deborde J, et al, 2013. Influence of mangrove zonation on CO_2 fluxes at the sediment-air interface (New Caledonia)[J]. Geoderma, 202/203: 62-70.

Leopold A, Marchand C, Deborde J, et al, 2015. Temporal variability of CO_2 fluxes at the sediment-air interface in mangroves (New Caledonia)[J]. Science of the Total Environment, 502: 617-626.

Lewin A, Wentzel A, Valla S, 2013. Metagenomics of microbial life in extreme temperature environments[J]. Current Opinion in Biotechnology, 24(3): 516-525.

Li H Y, Barber M, Lu J R, et al, 2020a. Microbial community successions and their dynamic functions during harmful cyanobacterial blooms in a freshwater lake[J]. Water Research, 185: 116292.

Li J Y, Deng K Y, Cai S J, et al, 2020b. Periphyton has the potential to increase phosphorus use efficiency in paddy fields[J]. The Science of the Total Environment, 720: 137711.

Li J Y, Deng K Y, Hesterberg D, et al, 2017. Mechanisms of enhanced inorganic phosphorus accumulation by periphyton in paddy fields as affected by calcium and ferrous ions[J]. Sci Total

Environ, 609: 466-475.

Li M X, Liu J Y, Xu Y F, et al, 2016a. Phosphate adsorption on metal oxides and metal hydroxides: a comparative review[J]. Environmental Reviews, 24(3): 319-332.

Li S S, Wang C, Qin H J, et al, 2016b. Influence of phosphorus availability on the community structure and physiology of cultured biofilms[J]. Journal of Environmental Sciences, 42: 19-31.

Li W W, Yu H Q, 2014. Insight into the roles of microbial extracellular polymer substances in metal biosorption[J]. Bioresource Technology, 160: 15-23.

Li W W, Zhang H L, Sheng G P, et al, 2015. Roles of extracellular polymeric substances in enhanced biological phosphorus removal process[J]. Water Research, 86: 85-95.

Li Y H, Shahbaz M, Zhu Z K, et al, 2021. Oxygen availability determines key regulators in soil organic carbon mineralisation in paddy soils[J]. Soil Biology and Biochemistry, 153: 108106.

Liang C, Schimel J P, Jastrow J D, 2017. The importance of anabolism in microbial control over soil carbon storage[J]. Nature Microbiology, 2: 17105.

Liang X, Zhang X Y, Sun Q, et al, 2016. The role of filamentous algae *Spirogyra* spp. in methane production and emissions in streams[J]. Aquatic Sciences, 78(2): 227-239.

Liboriussen L, Jeppesen E, 2009. Periphyton biomass, potential production and respiration in a shallow lake during winter and spring[J]. Hydrobiologia, 632(1): 201-210.

Lin Q, Gu N, Lin J D, 2012. Effect of ferric ion on nitrogen consumption, biomass and oil accumulation of a *Scenedesmus rubescens*-like microalga[J]. Bioresource Technology, 112: 242-247.

Liu H, Fang H H P, 2002. Characterization of electrostatic binding sites of extracellular polymers by linear programming analysis of titration data[J]. Biotechnology and Bioengineering, 80(7): 806-811.

Liu J Z, Danneels B, Vanormelingen P, et al, 2016. Nutrient removal from horticultural wastewater by benthic filamentous algae *Klebsormidium* sp., *Stigeoclonium* spp. and their communities: from laboratory flask to outdoor Algal Turf Scrubber (ATS)[J]. Water Research, 92: 61-68.

Liu J Z, Lu H Y, Wu L R, et al, 2021a. Interactions between periphytic biofilms and dissolved organic matter at soil-water interface and the consequent effects on soil phosphorus fraction changes[J]. Science of the Total Environment, 801: 149708.

Liu J Z, Sun P F, Sun R, et al, 2019a. Carbon-nutrient stoichiometry drives phosphorus immobilization in phototrophic biofilms at the soil-water interface in paddy fields[J]. Water Research, 167: 115129.

Liu J Z, Vyverman W, 2015. Differences in nutrient uptake capacity of the benthic filamentous algae *Cladophora* sp., *Klebsormidium* sp. and *Pseudanabaena* sp. under varying N/P conditions[J]. Bioresource Technology, 179: 234-242.

Liu J Z, Wang F W, Wu W T, et al, 2018. Biosorption of high-concentration Cu(Ⅱ) by periphytic biofilms and the development of a fiber periphyton bioreactor (FPBR)[J]. Bioresource Technology, 248: 127-134.

Liu J Z, Wu L R, Gong L N, et al, 2023. Phototrophic biofilms transform soil-dissolved organic matter similarly despite compositional and environmental differences[J]. Environmental Science and Technology, 57(11): 4679-4689.

Liu J Z, Wu Y H, Wu C X, et al, 2017. Advanced nutrient removal from surface water by a consortium of attached microalgae and bacteria: a review[J]. Bioresource Technology, 241: 1127-1137.

Liu J Z, Zhou Y M, Sun P F, et al, 2021b. Soil organic carbon enrichment triggers *in situ* nitrogen interception by phototrophic biofilms at the soil-water interface: from regional scale to microscale[J]. Environmental Science and Technology, 55(18): 12704-12713.

Liu R B, Hao X D, Chen Q, et al, 2019b. Research advances of *Tetrasphaera* in enhanced biological phosphorus removal: a review[J]. Water Research, 166: 115003.

Locke N A, Saia S M, Walter M T, et al, 2014. Naturally ocurring polyphosphate-accumulating bacteria in benthic biofilms[C]. American Geophysical Union, Fall Meeting 2014, abstract id. B51D-0051.

Lorenz R C, Monaco M E, Herdendorf C E, 1991. Minimum light requirements for substrate colonization by *Cladophora glomerata*[J]. Journal of Great Lakes Research, 17(4): 536-542.

Lu H Y, Feng Y F, Wang J H, et al, 2016a. Responses of periphyton morphology, structure, and function to extreme nutrient loading[J]. Environmental Pollution, 214: 878-884.

Lu H Y, Feng Y F, Wu Y H, et al, 2016b. Phototrophic periphyton techniques combine phosphorous removal and recovery for sustainable salt-soil zone[J]. Science of the Total Environment, 568: 838-844.

Lu H Y, Liu J Z, Kerr P G, et al, 2017. The effect of periphyton on seed germination and seedling growth of rice (*Oryza sativa*) in paddy area[J]. Science of the Total Environment, 578: 74-80.

Lu H Y, Wan J J, Li J Y, et al, 2016c. Periphytic biofilm: a buffer for phosphorus precipitation and release between sediments and water[J]. Chemosphere, 144: 2058-2064.

Lu H Y, Yang L Z, Zhang S Q, et al, 2014. The behavior of organic phosphorus under non-point source wastewater in the presence of phototrophic periphyton[J]. PLoS One, 9(1): e85910.

Lu H, Dong Y, Feng Y, et al, 2020. Paddy periphyton reduced cadmium accumulation in rice (*Oryza sativa*) by removing and immobilizing cadmium from the water-soil interface[J]. Environmental Pollution, 261: 114103.

Luís A T, Teixeira M, Durães N, et al, 2019. Extremely acidic environment: biogeochemical effects on algal biofilms[J]. Ecotoxicology and Environmental Safety, 177: 124-132.

Ma H J, Wang X Z, Zhang Y, et al, 2018. The diversity, distribution and function of *N*-acyl-homoserine lactone (AHL) in industrial anaerobic granular sludge[J]. Bioresource Technology, 247: 116-124.

MacIntosh K A, Mayer B K, McDowell R W, et al, 2018. Managing diffuse phosphorus at the source versus at the sink[J]. Environmental Science and Technology, 52(21): 11995-12009.

Maddela N R, Sheng B B, Yuan S S, et al, 2019. Roles of quorum sensing in biological wastewater treatment: a critical review[J]. Chemosphere, 221: 616-629.

Malyan S K, Bhatia A, Kumar A, et al, 2016. Methane production, oxidation and mitigation: a mechanistic understanding and comprehensive evaluation of influencing factors[J]. Science of the Total Environment, 572: 874-896.

Mamani S, Moinier D, Denis Y, et al, 2016. Insights into the quorum sensing regulon of the acidophilic *Acidithiobacillus ferrooxidans* revealed by transcriptomic in the presence of an acyl homoserine lactone superagonist analog[J]. Frontiers in Microbiology, 7: 1365.

Mañas A, Biscans B, Spérandio M, 2011. Biologically induced phosphorus precipitation in aerobic granular sludge process[J]. Water Research, 45(12): 3776-3786.

Maqbool T, Cho J, Hur J, 2019. Improved dewaterability of anaerobically digested sludge and compositional changes in extracellular polymeric substances by indigenous persulfate activation[J]. The Science of the Total Environment, 674: 96-104.

Marella T K, Saxena A, Tiwari A, 2020. Diatom mediated heavy metal remediation: A review[J]. Bioresource Technology, 305: 123068.

Masscheleyn P H, Delaune R D, Patrick W H Jr, 1991. Effect of redox potential and pH on arsenic speciation and solubility in a contaminated soil[J]. Environmental Science and Technology,

25(8): 1414-1419.

McCauley J R, Bouldin J L, 2016. Cadmium accumulation in periphyton from an abandoned mining district in the buffalo national river, Arkansas[J]. Bulletin of Environmental Contamination and Toxicology, 96(6): 757-761.

Mendes L B B, Vermelho A B, 2013. Allelopathy as a potential strategy to improve microalgae cultivation[J]. Biotechnology for Biofuels, 6(1): 152.

Miao L, Wang C, Hou J, et al, 2017. Response of wastewater biofilm to CuO nanoparticle exposure in terms of extracellular polymeric substances and microbial community structure[J]. Science of the Total Environment, 579: 588-597.

Miao S, Lyu H, Wang Q, et al, 2019. Estimation of terrestrial humic-like substances in inland lakes based on the optical and fluorescence characteristics of chromophoric dissolved organic matter (CDOM) using OLCI images[J]. Ecological indicators, 2019, 101: 399-409.

Mishra S, Huang Y H, Li J Y, et al, 2022. Biofilm-mediated bioremediation is a powerful tool for the removal of environmental pollutants[J]. Chemosphere, 294: 133609.

Mitchell E, Scheer C, Rowlings D, et al, 2020. Trade-off between 'new' SOC stabilisation from above-ground inputs and priming of native C as determined by soil type and residue placement[J]. Biogeochemistry, 149(2): 221-236.

Moharir R V, Kumar S, 2019. Challenges associated with plastic waste disposal and allied microbial routes for its effective degradation: a comprehensive review[J]. Journal of Cleaner Production, 208: 65-76.

Monroe D. 2007. Looking for chinks in the armor of bacterial biofilms[J]. PLoS Biology, 5(11): e307.

Morin A, Cattaneo A, 1992. Factors affecting sampling variability of freshwater periphyton and the power of periphyton studies[J]. Canadian Journal of Fisheries and Aquatic Sciences, 49(8): 1695-1703.

Mu R M, Jia Y T, Ma G X, et al, 2021. Advances in the use of microalgal-bacterial consortia for wastewater treatment: community structures, interactions, economic resource reclamation, and study techniques[J]. Water Environment Research: a Research Publication of the Water Environment Federation, 93(8): 1217-1230.

Nadell C D, Drescher K, Wingreen N S, et al, 2015. Extracellular matrix structure governs invasion resistance in bacterial biofilms[J]. The ISME Journal, 9(8): 1700-1709.

Nannipieri P, Ascher J, Ceccherini M T, et al, 2003. Microbial diversity and soil functions[J]. European Journal of Soil Science, 54(4): 655-670.

Ng D H P, Kumar A, Cao B, 2016. Microorganisms meet solid minerals: interactions and biotechnological applications[J]. Applied Microbiology and Biotechnology, 100(16): 6935-6946.

Nikiforova V, Freitag J, Kempa S, et al, 2003. Transcriptome analysis of sulfur depletion in *Arabidopsis thaliana*: interlacing of biosynthetic pathways provides response specificity[J]. The Plant Journal, 33(4): 633-650.

Nowack B, Bucheli T D, 2007. Occurrence, behavior and effects of nanoparticles in the environment[J]. Environmental Pollution, 150(1): 5-22.

O'Toole G, Kaplan H B, Kolter R, 2000. Biofilm formation as microbial development[J]. Annual Review of Microbiology, 54: 49-79.

Olapade O A, Depas M M, Jensen E T, et al, 2006. Microbial communities and fecal indicator bacteria associated with *Cladophora* mats on beach sites along Lake Michigan Shores[J]. Applied and Environmental Microbiology, 72(3): 1932-1938.

Olapade O A, Leff L G, 2005. Seasonal response of stream biofilm communities to dissolved organic matter and nutrient enrichments[J]. Applied and Environmental Microbiology, 71(5): 2278-2287.

Ozturk S, Aslim B, 2010. Modification of exopolysaccharide composition and production by three cyanobacterial isolates under salt stress[J]. Environmental Science and Pollution Research, 17(3): 595-602.

Pan X L, Liu J, Zhang D Y, et al, 2010. Binding of dicamba to soluble and bound extracellular polymeric substances (EPS) from aerobic activated sludge: a fluorescence quenching study[J]. Journal of Colloid and Interface Science, 345(2): 442-447.

Pandey U, 2013. The influence of DOC trends on light climate and periphyton biomass in the Ganga River, Varanasi, India[J]. Bulletin of Environmental Contamination and Toxicology, 90(1): 143-147.

Park S Y, Kim C G, 2019. Biodegradation of micro-polyethylene particles by bacterial colonization of a mixed microbial consortium isolated from a landfill site[J]. Chemosphere, 222: 527-533.

Parrilli E, Tedesco P, Fondi M, et al, 2021. The art of adapting to extreme environments: the model system *Pseudoalteromonas*[J]. Physics of Life Reviews, 36: 137-161.

Peacher R D, Lerch R N, Schultz R C, et al, 2018. Factors controlling streambank erosion and phosphorus loss in claypan watersheds[J]. Journal of Soil and Water Conservation, 73(2): 189-199.

Peng C, Xia Y Q, Zhang W, et al, 2022. Proteomic analysis unravels response and antioxidation defense mechanism of rice plants to copper oxide nanoparticles: comparison with bulk particles and dissolved Cu ions[J]. ACS Agricultural Science and Technology, 2(3): 671-683.

Peng Y Z, Zhu G B, 2006. Biological nitrogen removal with nitrification and denitrification via nitrite pathway[J]. Applied Microbiology and Biotechnology, 73(1): 15-26.

Qiu H S, Ge T D, Liu J Y, et al, 2018. Effects of biotic and abiotic factors on soil organic matter mineralization: experiments and structural modeling analysis[J]. European Journal of Soil Biology, 84: 27-34.

Ras M, Lefebvre D, Derlon N, et al, 2011. Extracellular polymeric substances diversity of biofilms grown under contrasted environmental conditions[J]. Water Research, 45(4): 1529-1538.

Rather M A, Gupta K, Mandal M, 2021. Microbial biofilm: formation, architecture, antibiotic resistance, and control strategies[J]. Brazilian Journal of Microbiology, 52(4): 1701-1718.

Renuka N, Sood A, Prasanna R, et al, 2015. Phycoremediation of wastewaters: a synergistic approach using microalgae for bioremediation and biomass generation[J]. International Journal of Environmental Science and Technology, 12(4): 1443-1460.

Rico-Jiménez M, Reyes-Darias J A, Ortega Á, et al, 2016. Two different mechanisms mediate chemotaxis to inorganic phosphate in *Pseudomonas aeruginosa*[J]. Scientific Reports, 6: 28967.

Rocha J C, Peres C K, Buzzo J L L, et al, 2017. Modeling the species richness and abundance of lotic macroalgae based on habitat characteristics by artificial neural networks: a potentially useful tool for stream biomonitoring programs[J]. Journal of Applied Phycology, 29(4): 2145-2153.

Rodríguez P, Vera M S, Pizarro H, 2012. Primary production of phytoplankton and periphyton in two humic lakes of a South American wetland[J]. Limnology, 13(3): 281-287.

Romanów M, Witek Z, 2011. Periphyton dry mass, ash content, and chlorophyll content on natural substrata in three water bodies of different trophy[J]. Oceanological and Hydrobiological Studies, 40(4): 64-70.

Ross M E, Davis K, McColl R, et al, 2018. Nitrogen uptake by the macro-algae *Cladophora coelothrix* and *Cladophora parriaudii*: influence on growth, nitrogen preference and biochemical composition[J]. Algal Research, 30: 1-10.

Rovzar C, Gillespie T W, Kawelo K, 2016. Landscape to site variations in species distribution models for endangered plants[J]. Forest Ecology and Management, 369: 20-28.

Roy R, Tiwari M, Donelli G, et al, 2018. Strategies for combating bacterial biofilms: a focus on anti-biofilm agents and their mechanisms of action[J]. Virulence, 9(1): 522-554.

Said-Pullicino D, Miniotti E F, Sodano M, et al, 2016. Linking dissolved organic carbon cycling to organic carbon fluxes in rice paddies under different water management practices[J]. Plant and Soil, 401(1): 273-290.

Saikia S K, 2011. Review on periphyton as mediator of nutrient transfer in aquatic ecosystems[J]. Ecologia Balkanica, 3(2): 65-78.

Salama Y, Chennaoui M, Sylla A, et al, 2016. Characterization, structure, and function of extracellular polymeric substances (EPS) of microbial biofilm in biological wastewater treatment systems: a review[J]. Desalination and Water Treatment, 57(35): 16220-16237.

Sangroniz L, Jang Y J, Hillmyer M A, et al, 2022. The role of intermolecular interactions on melt memory and thermal fractionation of semicrystalline polymers[J]. The Journal of Chemical Physics, 156(14): 144902.

Saravia L A, Momo F, Lissin L D B, 1998. Modelling periphyton dynamics in running water[J]. Ecological Modelling, 114(1): 35-47.

Säwström C, Mumford P, Marshall W, et al, 2002. The microbial communities and primary productivity of cryoconite holes in an Arctic glacier (Svalbard 79°N)[J]. Polar Biology, 25(8): 591-596.

Schilcher K, Horswill A R, 2020. Staphylococcal biofilm development: structure, regulation, and treatment strategies[J]. Microbiology and Molecular Biology Reviews: MMBR, 84(3): e00026-e00019.

Schiller D V, Martí E, Riera J L, et al, 2007. Effects of nutrients and light on periphyton biomass and nitrogen uptake in Mediterranean streams with contrasting land uses[J]. Freshwater Biology, 52(5): 891-906.

Seifert M, McGregor G, Eaglesham G, et al, 2007. First evidence for the production of cylindrospermopsin and deoxy-cylindrospermopsin by the freshwater benthic *Cyanobacterium*, *Lyngbya wollei* (Farlow ex Gomont) Speziale and Dyck[J]. Harmful Algae, 6(1): 73-80.

Sells M D, Brown N, Shilton A N, 2018. Determining variables that influence the phosphorus content of waste stabilization pond algae[J]. Water Research, 132: 301-308.

Shabbir S, Faheem M, Ali N, et al, 2020. Periphytic biofilm: an innovative approach for biodegradation of microplastics[J]. Science of the Total Environment, 717: 137064.

Shahzad T, Chenu C, Genet P, et al, 2015. Contribution of exudates, arbuscular mycorrhizal fungi and litter depositions to the rhizosphere priming effect induced by grassland species[J]. Soil Biology and Biochemistry, 80: 146-155.

Sharma J, Mishra I M, Dionysiou D D, et al, 2015. Oxidative removal of Bisphenol A by UV-C/peroxymonosulfate (PMS): Kinetics, influence of co-existing chemicals and degradation pathway[J]. Chemical Engineering Journal, 276: 193-204.

She D L, Wang H D, Yan X Y, et al, 2018. The counter-balance between ammonia absorption and the stimulation of volatilization by periphyton in shallow aquatic systems[J]. Bioresource Technology, 248: 21-27.

Shi Y H, Huang J H, Zeng G M, et al, 2017. Exploiting extracellular polymeric substances (EPS) controlling strategies for performance enhancement of biological wastewater treatments: an overview[J]. Chemosphere, 180: 396-411.

Shively J M, Devore W, Stratford L, et al, 1986. Molecular evolution of the large subunit of ribulose-1, 5-bisphosphate carboxylase/oxygenase (RuBisCO)[J]. FEMS Microbiology Letters, 37(3): 251-257.

Simsek H, Kasi M, Ohm J B, et al, 2016. Impact of solids retention time on dissolved organic nitrogen and its biodegradability in treated wastewater[J]. Water Research, 92: 44-51.

Song C L, Søndergaard M, Cao X Y, et al, 2018. Nutrient utilization strategies of algae and bacteria after the termination of nutrient amendment with different phosphorus dosage: a mesocosm case[J]. Geomicrobiology Journal, 35(4): 294-299.

Song C, Hu H, Ao H, et al, 2017. Removal of parabens and their chlorinated by-products by periphyton: influence of light and temperature[J]. Environmental Science and Pollution Research, 24: 5566-5575.

Sorg O, Tran C, Carraux P, et al, 2005. Spectral properties of topical retinoids prevent DNA damage and apoptosis after acute UV-B exposure in hairless mice[J]. Photochemistry and Photobiology, 81(4): 830-836.

Sorour M J. 2023. The costs of environmental failure and the impact of the green value chain in reducing them[J]. Journal of Namibian Studies: History Politics Culture, 33: 1937-1967.

Stewart T J, Behra R, Sigg L, 2015. Impact of chronic lead exposure on metal distribution and biological effects to periphyton [J]. Environmental Science and Technology, 49(8): 5044-5051.

Strohm T O, Griffin B, Zumft W G, et al, 2007. Growth yields in bacterial denitrification and nitrate ammonification[J]. Applied and Environmental Microbiology, 73(5): 1420-1424.

Su J, Kang D, Xiang W, et al, 2017. Periphyton biofilm development and its role in nutrient cycling in paddy microcosms[J]. Journal of Soils and Sediments, 17(3): 810-819.

Sun J J, Deng Z Q, Yan A X, 2014. Bacterial multidrug efflux pumps: mechanisms, physiology and pharmacological exploitations[J]. Biochemical and Biophysical Research Communications, 453(2): 254-267.

Sun P F, Chen Y, Liu J Z, et al, 2022a. Periphytic biofilms function as a double-edged sword influencing nitrogen cycling in paddy fields[J]. Environmental Microbiology, 24(12): 6279-6289.

Sun P F, Gao M N, Sun R, et al, 2021. Periphytic biofilms accumulate manganese, intercepting its emigration from paddy soil[J]. Journal of Hazardous Materials, 411: 125172.

Sun P F, Liu Y Y, Sun R, et al, 2022b. Geographic imprint and ecological functions of the abiotic component of periphytic biofilms[J]. iMeta, 1(4): e60.

Sun P F, Zhang J H, Esquivel-Elizondo S, et al, 2018. Uncovering the flocculating potential of extracellular polymeric substances produced by periphytic biofilms[J]. Bioresource Technology, 248: 56-60.

Sun R, Xu Y, Wu Y, et al, 2019. Functional sustainability of nutrient accumulation by periphytic biofilm under temperature fluctuations[J]. Environmental Technology, 42: 1145-1154.

Sung H S, Jo Y L, 2020. Purification and characterization of an antibacterial substance from *Aerococcus urinaeequi* strain HS36[J]. Journal of Microbiology and Biotechnology, 30(1): 93-100.

Syers J, Johnston A, Curtin D, 2008. Efficiency of soil and fertilizer phosphorus use[J]. FAO Fertilizer and Plant Nutrition Bulletin, 18: 1-108.

Tabita F R, 1988. Molecular and cellular regulation of autotrophic carbon dioxide fixation in microorganisms[J]. Microbiological Reviews, 52(2): 155-189.

Tabita F R, Satagopan S, Hanson T E, et al, 2008. Distinct form Ⅰ, Ⅱ, Ⅲ, and Ⅳ Rubisco proteins from the three Kingdoms of life provide clues about Rubisco evolution and structure/function relationships[J]. Journal of Experimental Botany, 59(7): 1515-1524.

Tarkowska-Kukuryk M, Mieczan T, 2012. Effect of substrate on periphyton communities and relationships among food web components in shallow hypertrophic lake[J]. Journal of

Limnology, 71(2): 279-290.

Thauer R K, Kaster A K, Seedorf H, et al, 2008. Methanogenic Archaea: ecologically relevant differences in energy conservation[J]. Nature Reviews Microbiology, 6(8): 579-591.

Toet S, Huibers L H F A, Van Logtestijn R S P, et al, 2003. Denitrification in the periphyton associated with plant shoots and in the sediment of a wetland system supplied with sewage treatment plant effluent[J]. Hydrobiologia, 501(1): 29-44.

Tong H, Chen M J, Lv Y H, et al, 2021. Changes in the microbial community during microbial microaerophilic Fe(Ⅱ) oxidation at circumneutral pH enriched from paddy soil[J]. Environmental Geochemistry and Health, 43(3): 1305-1317.

Tseng B S, Zhang W, Harrison J J, et al, 2013. The extracellular matrix protects *Pseudomonas aeruginosa* biofilms by limiting the penetration of tobramycin[J]. Environmental Microbiology, 15(10): 2865-2878.

Unnithan V V, Unc A, Smith G B, 2014. Mini-review: *a priori* considerations for bacteria-algae interactions in algal biofuel systems receiving municipal wastewaters[J]. Algal Research, 4: 35-40.

Vadeboncoeur Y, Jeppesen E, Zanden M J V, et al, 2003. From Greenland to green lakes: cultural eutrophication and the loss of benthic pathways in lakes [J]. Limnology and Oceanography, 48: 1408-1418.

Valle A, Bailey M J, Whiteley A S, et al, 2004. *N*-acyl-l-homoserine lactones (AHLs) affect microbial community composition and function in activated sludge[J]. Environmental Microbiology, 6(4): 424-433.

van Hullebusch E D, Zandvoort M H, Lens P N L, 2003. Metal immobilisation by biofilms: mechanisms and analytical tools[J]. Reviews in Environmental Science and Biotechnology, 2(1): 9-33.

Vargas R, Novelo E, 2007. Seasonal changes in periphyton nitrogen fixation in a protected tropical wetland[J]. Biology and Fertility of Soils, 43: 367-372.

Vassiliev I R, Kolber Z, Wyman K D, et al, 1995. Effects of iron limitation on photosystem Ⅱ composition and light utilization in *Dunaliella tertiolecta*[J]. Plant Physiology, 109(3): 963-972.

Wang L, Zhang X, Tang C W, et al, 2022a. Engineering consortia by polymeric microbial swarmbots[J]. Nature Communications, 13: 3879.

Wang R D, Peng Y Z, Cheng Z L, et al, 2014. Understanding the role of extracellular polymeric substances in an enhanced biological phosphorus removal granular sludge system[J]. Bioresource Technology, 169: 307-312.

Wang S C, Sun P F, Zhang G B, et al, 2022b. Contribution of periphytic biofilm of paddy soils to carbon dioxide fixation and methane emissions[J]. The Innovation, 3(1): 100192.

Wang X, Wang X M, Hui K M, et al, 2018. Highly effective polyphosphate synthesis, phosphate removal, and concentration using engineered environmental bacteria based on a simple solo medium-copy plasmid strategy[J]. Environmental Science and Technology, 52(1): 214-222.

Wang Y R, Feng M H, Wang J J, et al, 2021. Algal blooms modulate organic matter remineralization in freshwater sediments: a new insight on priming effect[J]. Science of the Total Environment, 784: 147087.

Wang Y Y, Qin J, Zhou S, et al, 2015. Identification of the function of extracellular polymeric substances (EPS) in denitrifying phosphorus removal sludge in the presence of copper ion[J]. Water Research, 73: 252-264.

Wang Z F, Yin S C, Chou Q C, et al, 2022c. Community-level and function response of photoautotrophic periphyton exposed to oxytetracycline hydrochloride[J]. Environmental Pollution, 294: 118593.

Weisner S E, Eriksson P G, Granéli W, et al, 1994. Influence of macrophytes on nitrate[J]. Ambio, 23(6): 363-366.

Wilhelm L, Besemer K, Fasching C, et al, 2014. Rare but active taxa contribute to community dynamics of benthic biofilms in glacier-fed streams[J]. Environmental Microbiology, 16(8): 2514-2524.

Williams H N, Turng B F, Kelley J I, 2009. Survival response of *Bacteriovorax* in surface biofilm versus suspension when stressed by extremes in environmental conditions[J]. Microbial Ecology, 58(3): 474-484.

Wingender J, Neu T R, Flemming H C, 1999. What are bacterial extracellular polymeric substances? [M]//Wingender J, Neu T R, Flemming H C, Microbial Extracellular Polymeric Substances. Berlin, Heidelberg: Springer Berlin Heidelberg: 1-19.

Woebken D, Burow L C, Prufert-Bebout L, et al, 2012. Identification of a novel cyanobacterial group as active diazotrophs in a coastal microbial mat using NanoSIMS analysis[J]. The ISME Journal, 6(7): 1427-1439.

Wood H G, Ragsdale S W, Pezacka E, 1986. The acetyl-CoA pathway: a newly discovered pathway of autotrophic growth[J]. Trends in Biochemical Sciences, 11(1): 14-18.

Wu X H, Ge T D, Yuan H Z, et al, 2014. Changes in bacterial CO_2 fixation with depth in agricultural soils[J]. Applied Microbiology and Biotechnology, 98(5): 2309-2319.

Wu Y H, He J Z, Yang L Z, 2010a. Evaluating adsorption and biodegradation mechanisms during the removal of microcystin-RR by periphyton[J]. Environmental Science and Technology, 44(16): 6319-6324.

Wu Y H, Hu Z Y, Yang L Z, et al, 2011. The removal of nutrients from non-point source wastewater by a hybrid bioreactor[J]. Bioresource Technology, 102(3): 2419-2426.

Wu Y H, Li T L, Yang L Z, 2012. Mechanisms of removing pollutants from aqueous solutions by microorganisms and their aggregates: a review[J]. Bioresource Technology, 107: 10-18.

Wu Y H, Liu J Z, Lu H Y, et al, 2016. Periphyton: an important regulator in optimizing soil phosphorus bioavailability in paddy fields[J]. Environmental Science and Pollution Research, 23(21): 21377-21384.

Wu Y H, Liu J Z, Rene E R, 2018. Periphytic biofilms: a promising nutrient utilization regulator in wetlands[J]. Bioresource Technology, 248: 44-48.

Wu Y H, Tang J, Liu J Z, et al, 2017a. Sustained high nutrient supply as an allelopathic trigger between periphytic biofilm and *Microcystis aeruginosa*[J]. Environmental Science and Technology, 51(17): 9614-9623.

Wu Y H, Wang F W, Xiao X, et al, 2017b. Seasonal changes in phosphorus competition and allelopathy of a benthic microbial assembly facilitate prevention of cyanobacterial blooms[J]. Environmental Microbiology, 19(6): 2483-2494.

Wu Y H, Yang J L, Tang J, et al, 2017c. The remediation of extremely acidic and moderate pH soil leachates containing Cu(II) and Cd(II) by native periphytic biofilm[J]. Journal of Cleaner Production, 162: 846-855.

Wu Y H, Zhang S Q, Zhao H J, et al, 2010b. Environmentally benign periphyton bioreactors for controlling cyanobacterial growth[J]. Bioresource Technology, 101(24): 9681-9687.

Wu Y, 2016. Periphyton: Functions and Application in Environmental Remediation[M]. New York: Elsevier.

Xia Y Q, She D L, Zhang W J, et al, 2018. Improving denitrification models by including bacterial and periphytic biofilm in a shallow water-sediment system[J]. Water Resources Research, 54(10): 8146-8159.

Xiao K Q, Ge T D, Wu X H, et al, 2021. Metagenomic and ^{14}C tracing evidence for autotrophic microbial CO_2 fixation in paddy soils[J]. Environmental Microbiology, 23(2): 924-933.

Xiong J Q, Kurade M B, Jeon B H, 2018. Can microalgae remove pharmaceutical contaminants from water?[J]. Trends in Biotechnology, 36(1): 30-44.

Xu X, Chen C, Wang P, et al, 2017. Control of arsenic mobilization in paddy soils by manganese and iron oxides[J]. Environ Pollut, 231(Pt 1), 37-47.

Xu Y, Curtis T, Dolfing J, et al, 2021. *N*-acyl-homoserine-lactones signaling as a critical control point for phosphorus entrapment by multi-species microbial aggregates[J]. Water Research, 204: 117627.

Xu Y, Wu Y H, Esquivel-Elizondo S, et al, 2020. Using microbial aggregates to entrap aqueous phosphorus[J]. Trends in Biotechnology, 38(11): 1292-1303.

Yan K, Yuan Z W, Goldberg S, et al, 2019. Phosphorus mitigation remains critical in water protection: a review and meta-analysis from one of China's most eutrophicated lakes[J]. Science of the Total Environment, 689: 1336-1347.

Yan S W, Ding N, Yao X N, et al, 2023. Effects of erythromycin and roxithromycin on river periphyton: structure, functions and metabolic pathways[J]. Chemosphere, 316: 137793.

Yang J L, Liu J Z, Wu C X, et al, 2016a. Bioremediation of agricultural solid waste leachates with diverse species of Cu (II) and Cd (II) by periphyton[J]. Bioresource Technology, 221: 214-221.

Yang J, Han M X, Zhao Z L, et al, 2022. Positive priming effects induced by allochthonous and autochthonous organic matter input in the lake sediments with different salinity[J]. Geophysical Research Letters, 49(5): e2021GL096133.

Yang J, Tang C, Wang F, et al, 2016b. Co-contamination of Cu and Cd in paddy fields: Using periphyton to entrap heavy metals[J]. Journal of hazardous materials, 304: 150-158.

Yao S, Lyu S, An Y, et al, 2019. Microalgae-bacteria symbiosis in microalgal growth and biofuel production: a review[J]. Journal of Applied Microbiology, 126(2): 359-368.

Yao S, Ni J R, Ma T, et al, 2013. Heterotrophic nitrification and aerobic denitrification at low temperature by a newly isolated bacterium, *Acinetobacter* sp. HA2[J]. Bioresource Technology, 139: 80-86.

Yin C Q, Meng F G, Chen G H, 2015. Spectroscopic characterization of extracellular polymeric substances from a mixed culture dominated by ammonia-oxidizing bacteria[J]. Water Research, 68: 740-749.

Yin W, Wang Y T, Liu L, et al, 2019. Biofilms: the microbial protective clothing in extreme environments[J]. International Journal of Molecular Sciences, 20(14): 3423.

You G X, Wang P F, Hou J, et al, 2017. Insights into the short-term effects of CeO_2 nanoparticles on sludge dewatering and related mechanism[J]. Water Research, 118: 93-103.

Yuan S J, Sun M, Sheng G P, et al, 2011. Identification of key constituents and structure of the extracellular polymeric substances excreted by *Bacillus megaterium* TF10 for their flocculation capacity[J]. Environmental Science and Technology, 45(3): 1152-1157.

Zarzycki J, Fuchs G, 2011. Coassimilation of organic substrates via the autotrophic 3-hydroxypropionate bi-cycle in *Chloroflexus aurantiacus*[J]. Applied and Environmental Microbiology, 77(17): 6181-6188.

Zhang B, Li W, Guo Y, et al, 2020. Microalgal-bacterial consortia: from interspecies interactions to biotechnological applications[J]. Renewable and Sustainable Energy Reviews, 118: 109563.

Zhang F Q, Yu Y C, Pan C, et al, 2021. Response of periphytic biofilm in water to estrone exposure:

phenomenon and mechanism[J]. Ecotoxicology and Environmental Safety, 207: 111513.

Zhang K, Xiong X, Hu H J, et al, 2017. Occurrence and characteristics of microplastic pollution in Xiangxi Bay of Three Gorges Reservoir, China[J]. Environmental Science and Technology, 51(7): 3794-3801.

Zhang L, Mah T F, 2008. Involvement of a novel efflux system in biofilm-specific resistance to antibiotics[J]. Journal of Bacteriology, 190(13): 4447-4452.

Zhang Q L, Liu Y, Ai G M, et al, 2012. The characteristics of a novel heterotrophic nitrification-aerobic denitrification bacterium, *Bacillus methylotrophicus* strain L7[J]. Bioresource Technology, 108: 35-44.

Zhang X F, Mei X Y, 2013. Periphyton response to nitrogen and phosphorus enrichment in a eutrophic shallow aquatic ecosystem[J]. Chinese Journal of Oceanology and Limnology, 31(1): 59-64.

Zhao H Y, Yang Q L, 2022. Study on influence factors and sources of mineral elements in peanut kernels for authenticity[J]. Food Chemistry, 382: 132385.

Zheng X L, Sun P D, Han J Y, et al, 2014. Inhibitory factors affecting the process of enhanced biological phosphorus removal (EBPR)- A mini-review[J]. Process Biochemistry, 49(12): 2207-2213.

Zhong W, Zhao W, Song J, 2020. Responses of periphyton microbial growth, activity, and pollutant removal efficiency to Cu exposure[J]. International Journal of Environmental Research and Public Health, 17(3): 941.

Zhou L, Zhou Y Q, Tang X M, et al, 2021. Resource aromaticity affects bacterial community successions in response to different sources of dissolved organic matter[J]. Water Research, 190: 116776.

Zhou Y, Marcus A K, Straka L, et al, 2019. Uptake of phosphate by *Synechocystis* sp. PCC 6803 in dark conditions: removal driving force and modeling[J]. Chemosphere, 218: 147-156.

Zhou Y, Nguyen B T, Zhou C, et al, 2017. The distribution of phosphorus and its transformations during batch growth of *Synechocystis*[J]. Water Research, 122: 355-362.

Zhu N Y, Wang S C, Tang C L, et al, 2019. Protection mechanisms of periphytic biofilm to photocatalytic nanoparticle exposure[J]. Environmental Science and Technology, 53(3): 1585-1594.

Zhu N, Zhang J, Tang J, et al, 2018. Arsenic removal by periphytic biofilm and its application combined with biochar[J]. Bioresource Technology, 248: 49-55.

Zivanovic S, Li J J, Davidson P M, et al, 2007. Physical, mechanical, and antibacterial properties of chitosan/PEO blend films[J]. Biomacromolecules, 8(5): 1505-1510.

第二章　国内外周丛生物研究方法进展

第一节　周丛生物样品采集技术

一、人工采集技术

目前，国内外多采用人工刮、擦等方式进行周丛生物样品采集，且根据不同的试验需求选择性地采集水样。从前人的采集技术可以看出，尽管所研究的周丛生物生长环境不同，但他们使用的采集技术基本相同。雷平安等（Lei et al., 2011）使用市售的周丛生物采样器，采集中国香港林村河中不同暴露时间定殖在载玻片上的周丛生物，用于研究周丛生物演替。Markwart 等（2019）使用聚氯乙烯（PVC）管构建了周丛生物采样器，其内装有磨砂石灰硅酸盐玻璃，用于周丛生物的定殖，利用该采样器获得了不同水体中附着有自然生长的周丛生物的玻璃，而后使用陶瓷刀片刮取周丛生物，以评估周丛生物群落组成对水中的硒氧阴离子吸收的相对影响。

此外，还有研究使用丙烯酸树脂（de Souza et al., 2015）、醋酸纤维素滤膜（Letovsky et al., 2012）作为周丛生物定殖的基质进行周丛生物样品采集。除了布设周丛生物采样器从人工基质上刮取样品之外，在一些条件合适的采样点，还可以直接从天然基质（如卵石、岩石、砾石、稻田土壤和植物茎等）上采集周丛生物。在研究对象为河道、溪流等地的周丛生物，且河道底质含有石块（最好以石块为主）时，通常在采样点附近直接捡取附有周丛生物的石块，采用无菌海绵（Wang et al., 2017）、无菌刮刀（王钰涛等，2021）等工具刮取周丛生物，并用镊子挤压海绵，冲洗并移至采样瓶/袋中。

在采集稻田周丛生物时，直接用刮刀或镊子剥离淹没在土-水界面间的周丛生物，并且根据试验需要选择性采集稻田田面水和表层土壤样品（郭婷，2021；孙瑞，2020）。Tarkowska-Kukuryk 和 Mieczan（2012）使用尖刀手术刀和软毛牙刷轻轻刷取沿岸区 0.5～1 m 深天然基质（芦苇茎）表层的周丛生物，对比从人工基质（竹子）上采集的周丛生物，进行不同基质对湖泊周丛生物群落的影响及食物网各组分之间关系的研究。另外，室内模拟实验的周丛生物样品采集也通常是使用无菌刮刀刮取等方式进行的（万明月等，2020）。

二、机械采集技术

现有周丛生物的采集技术中，通常是以使用简单的工具如刮刀、镊子、海绵等人工手动的方式进行采集，多适用于表面或深度较浅的采集需要。而大坝、水库等竖直潜深大、常年蓄水工作的建筑物的水下表面由于无法下潜而难以采集。发明专利"一种水下生物膜采集系统及采集方法"可以较好地完成水下较深部位自然生物膜（即周丛生物）样品的采集工作（李轶等，2017）。它包括下潜定位、附着和采集收集三个装置。首先将该系统下潜至目标位置，然后通过附着装置吸附于目标位置的墙壁上，最后电动机驱动旋桨式刷片转动，旋桨式刷片刮掉所附着面上的周丛生物，周丛生物碎片悬浮于收集空腔内，水泵抽水，泵入冲洗管路，将收集空腔内的周丛生物碎片悬浮液冲入周丛生物收集腔内，完成采集收集装置对周丛生物的收集。

人工使用简单工具采集周丛生物是世界范围内普遍使用的采集技术，它简单且经济，但无法采集到水下深部的周丛生物，采集技术的进步使机械采集水下深部周丛生物成为可能。周丛生物采集技术的发展有助于实现更多人类不能触及的地方的周丛生物样品采集，从而可以拓宽或加深相关领域的科学研究。

第二节 周丛生物培养技术进展

以往周丛生物的富集与培养主要靠自然形成过程和人工采集，周丛生物的自然形成过程周期比较长，生长过程中还会受到各种因素的影响，而且人工采集会在一定程度上破坏周丛生物的结构，所以该方法已不能满足科学实验和生态工程的需要。目前，周丛生物的培养技术依据培养规模可划分为实验室培养技术和规模化培养技术。

一、实验室培养技术

实验室培养技术的难点在于筛选合适的培养环境和配制最佳的培养基，使得室内培养的周丛生物更接近野外环境中的。通过对周丛生物培养基的优化、载体材料的选择和培养条件的改进，目前已形成了一套较为成熟的室内培养技术。

（一）一般培养技术

1）培养基

培养基是供动物、植物和微生物组织生长富集的人工养料。根据不同的生长需求，培养基多由水、无机盐、氮源、碳源、维生素和微量元素等组成（杨宗波，

2017）。

培养基的组分及各组分之间的比例会直接影响到周丛生物的生长代谢，只有各营养组分比例合适，才能达到较为理想的培养效果。

有研究表明，以 WC 培养基作为周丛生物的室内培养基，能够加快其生长速度并提高其初级生产力，还可以促使光合自养微生物成长为周丛生物的优势种群（Lu et al.，2014）。为满足周丛生物生长所需的营养条件，需每 7 d 向每 1 L 培养体系中加入 1 mL WC 培养基。WC 培养基的成分如表 2-1 所示。

表 2-1　WC 培养基成分

序号	组分	用量（mL/L）	母液浓度（g/L）	最终浓度（mmol/L）
1	$NaNO_3$	1	85.1	1
2	$CaCl_2 \cdot 2H_2O$	1	36.76	0.25
3	$MgSO_4 \cdot 7H_2O$	1	36.97	0.15
4	$NaHCO_3$	1	12.6	0.15
5	$NaSiO_3 \cdot 9H_2O$	1	28.42	0.1
6	K_2HPO_4	1	8.71	0.05
7	H_3BO_3	1	24	0.39
8	WC 微量元素溶液	1	※	
9	维生素 B_{12}（VB_{12}）溶液	1	※	
10	硫胺素溶液	1	※	
11	生物素溶液	1	※	

※其中 WC 微量元素溶液母液配方为：$Na_2EDTA \cdot 2H_2O$ 4.36 g、$FeCl_3 \cdot 6H_2O$ 3.15 g、$CuSO_4 \cdot 5H_2O$ 2.5 g、$ZnSO_4 \cdot 7H_2O$ 22 g、$CoCl_2 \cdot 6H_2O$ 10 g、$MnCl_2 \cdot 4H_2O$ 180 g、Na_3VO_4 18 g、$Na_2MoO_4 \cdot 2H_2O$ 6.3 g、蒸馏水 1 L；VB_{12} 溶液母液、硫胺素溶液母液和生物素溶液母液分别为 27 mg VB_{12}、67 mg 硫胺素和 2400 mg 生物素溶于 200 mL HEPES 缓冲液（2.4 g/200 mL dH_2O，pH 7.8）中。

2）载体

载体是给周丛生物提供附着和生长环境的基质，是形成周丛生物的前提条件（Mhedbi-Hajri et al.，2011）。周丛生物可以在自然和人工基质上生长，载体的选择是周丛生物培育系统的关键部分。

许多材料已被作为载体用于周丛生物的研究中，主要有以下三类：①天然有机载体，如底泥、木材、大型水生植物、丝瓜络、竹子等（Akhtar et al.，2004；Khatoon et al.，2007；Richard et al.，2009）；②合成有机材料，如玻璃纤维条、纤维刷、聚丙烯、聚氯乙烯等（Shen et al.，2016）；③无机非金属材料，如瓷砖、玻璃、砂、石块、黏土粒和砾石颗粒等（Cattaneo and Amireault，1992；Larson and Passy，2005；Voisin et al.，2016）。

自 20 世纪初以来，玻片和其他人工基质已被用于淡水内陆水系统的水生植物群落取样和研究（Cattaneo and Amireault，1992）。而且，到目前为止，玻片是实验中使用最广泛的人工基质（Albay and Akcaalan，2003；Pizarro et al.，2002）。

周丛生物的形成和生长过程均会受到载体材质和表面性质的影响，包括材料、电荷、接触角和粗糙度等（Wood et al.，2012；Xu et al.，2012）。Richard 等（2009）使用了 4 种类型的基质（木材、玻璃、蚊帐和铁丝网）作为载体，其中蚊帐上发现的生物多样性最高。甘蔗渣（Keshavanath et al.，2001）、竹竿、竹侧芽（Azim et al.，2003）、玻片（Schmitt-Jansen and Altenburger，2005）、胶带条（Liboriussen and Jeppesen，2006）、PVC 管、塑料片和瓷砖（Khatoon et al.，2007）被不同的研究人员在 20~35℃的温度范围内用作生长基质，其中，使用竹竿作为载体具有最高的生物量和最大的初级生产力（Liboriussen et al.，2005）。

玻片是最常用的生长载体，但不适用于大规模的实验。在大规模研究中，普遍使用聚乙烯片材（Jobgen et al.，2004；Liboriussen and Jeppesen，2006）、人工水生垫（AAM）和工业软载体（ISC）等（Wu et al.，2010），因为它们的质量相对较轻，具有很大的灵活性。有研究证明，以"软性"纤维作为周丛生物的载体，要比使用"硬质"富集材料更能显著增加周丛生物中微型生物的物种多样性（Miura et al.，2007；Stamper et al.，2003）。

3）培养条件

周丛生物培养器皿的表面需要覆盖一层透气膜，可以有效防止水分快速蒸发，同时能够避免蚊虫和杂质的落入。光照条件需设置 12 h/12 h 光暗循环，并设置光强为 2800 lx，空气温度维持在（25±1）℃（Wu，2016）。

（二）快速培养技术

目前，周丛生物的培养方法仍存在着一些不足之处，主要是培养时间长、培育微生物量小、活性不强，培养的周丛生物群落结构单一，且性质不稳定，易造成脱落的现象，不能满足实验或工程需求。针对上述现有培养技术存在的不足，周丛生物快速培养技术提供了一种快速培养生物量大、能够定殖成膜、群落结构稳定的稻田周丛生物的方法。该方法旨在以廉价、绿色、简单易行、快速的方法培育生物量大、群落结构复杂的稻田周丛生物（孙朋飞等，2023）。

操作步骤如下。

（1）采集周丛生物与原位土壤，利用原位土壤制备土壤浸提液：将采集的原位土壤去除异物如植物根茎、树叶和大块石块后，按照土样与无氨水 1 g∶10 mL 的比例称取土壤样品，土样浸泡在无氨水中，用恒温振荡箱以 250 r/min 振荡 2 h，再将浸提液以 2500 r/min 的转速离心 5 min，降低土壤浸提液浊度，取上清液为土壤浸提液。

（2）将土壤浸提液与 WC 培养基按如下比例混合后用无氨水稀释，得到混合培养液：混合培养液的组成以体积含量计，包括 9%～11%土壤浸提液、0.95%～1.05% WC 培养基，其余为无氨水。

（3）将周丛生物载体分散于混合培养液中，在混合培养液中投加采集的周丛生物作为微生物种源，进行周丛生物的培育，培育温度控制在 29.5～31.5℃。以湿重计，周丛生物投加浓度为 1.0～2.0 g/L，投加的周丛生物含水率为 39%～47%。

（4）周丛生物培育时，需在混合培养液承装容器上封盖一层聚乙烯膜，并扎10～15 个小孔。在培育期间，每 5 d 补充混合培养液以至初始体积；如需持续培养，待周丛生物定殖成膜后，每 10 d 更换一次混合培养液。

（5）在周丛生物培育完成后，可从载体上回收附着的周丛生物，以及将混合培养液离心分离，沉淀物即为周丛生物，离心温度为（25±1）℃，转速为 7000～8000 r/min，时间为 8～10 min。

快速培养技术使用土壤浸提液和 WC 混合培养液，为周丛生物提供了更为接近原位的培养条件，为一部分在传统培养方法中无法存活的微生物提供了生存条件，且该技术操作简便易行，便于观察，可灵活对不同时期、不同条件下的周丛生物进行测定，极大降低了实验室的工作强度。研究人员进行了周丛生物扩培过程中快速培养与传统培养的 OD_{600} 值和 OD_{680} 值变化对比，发现快速培养系统中的周丛生物快速繁殖，而后在胞外聚合物等物质的作用下快速团聚，定殖成膜，而传统培养无法形成稳定的生物膜，培养液中的菌体密度无法达到一个理想的较低水平。OD_{680} 值的变化与 OD_{600} 值的变化拥有相似的规律，快速培养比传统培养具有更快的生长速度和更大的生物量（孙朋飞等，2023）。

二、规模化培养技术

当前关于周丛生物的研究主要集中于实验室小试，其扩大化应用尚存在诸多未知。因此，有必要进行周丛生物的扩大化培养和中试实验，以明确是否可以较大规模人工培育周丛生物，并集成稳定的反应体系，以将现有的相关研究成果推向更大尺度的应用，挖掘周丛生物的应用潜力。

（一）光生物反应器

依据装置是否密闭，可将周丛生物的规模化培养系统（图 2-1）分为开放式培养系统和封闭式培养系统。较大规模的培养主要依靠开放式周丛生物培养系统，该系统的优点是运行简便、投资成本低廉及操作自动化程度较高，但培养过程中受日照、气候、地理位置等自然环境条件影响较大（杨宗波，2017）。与开放式培养不同，封闭式光生物反应器因投资和生产成本较高，限制了该培养方式的推广，尽管如此，开发新型封闭式光生物反应器的研究依然方兴未艾，这是因为：①在封闭式培养条件下，可降低污染的风险；②能够有效地控制培养的条件，如温度、光照等；③具有较低的水耗（孙中亮，2015）。周丛生物培养过程中的各种具体环境设置也会影响着其生长状况，如培养基组分与比例、曝气时长与频率等。

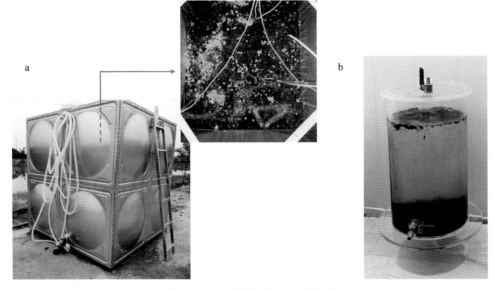

图 2-1   周丛生物规模化培养系统

a. 开放式培养系统；b. 封闭式培养系统

近年来，人们越来越重视设计和研究周丛藻类培养系统。培养系统根据几个操作参数而变化，包括基质材料、存在的物种种类、水流状况和生长介质的化学成分等（Gross et al.，2015）。在这些系统中，附着基板可以是静止的，也可以是移动的。根据基板的配置，培养系统可分为四类：水平、垂直、径向和旋转（Wang et al.，2018）。

迄今为止，开发和研究的许多周丛藻类培养系统是在实验室规模或中试规模，但一个值得注意的例外是藻类草坪洗涤器（ATS）（Wang et al.，2018）。ATS 系统和其他类似的基于周丛生物的系统，如丝状藻类营养洗涤器（FANS）和周丛生物营养去除系统（PNRS）（Sutherland et al.，2020；Sutherland and Craggs，2017）属于微型生态工程系统，可通过在浅水环境中培养周丛藻类来调控水质。周丛藻类系统依赖于固定在底物上的藻类生长。根据培养条件的不同，包括存在的藻类种类和菌株以及基质特性，周丛藻类生物量的结构和生命周期可能会发生显著变化，从而从最初的附着阶段一直到成熟/收获均影响藻类（Genin et al.，2014；Mieszkin et al.，2013）。

（二）稻田扩大培养技术

从光、水、温度和养分的要求来看，稻田可以为周丛生物的形成和生长提供适宜的环境（Kasai，1999），而稻田周丛生物兼具指示、修复、调控和反应器等功能。周丛生物的稻田扩增技术是通过制备人工载体。该技术中人工载体制备简单便捷，在实际应用中操作方法方便（孙朋飞和吴永红，2021）。

操作步骤如下。

（1）制备周丛生物培养基质：称取硝酸钠 14～16 g，磷酸氢二钾 0.3～0.5 g，七水硫酸镁 0.74～0.76 g，七水氯化钙 0.34～0.35 g，碳酸钠 0.15～0.25 g，柠檬酸 0.05～0.07 g，枸橼酸铁铵 0.05～0.07 g，硼酸 0.0285～0.0287 g，四水氯化锰 0.0180～0.0182 g，硫酸锌 0.002 21～0.002 23 g，钼酸钠 0.0038～0.0040 g，五水硫酸铜 0.000 78～0.000 80 g，六水硝酸钴 0.000 493～0.000 495 g，溶解于 1 L 蒸馏水中，配制成周丛生物培养基质。

（2）制备海藻酸钠溶液：用上述培养基质溶解 20 g 海藻酸钠与 20 g 粉碎后过200 目筛的水稻秸秆，制备成海藻酸钠溶液。

（3）制备周丛生物的球状载体（人工载体）：利用蠕动泵（流速最大）将海藻酸钠溶液逐滴滴入 3 L 2%的 $CaCl_2$ 溶液中形成直径为 2 mm 的球状载体，将制备的载体 4℃交联 24 h 后备用。

（4）周丛生物的球状载体（人工载体）的稻田应用：分别于水稻插秧后 1 d以及穗肥施加后 1 d，向稻田中撒施 45 kg/hm^2 和 30 kg/hm^2 的人工载体，诱导稻田中周丛生物的生长。

基于周丛生物的稻田扩大培养技术，研究人员已开展一系列的田间试验。研究表明，该技术能显著提高稻田中周丛生物的生物量，且人工诱导的周丛生物可以拦截土壤中氮、磷向田面水中迁移，一方面，显著提高了土壤中的氮、磷浓度，进而影响肥料的利用效率和田间作物的产量，另一方面，可以降低田面水中的氮、磷浓度，减小了径流流失造成毗邻水体污染的风险（Sun et al.，2022）。而且，该技术的使用能显著阻控土壤中重金属向上覆水中的迁移，并降低上覆水中重金属的浓度，减小了典型重金属超标农区的稻田土壤中重金属的迁移与污染传播的风险（Sun et al.，2021；孙朋飞等，2022a）。

第三节　周丛生物理化性质研究方法进展

一、周丛生物理化性质研究内容

周丛生物是一种由微生物、藻类和其他有机及无机物质组成的黏附在基质表面的自然生物膜。它们在许多环境中被发现，如河流、池塘以及湖泊，不仅对水生生态系统的功能和健康有明显贡献，还对陆地生态系统具有重要作用。了解周丛生物的理化性质对于进一步研究它们的形成、演化和功能至关重要。周丛生物的理化性质研究是一个涉及多个学科领域的综合性课题，相关内容包括物理力学、光学和化学等方面。

摩擦力与黏附力：周丛生物能够在水体表面抵抗水流的冲击力和摩擦力，这与其表面的生物结构和化学组成密切相关。同时，周丛生物的存在也受到水体流速和潮汐等外部因素的影响。因此，研究周丛生物的摩擦力和黏附力对于了解其适应和生存策略具有重要意义。

光学性质：周丛生物在水体中呈现出不同的颜色和反射特性，这与其内部结构、生物组成和环境因素等有关。通过测量周丛生物的吸收光谱和荧光光谱，可以了解其生物组成和代谢状态，并为生态系统的评估和监测提供重要信息。

细胞形态和运动：周丛生物中的微生物细胞具有不同的形态和运动方式，这与其对环境的适应能力和代谢特性密切相关。通过显微镜观察、图像分析和跟踪技术等手段，可以研究周丛生物中微生物细胞的生长、分裂、迁移和交互作用等现象。

物质传输和反应：周丛生物在水体中能够吸附、转化及释放多种有机和无机物质，这与其内部微环境和代谢特性密切相关。通过测量周丛生物的物质吸附速率、酶活性和代谢产物等指标，可以了解其对环境质量和生态系统功能的影响。

生长环境参数：周丛生物生长环境的理化条件对其生长和代谢过程具有重要影响，如温度、光照强度、水流速度、水体和土壤化学参数［pH、溶解氧（DO）、化学需氧量（COD）、氨氮等］等。

化学组成：研究周丛生物所含有的有机和无机化合物的种类、浓度及其对水体环境的影响。化学组成进一步可以分为 pH、氧化还原电位、元素组成、有机质组成、重金属和有毒物质以及微生物代谢产物等方面。pH 和氧化还原电位的研究主要是关于周丛生物 pH 和氧化还原电位的差异，并探索它们与微生物代谢活动之间的关系；元素组成的研究关注元素含量和分布特征，如碳、氮、磷等营养元素在不同区域的分布差异；有机质组成的研究是探究不同来源的有机物质（如藻类、细菌等来源）在周丛生物中的相对含量和降解速率，以及它们对周丛生物中微生物群落结构和功能的影响；重金属和有毒物质的研究关注周丛生物对重金属和有毒物质的吸附、转化及释放等过程和去除能力，以及它们对水体环境、微生物群落结构和功能的影响；微生物代谢产物的研究则考察周丛生物中的微生物代谢活动所产生的氨、硫酸盐、亚硝酸盐等产物，以及它们对环境的影响。

二、周丛生物理化性质研究意义

周丛生物能够对环境中的化学物质进行吸附、转化和降解，具备开发应用的潜力，因此其理化性质的研究对于了解环境污染物的迁移和转化规律、评估周丛生物的生态功能等具有重要意义。

周丛生物研究最多的方面之一是它们的营养可用性。周丛生物可以通过自身表面的微生物从环境中吸收氮和磷等无机营养物，从而在一定程度上减少水体中的营养盐含量，防止水体富营养化。通过分析周丛生物的营养成分，可以确定哪些因素控制着它们对养分的吸收和释放。例如，当水流缓慢时，周丛生物可以吸收更多的氮，这方面的研究有助于了解水体富营养化的形成机理，指导环境管理工作。

周丛生物的另一个重要方面是它们的有机质组成。周丛生物的细胞外基质（ECM）是多糖、蛋白质、脂质和其他有机分子的复杂混合物，提供结构支持并保护微生物免受环境压力。使用傅里叶变换红外光谱（FTIR）和核磁共振（NMR）光谱等技术可以识别及量化 ECM 的不同成分，这有助于提高我们对周丛生物如何与其环境相互作用以及它们如何应对环境变化的理解。

周丛生物生存环境中常常存在各种金属元素，其中一些金属在高浓度下可能是有毒的。通过研究周丛生物的理化性质，可以掌握其积累和解毒铜、锌和铅等重金属的能力，以及金属毒性的潜在机制。例如，周丛生物可以通过吸附到 ECM 上或主动将金属运输到细胞中来积累金属，但 pH、盐度和其他环境因素的变化如何影响周丛生物对各种重金属的吸收和毒性还有待研究。

周丛生物的生长速率、死亡率、生物量等参数是评估生态系统稳定性和污染状况的重要指标。研究周丛生物的生长动力学特性，有助于了解生态系统的恢复能力和污染影响程度，为制定环境管理策略提供依据。

对周丛生物理化性质的研究为其在生态系统中的代谢和功能提供了有价值的见解。通过研究营养可用性、有机质组成、金属积累和毒性以及生长动力学特性，可以提高我们对周丛生物如何与其环境相互作用并对生态系统做出贡献的理解。可以进一步揭示其生态功能、代谢过程、环境响应能力等方面的特征和机制，为保护和修复生态系统提供理论依据。

三、周丛生物理化性质研究方法及进展

针对上述周丛生物理化性质的研究内容，常用的研究方法包括传统的实验室

内物理化学分析方法和最新的分子生物学技术、光谱及质谱成像等技术。尤其是各种最新的分析方法能够为研究周丛生物的性质提供更精准的数据支持。

（一）传统分析方法

传统的周丛生物理化性质研究方法主要有显微镜观测、物理测量、化学分析以及 X 射线衍射分析等。

（1）显微镜观测：使用光学显微镜或电子显微镜观察周丛生物的形态和结构，包括细胞密度、大小、形状及其分布等。在显微镜下，可以使用特定的染色方法来区分不同种类的藻类和细菌真菌，并使用图像分析软件对微生物进行量化分析和分类，以揭示周丛生物的生长模式、结构和微生物相互作用的细节。

（2）物理测量：使用传统的物理测量工具，如压力计、流速计、温度计、溶氧仪和 pH 计等，对周丛生物及其所处的生境的物理性质进行测量。这些性质包括水动力特性、温度变化、pH、氧气分布等。

（3）化学分析：通过化学分析测定周丛生物的化学成分，包括无机盐、氨氮、硝酸盐等，这些分析可以提供关于周丛生物的化学组成和可能的生态功能的信息；使用光谱法、燃烧法、原子吸收法等技术对周丛生物中钾、钙、钠、镁等元素的含量进行分析，以了解周丛生物的生物地球化学行为；还可以通过高效液相色谱法（HPLC）测定周丛生物中的色素及其他有机物含量，可以进一步深入研究周丛生物的有机成分。

（4）X 射线衍射分析：通过 X 射线衍射仪分析周丛生物的晶体结构，以探究其分子组成成分和空间结构。即通过将 X 射线引导到周丛生物样品上，样品中的原子会将其散射，形成一个衍射图案，这个图案可以用来确定周丛生物的晶体结构、元素组成和结晶方式等信息。

（二）新技术

随着技术的发展和研究需求的变化，质谱分析、生物成像、光谱及质谱成像等新技术也被用于周丛生物的理化性质分析。

（1）质谱分析：利用质谱分析技术对周丛生物中有机物质进行定量和定性分析，以评估其代谢活动和化学反应，并推测周丛生物中不同微生物的生存模式和繁殖状况。该技术主要涉及样品的前处理和质谱分析两个方面。在样品的前处理方面，首先需要将样品从基质（如河岸石、河床泥沙和稻田等）中剥离出来，然后使用溶剂进行提取，得到其中的化合物。接下来需要对提取得到的化合物进行纯化和富集，以去除一些杂质或增大目标分子的信号强度；在质谱分析方面，可以根据不同的实验目的选择不同的质谱技术。常用的质谱技术主要有气相色谱质谱联用（GC-MS）和液相色谱质谱联用（LC-MS）。这些技术可以用于鉴定和定量周丛生物样品中的化合物，同时还可以对其中的代谢产物、生长因子等进行研究，有助于更好地理解周丛生物的生态学和生理学特性。

（2）生物成像：使用激光扫描共聚焦显微镜对周丛生物进行三维成像和定量分析，通过聚焦激光束扫描样本，得到高分辨率的图像以及各种表面特征和化学成分；使用荧光显微镜结合荧光染料或基因编辑技术在周丛生物中标记特定的成分或生物过程，从而实现实时观察和研究，并且可以通过检测荧光强度的变化来分析周丛生物的代谢过程；透射电子显微镜分析可以提供超高分辨率的图像，帮助研究人员更详细地了解周丛生物的结构和组成，如通过将周丛生物样本切片并使用电子束照射，可以获得原子级别的信息，如细胞器、核酸和蛋白质的位置及分布情况等。这些方法提供了更高分辨率及更详细的周丛生物内部结构和组成信息，可以揭示微生物和藻类在周丛生物中的互动。

（3）原位荧光探测：通过使用专门设计的分子标记或荧光探针，直接观察周丛生物中的化学物质分布和代谢过程。该技术通过将荧光染料添加到水样中，并使用激光或发光二极管（LED）光源照射水样，观察荧光信号的强度和颜色变化，以获得周丛生物的数量、物种组成和代谢活性等信息。这种技术具有快速、灵敏、非破坏性和无须取样等优点，适用于对周丛生物进行实时监测和定量分析。

（4）激光拉曼光谱：激光拉曼光谱是一种非侵入性的分析技术，分析过程快速且准确，可以用于研究和鉴定周丛生物样品中的分子组成，即利用激光技术对周丛生物中的化学键进行刺激，测量其反应后产生的振动频率变化，以确定物质的组成和结构。

（5）元素成像：通过使用高分辨率的电子显微镜或 X 射线荧光成像技术，实现周丛生物中元素分布的三维成像。基于电子显微镜的操作是通过扫描电子显微镜观察周丛生物样本表面形态，并在该过程中获取样品表面元素的能谱信息。通过比较不同组分的元素成分差异，可以推测它们之间的关系；X射线荧光成像技术是基于样品辐射后从中发出的特定能量的 X 射线，通过将荧光图像与参考标准进行比较，可以推断周丛生物中各种化学物质的存在和相对含量。

（6）原位同步辐射 X 光吸收光谱：利用同步辐射 X 光源对周丛生物样品进行精细探测，观察不同元素在周丛生物中的存在状态和转化路径。该技术利用了 X 射线的高能量和高穿透性质，可以检测到样品中非常微小的浓度变化。当 X 射线束通过样品时，会发生一些吸收现象，这些吸收现象与样品中的元素和化合物相关联。通过分析 X 射线的吸收光谱，就可以确定周丛生物样品中的元素、化合物种类和浓度。

（7）计算模拟：使用计算机模拟技术，对周丛生物的理化性质和生态功能进行建模。这些模型可以预测周丛生物的演化和稳定性，并可用于探索周丛生物对外部因素（如温度、营养盐和污染物）的响应。一般包括以下 7 个步骤：①确定建模目的和需求，即明确需要模拟的周丛生物的种类、生境，以及研究问题的具体内容和要求；②收集数据和参数，即收集周丛生物的形态、结构、生理生化参数等数据，并确定建模所需的各项参数和变量；③选择适当的模型方法和工具，即根据建模目的和数据情况，选择适合的模型方法和工具，如代数模型、连续模型、离散模型、微分方程模型、智能算法等；④建立模型，即根据选定的模型方法和工具，利用计算机软件编写程序，建立可以描述周丛生物理化性质和生态功能的数学模型；⑤进行模拟计算，即输入相应的数据和参数，运行模拟程序进行计算，得到与实际周丛生物性质和功能相符合的模拟结果；⑥分析和解释模拟结果，即对模拟结果进行分析和解释，比较模拟结果与实际观测数据的差异和一致性，识别模型的优点和不足，并提出改进建议；⑦应用和推广模型，即将模拟结果应用到周丛生物的研究和实践中，推广并应用到其他类似问题的研究中。

周丛生物理化性质研究技术的优缺点见表 2-2。

表 2-2　周丛生物理化性质研究技术优缺点

新技术	优势	劣势
质谱分析	1. 灵敏度高：可以检测到微量的样品成分，甚至是低至毫克以下的分子； 2. 高分辨率：能够分辨出不同化学物质之间的微小差异，有助于确定需要分离或纯化的混合物成分； 3. 高特异性：可以用来检测和鉴定特定分子的种类及结构	1. 对样品制备和前处理要求高，可能需要耗费较长时间和精力； 2. 在不同条件下获得结果时可能会存在误差，可能需要进行多次重复实验以提高准确性； 3. 不能对非挥发性、高分子量的样品直接进行分析，需要与其他技术相结合使用
生物成像	1. 可以实时、直观地观察周丛生物的生长和分布情况，比传统采样方法更有说服力； 2. 可以获取周丛生物内部结构和组成的近原子级的细致信息，进而对理化性质进行更详细的分析	1. 在解析度和深度方面存在限制，处理复杂的周丛生物群落可能存在困难； 2. 需要成本高昂的仪器设备，并且实验操作和数据分析都需要专业的技术人员进行
原位荧光探测	1. 具有快速、灵敏、非破坏性和无须取样等优点，适用于对周丛生物进行实时监测和定量分析； 2. 可以监测周丛生物中个体和群落内的化学反应，提供高时间和空间分辨率的数据	1. 需要专门设计的分子标记或荧光探针； 2. 可能受到周围环境因素的干扰，如水体浑浊度、温度变化等，需要进行校正和控制； 3. 只能监测部分化学反应，对于其他化学反应可能不敏感。
激光拉曼光谱	1. 可以提供高分辨率的化学组成信息； 2. 能够快速、无损地检测周丛生物样品的成分和结构； 3. 对于非晶态物质或者极小颗粒的检测也很有效； 4. 不需要特殊的样品制备过程，操作简单，易于实现	1. 需要对样品进行合适的采集、制备和处理，以确保准确度和可重复性； 2. 对于某些特定的成分或者结构可能不敏感

新技术	优势	劣势
元素成像	可以提供高空间分辨率的成像结果，可以研究周丛生物在微观尺度上的理化性质，如元素的分布、化合态等	1. 对样本的处理要求较为严格，需要进行样品切片和特殊染色等处理； 2. 只能分析固体样品，不能直接研究周丛生物在水中的状态
原位同步辐射 X 光吸收光谱	可以非常准确地测量周丛生物的化学成分和结构，探索其微观结构和功能	1. 仪器机时申请困难； 2. 实验条件相对较为苛刻，需要专业的技术和知识
计算模拟	1. 可以精确控制实验条件和参数，避免由实验干扰或误差导致的数据不准确问题； 2. 节省大量的成本和时间，提高研究效率； 3. 结果可以被准确重现，可以进行多次重复研究，加强研究结论的可靠性； 4. 可根据需要模拟不同实验情境，以研究周丛生物对不同环境因素的响应和适应能力	1. 系统的复杂性使得在建立模型时必须进行简化处理，故可能会忽略某些重要因素，限制了研究深度； 2. 对初始值和参数选择非常敏感，如果这些值不准确或不合理，将导致模拟结果失真； 3. 使用的数据通常来源于已有文献或实验，如果这些数据有误差或不准确，将会极大影响模拟结果的准确性； 4. 只能模拟考虑到的和已知的情况，但实际情况可能还存在其他未考虑的因素，会影响模型的预测能力

　　传统分析方法和新技术方法都为研究周丛生物的形态、组成及功能提供了重要的工具和技术。特别是这些最新的研究方法在周丛生物理化性质研究领域具有很大的应用前景，可以从多个角度深入了解周丛生物的理化特性和生态功能，为周丛生物促进环境污染治理和生态系统保护提供科学依据。随着技术的不断发展，可以期待更多的先进方法和技术来帮助我们深入了解周丛生物。

第四节　周丛生物群落特征研究方法进展

一、研究周丛生物群落特征的目的和意义

　　周丛生物在土-水界面扮演着重要的角色，它通过参与生物化学循环来驱动环境的变化。周丛生物以群落的形式存在于自然环境中，周丛生物的群落特征可以分为结构特征和功能特征。结构特征主要描述了周丛生物群落的组成、丰度及其在不同环境条件下的变化。而功能特征则描述了周丛生物群落的行为，如底物代谢过程，以及与环境或群落内其他成员的相互作用和对外界的响应等。

　　随着高通量测序技术的迭代更新，大量富有成果的研究相继发表，提高了我们对周丛生物群落结构和多样性形成机制的认识。周丛生物的研究逐渐从群落分布模式发展到群落内的群落组装机制。群落组装机制决定了周丛生物群落

形成的过程和演替方向。周丛生物群落特征研究的目的及意义主要有以下几个方面。

（1）周丛生物是土-水界面生态系统中重要的组成部分，研究周丛生物群落的结构和功能有助于了解土-水界面的生物多样性与生态过程。

（2）周丛生物与土壤微生物群落之间存在密切关系，研究周丛生物的群落特征有助于了解周丛生物与土壤的相互作用和影响。

（3）周丛生物对环境的响应是环境污染和变化的重要指标，通过研究周丛生物群落的特征可以了解环境变化对土-水界面的影响。

二、研究周丛生物群落特征的组学技术

近年来，随着高通量测序、基因芯片等新技术的不断发展，对于周丛生物群落特征的研究进入了分子生态学阶段。组学技术的出现实现了从分子水平对周丛生物及其功能进行检测分析，为了解周丛生物的全貌提供了有效途径。研究周丛生物的组学技术包括16S/18S rDNA 扩增子测序、DNA 微阵列技术、宏基因组、宏转录组、宏蛋白质组、代谢组学等。通过 16S/18S rDNA 进行测序分析，可以解析周丛生物群落的结构，并挖掘样本特征与群落特征之间的关联。宏基因组测序技术可以用来寻找重要的编码基因或者富集的代谢通路，而代谢组学则能够更进一步地反映周丛生物在分子水平上的生化功能变化。这些研究方法相互补充，能够克服单一组学研究所面临的局限性。

16S/18S rDNA 扩增子测序是目前研究周丛生物群落多样性最常用的组学技术之一，16S rDNA 和 18S rDNA 分别是编码原核生物和真核生物核糖体小亚基 rRNA 的 DNA 序列，这些序列中包含了保守区和可变区，保守序列区域表征了生物物种间的亲缘关系，而高变序列区域则能够展现物种间的差异。16S/18S rRNA 功能同源性高、遗传量适中，便于获取模板，被广泛用作周丛生物物种鉴定分类、系统进化和多样性分析等的分子标志物。通过 16S rRNA 基因序列分析可以鉴定周丛生物物种组成（Kumar et al.，2022），通过 16S/18S rDNA 扩增子测序发现，周丛生物中超过 99.36% 的原核生物为细菌。优势种类为蓝细菌、变形菌和拟杆菌，相对丰度较高的真核生物种群为轮虫、甲壳类、绿藻、褐藻和囊泡虫类（伍良雨等，2019）。根据扩增子测序获得的分类操作单元丰度表可得出周丛生物群落的 α 多样性和 β 多样性，进一步比较周丛生物群落的 α 多样性来评估周丛生物群落的多样性和丰富度，对比 β 多样性可以识别不同周丛生物群落之间的差异（Miao et al.，2021）。

DNA 微阵列技术是一种利用高速机器人或原位合成，将高密度 DNA 片段按照特定的序列或排列方式固定在固相表面（如膜、玻璃片）上的方法。该技术利

用同位素或荧光标记的 DNA 探针，通过碱基互补杂交的原理，进行大规模的基因表达和监测研究。基于 DNA 微阵列的技术可用于周丛生物检测和群落分析。系统发育基因阵列包含来自系统发育标记（如 rRNA 基因）的探针，可用于识别特定分类群和研究系统发育关系。功能基因阵列（FGA）靶向参与各种功能过程的基因，对于评估微生物群落的功能组成和结构很有价值，其具有特异性强、灵敏度高、重现性好的特点，其检测到的功能基因远多于宏基因组。目前借助功能基因芯片可以对周丛生物 C、N、S 和 P 循环，有机污染物降解，应激反应，金属稳态，微生物防御的功能组，植物生长促进，电子传递，毒力，以及病毒、真菌和原生动物特异性基因进行测定（Shi et al., 2019）。

宏基因组测序，即对样本中所有物种进行全基因组测序，并进行后续相关分析的技术。该方法在对周丛生物样本进行研究时，不需要传统方法中最困难的分离培养一步，而是直接通过高通量测序，对所有物种的全基因组序列直接进行分析。首先，将采集的周丛生物经过简单处理后，对微生物群体总 DNA 进行提取。对于提取的混合 DNA 样本，通常会进行随机切割生成小片段文库（一般为 350 bp 插入物）。其次，利用高通量测序仪对文库进行测序。测序完成后，利用下游数据分析，得到整个基因组序列的初步草图。再次，基于草图进行进一步的基因预测，将基因序列翻译成相应的氨基酸序列。最后，通过将序列与多种功能数据库进行比对，可以确定其潜在功能。此外，通过将基因与数据库比对也可以鉴定其物种来源，从而分析周丛生物物种分类和功能组成，与 16S rDNA 分类数据进行结合比较分析。早在 2008 年，Eriksson 等（2009）就借助宏基因组测序分析了海洋周丛生物群落中的 *psbA* 基因序列、预测的 D1 蛋白序列及物种相对丰度。宏基因组测序还被用来研究食物链中与硒生物富集和营养转移相关的周丛生物群落的遗传特征（Friesen et al., 2017）。宏基因组测序不仅能描述周丛生物的总生物多样性，还能用于研究各种功能基因和生化途径，研究发现，原核生物中的氧化磷酸化和碳固定途径是周丛生物能量代谢中最丰富的途径；编码催化硝酸盐同化和异化还原为氨的酶的基因在周丛生物的基因组中广泛存在；一碳化合物的代谢是最丰富的生化过程之一（Sanli et al., 2015）。

转录组学基于 RNA 数据分析揭示在特定生理阶段或压力下基因表达和调控的动态。它可以在原位测量周丛生物群落的宏基因组表达水平。首先，我们提取周丛生物群落的总 RNA，并将其中的 mRNA 反转录成 cDNA。通过分析这些 cDNA，可以得知基因在特定时空情况下的表达情况，从而快速全面地了解基因组的特征。转录组学常被用于差异表达基因分析、功能基因挖掘和低丰度转录本发现，以及转录组映射和可变剪接预测等方面。近年来，基于测序的宏转录组学在周丛生物群落研究中得到广泛应用。它不仅可以识别周丛生物群落中微生物基因的表达水平,还可以比较不同微生物在周丛生物群落中的转录表达谱。此外,还可以分析微生物的应激反应,研究优势菌群的代谢途径,并筛选出具有特定功能的基因。例如,对周丛生物微生物群落的宏基因组和宏转录组数据进行分析,发现周丛生物群落中的微生物相互作用对湖泊的初级生产、养分循环和食物网结构非常重要(Gubelit and Grossart,2020);通过将生物地球化学速率和宏转录组结合,可以将初级生产和养分吸收速率与藻类和细菌代谢过程联系起来,并确定哪些分类群有助于基因表达(Veach and Griffiths,2018)。如 Xu 等(2021)通过宏转录组和宏代谢组验证了基于 AHLs 的群体感应调控周丛生物捕获磷的机制。

宏蛋白质组是指特定条件下环境中微生物表达的全部蛋白质,如肠道微生物、土壤微生物、活性淤泥中的微生物、水体微生物和食品微生物等表达的所有蛋白质。宏蛋白质组学是研究周丛生物时空特征的有效方法之一,其是以宏蛋白质组为研究对象,对其种类、活性和功能等进行分析鉴定,利用准确的蛋白质序列数据库可以确定这些蛋白质属于哪些物种(或更高的分类,如属、科等),进而深入了解周丛生物群落不同成员的相互作用和功能特征。宏蛋白质组学已成为在功能水平上对周丛生物系统进行全面表征的关键工具。借助宏蛋白质组数据可知周丛生物演替过程中能量收集、碳固定以及硝酸盐和硫酸盐还原相关蛋白的表达下降,但磷酸盐转运蛋白表达急剧增加(Lindemann et al.,2017);以微鞘藻为优势物种的周丛生物配备了多种获取氮和磷的机制,使其能够在低磷水域中增殖并在竞争中胜过其他生物(Tee et al.,2020)。

细胞内的生命活动涉及多个基因、蛋白质和小分子代谢物,而大分子(如核酸、蛋白质等)的功能变化最终反映在代谢水平上,如神经递质、激素调节、受体效应、细胞信号传递、能量转移和细胞间通信等。代谢组是基因调控网络和蛋白质作用网络的下游,提供生物学的终端信息。代谢组学主要用于研究周丛生物细胞内或细胞外的初级代谢物、信号分子、激素和次级代谢物,运用代谢组学可以展现周丛生物群落的实际活动情况、基因组内基因的转录活性和微生物的成活状态。随着新型分析技术的快速发展,代谢组学不仅能阐明周丛生物内各种代谢途径的网络,还可以解释微生物与宿主之间相互作用的机制。代谢组学可以表征周丛生物对干扰的响应,如夜间人造光和苯扎氯铵联合胁迫后生理及形态损伤中涉及的生化途径(Creusot et al.,2022b);对废水排放的反应和耐受性(Creusot et al.,2022a);还可以用来检测敌草隆对周丛生物慢性和急性影响及周丛生物对敌草隆胁迫的潜在耐受机制(Lips et al.,2022)。

不同群落结构研究技术各有优劣,见表2-3。

表 2-3 群落结构研究技术优缺点

方法	优势	劣势
16S/18S rDNA 扩增子测序	1. 样本处理和分析简单，价格低，速度快； 2. 与宏基因组成更接近； 3. 适用于低生物量和易污染的样品； 4. 公共数据库较为完善	1. 无法分辨菌群活性； 2. 受到扩增偏好性影响； 3. 受到引物设计和可变区选择偏好的影响，需要微生物菌群的背景知识； 4. 鉴定限制于属水平； 5. 实验需要设置阴性对照和阳性对照； 6. 功能注释欠缺
DNA 微阵列技术	1. 特殊的探针设计，有效区分成熟 miRNA 和前体 miRNA； 2. 高灵敏度，可识别一个碱基差异，检测下限<0.1 aM； 3. 样品需求量低，上样量低至仅需 100 ng 总 RNA； 4. 不需要分离 miRNA，避免丢失及引起误差； 5. 宽的动态检测范围，检测丰度跨 5 个 log，有利于检测到更宽丰度范围的 miRNA； 6. 高重复探针，每个 miRNA 至少重复 20 次	1. 成本昂贵，技术复杂； 2. 检测灵敏度较低，重复性差； 3. 分析范围较狭窄； 4. 不能对待检测基因在多细胞类型组织中的精确定位进行判断
宏基因组学	1. 能够直接推断出微生物功能基因的相对丰度； 2. 能够获得已知物种的菌株水平和系统发育特征； 3. 无须强微生物学背景； 4. 无 PCR 偏好性影响，能够获得测序基因组种的生长速率； 5. 允许组装微生物群体平均发育基因组； 6. 能发掘新基因家族	1. 价格相对较高，样本准备及分析复杂，对宿主 DNA 和细胞器污染敏感，病毒和质粒的注释较差； 2. 需要更大的测序深度； 3. 无法分辨微生物活性； 4. 平均基因组的组装往往不准确
宏转录组学	1. 能够获得正在转录的微生物信息； 2. 有效区分休眠和死亡的微生物或者细胞器 DNA； 3. 能够捕获动态个体变异信息，能够直接评估微生物活动	1. 更加昂贵及复杂的样本制备和分析； 2. 对宿主 mRNA 污染非常敏感，对样本的保存和收集要求更高； 3. 需要搭配 DNA 测序
代谢组学	1. 代谢物的种类、数量变化易于检测； 2. 相比于基因组学和蛋白质组学，技术手段更为简单； 3. 与基因组学和蛋白质组学相比，代谢物数量少，易于检测、验证和分析； 4. 代谢水平变化可实时揭示微生物生理状态	1. 灵敏度低； 2. 低丰度检测率低； 3. 依赖数据库； 4. 重复性较差且线性范围有限

三、周丛生物群落特征分析方法

（一）群落多样性分析

生物多样性可分为三个层次：生态系统多样性、物种多样性和基因多样性。而周丛生物的多样性属于物种多样性，用来衡量一定空间范围内周丛生物物种数量和分布特征，常用指标为 Whittaker（1972）提出的 α 多样性和 β 多样性。

α 多样性：α 多样性指标用来指示一个群落内物种的个数和每个物种的丰度及分布均匀度等。有许多指标可用于评估 α 多样性，不同的指数以不同的方式衡量周丛生物的多样性。一些指标关注群落的丰富度，如 Chao1 和 ACE 指数，其数值越高，表示周丛生物中物种的数量越多，丰富度越高；而有些指标更倾向于反映群落中物种的丰度差异，如 Pielou 均匀度和均匀度（equitability）指数。此外，还有一些多样性指数将丰富度和均匀度结合在一起，如 Shannon 物种丰富度指数，其数值越高，表示周丛生物的多样性越高。

β多样性：β多样性是指不同样品间的生物多样性的比较，是对不同样品间的微生物群落构成进行比较。β多样性分析通常由计算环境样本间的距离矩阵开始，对群落数据结构进行自然分解，并通过对样本进行排序（Ordination），从而观测样本之间的差异。β多样性与α多样性一起构成了总体多样性或一定环境群落的生物异质性。衡量β多样性的方法较多，如布雷-柯蒂斯（Bray-Curtis）、加权尤尼弗拉克（weighted UniFrac）、非加权尤尼弗拉克（unweighted UniFrac）等。

（二）群落差异分析

通过β多样性分析，可以确定不同组间的周丛生物群落是否存在差异，接着可以进一步找出哪些物种引起了群落的差异。得到 16S rDNA 测序数据后，通常采用线性判别分析（LEfSe）做群落差异分析，寻找生物标志物（图 2-2）。LEfSe 实现了两个或多个子组之间的比较，以及子组内子组之间的比较分析。它能够找到在群组之间存在显著丰度差异的物种。该分析首先使用非参数的 Kruskal-Wallis 秩和检验子组之间存在显著丰度差异的物种。然后，使用 Wilcoxon 秩和检验来测试前一步骤中子组之间差异的一致性。最后，使用线性判别分析（LDA）来估计每个组分（物种）丰度对差异的影响程度。LDA 的物种分析结果可以与物种进化的分支图结合，展示不同物种及其进化关系。通过 LEfSe 分析可以明确周丛生物对土壤微生物群落的影响，如周丛生物能改善滨海盐碱地土壤微生物的相对丰度和群落结构，从而降低土壤盐分和 pH，增加土壤有机质含量和酶活性（Zhu et al.，2021）。

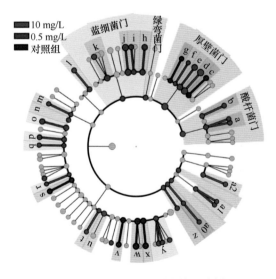

图 2-2　周丛生物的群落差异分析

（三）环境因子关联分析

环境因素除周丛生物的物理化学特性（如 pH 和元素含量），还包括与物种相关的一系列指标，包括周丛生物代谢产物的丰度、基因表达和生理代谢指标。若周丛生物与环境因素之间存在复杂的关系，可以进行单变量相关分析，如 Pearson 相关分析或 Spearman 相关分析。Pearson 相关分析用于确定两个连续变量之间的线性相关性，要求两个变量相互独立，都是连续变量，并且每个变量的整体分布符合正态分布；而 Spearman 相关分析表示等级数据或序数数据之间的相关程度，不要求变量符合正态分布。周丛生物所处生态环境复杂，通常需要同时考察多个变量之间的相关性。多变量相关分析方法通常会同时考虑多个变量，如典范对应分析（CCA）和冗余分析（RDA）。CCA 由对应分析演化而来，结合了多元回归分析。在 CCA 的迭代过程中，通过回归分析将获得的排序坐标与环境因素进行关联。而 RDA 则将回归分析和主成分分析结合起来，使用响应变量和解释变量矩阵进行 PCA 降维分析。CCA 基于单峰模型，RDA 则基于线性模型。因此，在理解物种分布变化时选择合适的模型（CCA 或 RDA）非常重要。Mantel 检验是另一个有用的工具，可以用来评估矩阵之间的相关性，并且可用于研究环境因素与微生物群落组成之间的关系。在统计分析中，还可以通过回归分析对周丛生物群落结构数据与其相对应的环境因子数据进行关联分析，进而找出引起周丛生物群落结构差异的主要环境影响因子，偏最小二乘法回归分析（PLS）就是最常用的关联分析工具之一。

（四）微生物共现网络的应用

周丛生物群落中的微生物并非孤立存在，而是通过直接或间接的相互作用形成复杂的共存网络（图 2-3）。不同物种的微生物之间的相互作用包括互利共生、共栖、竞争、捕食和寄生，并且这些相互作用对参与者产生积极、消极或中性的影响。环境因子也同样影响周丛生物的群落组成，与周丛生物之间存在密切的交互关系，分析周丛生物群落中类群之间的相互作用（即共现模式）有助于确定不同物种所占据的功能角色或环境生态位，对重要类群共现模式的网络分析有可能有助于破译跨时间或空间梯度的复杂微生物群落结构。微生物互作网络本质上是基于数学模型获得的，常见网络类型有物种与物种之间的互作、微生物与环境因子之间的互作和种群与功能之间的互作等（Gubelit and Grossart，2020）。

（五）功能分析方法

除了物种组成和多样性分析外，功能分析也是研究周丛生物群落特征的重要方法。功能分析可以揭示群落的生态功能和生态系统的稳定性。利用宏基因组学、宏转录组学和宏蛋白质组学技术，可以揭示周丛生物在 DNA、RNA 和蛋白质水平上的结构、系统发育、代谢功能及调控等方面的信息（图 2-4）。

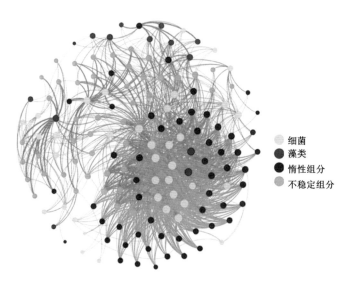

图 2-3　微生物共现网络在周丛生物研究中的应用

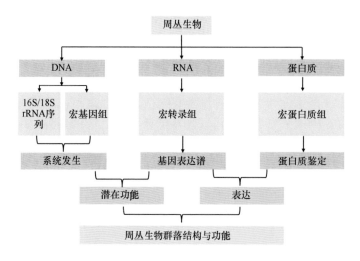

图 2-4　研究周丛生物群落功能的常用方法

宏基因组学分析策略：从周丛生物样本中提取总 DNA，并对符合测序要求的总 DNA 样本进行测序，以获取序列信息。接着，按照不同的目的采用不同的方式对序列数据进行分析，一般情况下，基因会根据 CD-HIT（Cluster Database at High Identity with Tolerance，一种用于聚类分析的程序，主要用于处理生物学序列数据）（如 95%相似性）进行聚类，将同源序列聚类成簇。通过分析 16S rDNA 和 18S rDNA 序列标记，可以获得微生物的物种和丰度信息，并分析周丛生物群落的结构和演化。同时，利用 PFAM、TIGRFAM、COG、KEGG 等生物信息学软件和蛋白质数据库，预测和分析蛋白质序列，对蛋白质功能进行注释，分析对应的基因功能。

宏转录组学分析策略：采集周丛生物样品，提取总 RNA，去除残余的 DNA，扩增 mRNA，由于 mRNA 极易降解，需要将 RNA 反转录为 cDNA，然后对 cDNA 进行测序。

宏蛋白质组学分析策略：在采集周丛生物样本后，提取和富集样本中的总蛋白质。经过富集处理后，通常使用双向电泳将肽段分离，并通过蛋白酶降解形成混合的肽样本。接着，使用液相色谱将肽段进一步离子化，并通过一级或二级质谱（MS/MS）分析不同片段的质荷比（m/z）。进一步鉴定后完成相关片段的识别。由于蛋白质是基因的表达产物，我们可以借助宏基因组数据作为参考来分析宏蛋白质组数据。此外，还可以借助生物信息学数据库工具如 COG 或 KEGG 来分析宏蛋白质组数据。

随着技术的不断发展，研究周丛生物群落特征的方法也在不断更新。未来的研究将更加注重多尺度、多层次的分析，同时结合生态系统的动态变化和人类活动的干扰，以更好地理解周丛生物群落的结构和功能。重视多学科合作和数据共享的重要性，将有助于推动周丛生物群落特征研究的进一步发展。

第五节　周丛生物成像表征技术进展

周丛生物的形成和生长过程，胞外聚合物的形态和归趋，以及底物（如营养元素和有毒物质）的迁移和转化，对于探究周丛生物的结构特征、功能特性及其在稻田水-土界面中所发挥的作用至关重要。解决这些问题需要对周丛生物微观环境中的化学和生物化学过程进行深入分析。然而，高度水合的周丛生物、复杂的微生物物种和变化的环境使得表征变得困难。此外，周丛生物中的细菌通常是不可培养的，因此，体内表征技术对于未培养的微生物也是必需的。

最近研发出了许多灵敏、独特、快速的表征模式，以绘制周丛生物的形态结构和材料分布，并探索周丛生物基质中的微观过程。可根据这些方法的分析性能和适用环境对其进行选择。不同的技术展示了不同的穿透深度、时间分辨率和空间分辨率，并且从不同技术层面显示了周丛生物微观过程中目标分析物的动态分布（吴永红，2021）。

一、成像表征技术

（一）能量色散 X 射线光谱

能量色散 X 射线光谱（energy dispersive X-ray spectroscopy，EDX，也称为 EDS）与扫描电子显微镜（scanning electron microscope，SEM）结合时，样品被聚焦电子束激发，一些电子被撞出轨道，留下空位，这些空位立即被来自下一个轨道的电子填充。这样，就产生了特征 X 射线光谱，可以对其进行检测和研究。被束流扫描后，被测区域会显示出与某一元素对应的选定特征 X 射线的强度，从而可以生成元素分布图（图 2-5）。将二次电子或背散射电子激发的 SEM 成像与 X 射线分析相结合，被认为是一种相对快速、廉价且基本上无损的方法。

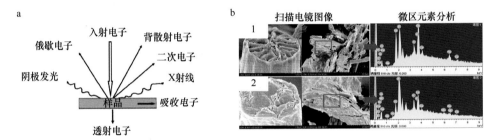

图 2-5 周丛生物样品的 SEM/EDX 成像示例

a. 扫描电子显微镜的工作原理；b. 周丛生物扫描电子显微镜图像和对应的微区元素分析图

（1 为样品 1，2 为样品 2）

（二）傅里叶变换红外光谱

傅里叶变换红外光谱（FTIR）是一种用于分析样品中化学键空间分布的技术，可用于分析无须标记的周丛生物基质（图 2-6）。然而，周丛生物或培养基中的水在红外光谱的酰胺 I 波段有很强的吸收；减少水干扰的方法包括应用衰减全反射 FTIR 成像和使用封闭或开放通道微流体流动池进行周丛生物培养。基于同步辐射的 FTIR（SR-FTIR）光谱显微镜因其超高亮度和更高的空间分辨率而在环境领域受到欢迎。SR-FTIR 成像可以表征周丛生物生理学以及周丛生物与基质的相互作用。最近，一项迅速兴起的技术，基于原子力显微镜的红外光谱（AFM-IR）被证明可以提供 AFM 空间分辨率的红外成像，并可能有助于进一步阐明生物膜微过程。

尽管 FTIR 成像功能强大，但也应考虑其缺点。该技术的主要缺点是其有限的空间分辨率（2～10 μm 适用于同步加速器光，约 50 μm 适用于常规光）。正确解释光谱数据的能力是 FTIR 成像的先决条件。在表面分析过程中，只有前几纳米会被反射模式下的红外光子穿透。因此，外源有机物对表面的任何污染都会很容易地改变结果的质量。尽管红外光谱显示了分子官能团的特征，但大多数分子共享相同的官能团。例如，所有蛋白质都有 C=O 和 N—H，因此酰胺Ⅰ和酰胺Ⅱ的光谱可能指示蛋白质的残留物，但不完全是某些特定的蛋白质。

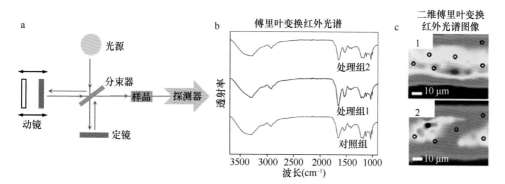

图 2-6 傅里叶变换红外光谱工作原理及光谱图像

a. 傅里叶变换红外光谱仪的工作原理；b. 周丛生物表面的傅里叶变换红外光谱；c. 周丛生物表面的二维傅里叶变换红外光谱图像

（三）拉曼光谱

拉曼散射是由双光子事件定义的散射现象。当光子被激发从分子中散射出来时，大部分散射光子表现出瑞利散射（散射光子与入射光子频率相同），但有一小部分（概率可能为千万分之一）表现出拉曼散射（散射光子的频率不同于入射光子）。拉曼散射有两种类型：斯托克斯散射（分子吸收能量）和反斯托克斯散射（分子失去能量）。在拉曼光谱中，与红外光谱不同，样品用单波长激光照射，然后用光学装置和检测器收集散射光。从分子散射的光的频率取决于化学带的结构特征，因此每个峰对应于与特定分子振动相关的给定拉曼位移（来自入射辐射能量），并代表样品的特定化学成分（图 2-7）。

拉曼成像被广泛用于定义微生物聚合物的形态和生化成分。拉曼光谱通过检测入射激光的非弹性散射（拉曼散射）提供有关化学键的分子振动、旋转和其他低频模式的信息。拉曼化学成像提供了一种非标记、非破坏性和非侵入性技术，可同时显示生物膜的化学成分和分子结构。拉曼光谱的灵敏度通常是有限的，但可以通过表面增强拉曼散射（SERS）、尖端增强拉曼散射（TERS）、相干拉曼散射（CRS）和共振拉曼散射（RRS）来增强。拉曼光谱可以对碳化学进行定量评估，分析的非侵入性使样品的化学性质和形态完好无损，当与共聚焦显微镜、近场光学技术或超分辨率成像技术相结合时，可实现的空间分辨率低至 20～50 nm。拉曼光谱数据是通过激光激发样品中的化学键获得的；当它与共聚焦成像相结合时，可以构建 3D 化学结构图像。

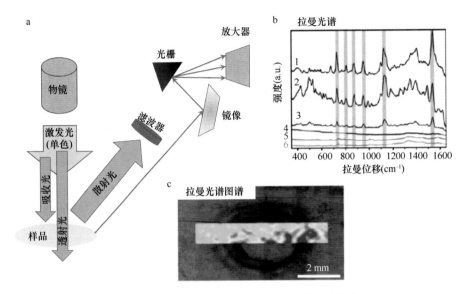

图 2-7　拉曼光谱仪成像原理及其在周丛生物中的应用

a. 拉曼光谱仪的工作原理；b. 周丛生物的拉曼光谱；c. 周丛生物的拉曼光谱图谱

（四）激光扫描共聚焦显微镜

与传统的光学显微镜或荧光显微镜相比，激光扫描共聚焦显微镜（confocal laser scanning microscope，CLSM）使用基于荧光显微镜成像的激光源和扫描装置，并应用基于传统光学显微镜的共轭聚焦装置来实现逐层扫描和样品成像。包含特定成分的样本精细结构的荧光图像是使用荧光探针标记获得的。CLSM 具备高灵敏度、能够实现光学切片以及无损的分析特性，主要应用于周丛生物的 3D 结构映射和定量细胞外蛋白质、多糖、脂质、核酸和其他分子的分布（图 2-8）。该技术可应用于观察周丛生物形成和生长过程中的微观过程，并且可以确定周丛生物的生理状态以及应对不同实验处理/环境条件的生理效应。

（五）质谱成像

质谱成像（mass spectrometry imaging，MSI）是一种强大的化学绘图技术，可以用于鲜活的周丛生物中元素、同位素和分子的表征。与其他成像技术相比，质谱成像技术无须标记，是一种深入分子层面的成像技术，不局限于一种或者几种分子，可以对一些目标和非目标性分子同时进行成像分析。它不仅可同时反映多种分子在空间上分布的信息，还能够提供分子结构信息（图 2-9）。该技术不需要荧光或同位素标记，并且可以灵敏地（$1 \times 10^{-12} \sim 1 \times 10^{-6}$）对数千种周丛生物内化学分子或生物分子同时进行成像。最近，已经开发了多种电离方法，如基质辅助激光解吸/电离（MALDI）、解吸电喷雾电离（DESI）、纳米粒子激光解吸/电离（NPLDI）和二次离子质谱（SIMS），用于 MSI 技术。SIMS 可以通过重建连续截面的 2D MSI 分析来绘制 3D 剖面图，采集时间需要几个小时。为了获得更高的分辨率并揭示更多关于周丛生物的信息，可以将 MSI 与其他技术结合使用。SIMS 和荧光原位杂交（FISH）的结合可用于分析特定物种的微生物群落动态和新陈代谢。此外，超分辨率荧光显微镜和液体飞行时间（liquid ToF）的 SIMS 之间的相关成像能够以亚微米分辨率绘制鲜活的周丛生物中胞外聚合物图像。

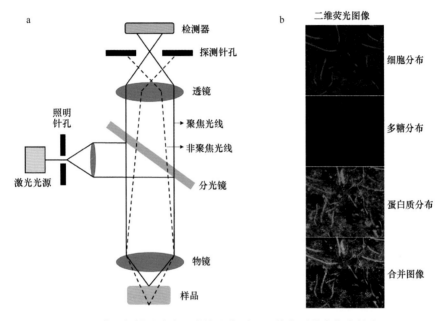

图 2-8　激光扫描共聚焦显微镜成像原理及其在周丛生物中的应用

a. 激光扫描共聚焦显微镜的工作原理；b. 周丛生物中细胞、多糖和蛋白质的激光扫描共聚焦荧光分布图像

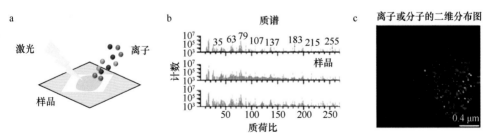

图 2-9　质谱成像原理及其在周丛生物中的应用

a. 质谱分析示意图；b. 周丛生物的质谱；c. 周丛生物中对应离子或分子的二维分布图

二、成像表征技术在周丛生物研究中的应用

（一）周丛生物形成过程研究

CLSM 广泛应用于观察周丛生物形成和生长过程中的微观过程。例如，融合到表面蛋白 BpfA 的氧化还原敏感荧光蛋白 roGFP 可用于量化周丛生物基质中的深度分辨氧化还原状态。CLSM 可以通过使用相关的商业试剂盒标签来表征周丛生物的 pH 梯度、代谢和酶活性。此外，两亲性荧光碳点适用于在不同环境条件下对 EPS 的产生进行成像。CLSM 可以确定周丛生物的生理状态并估计周丛生物的形成过程和环境效应。然而，由于需要荧光标记，这种方法不能同时对所有周丛生物基质成分进行成像。

MSI 可用于深入研究周丛生物形成、功能和调控机制。MSI 可以揭示周丛生物形成和发育过程中基因表达的差异性。基于激光烧蚀电喷雾电离技术的 MSI 还可以对在不同环境条件下生长的周丛生物的大量代谢物进行成像。因此，MSI 可用于开发周丛生物调控技术。但 MALDI 和 SIMS 需要样品干燥和切片，而 MSI 测定是在真空下进行的；DESI 可以在环境温度和压力条件下原位分析周丛生物，但其空间分辨率需要提高。

拉曼光谱可以识别一些病原体，但数据分析复杂。此外，普通拉曼成像非常耗时，不适用于需要高时间分辨率的样品。拉曼散射可以快速区分膜污染层的化学成分和 3D 图像空间分布，可以根据污染层的组成和范围来开发防污材料。然而，与普通拉曼光谱相比，拉曼散射的高强度脉冲激光可能会损坏周丛生物样品。

SR-FTIR 成像可以绘制周丛生物结构和生化组成的变化，如 EPS 动力学、微生物分布、代谢中间体和周丛生物来源的膜污染。但是，红外（IR）波段之间的任何重叠都需要去卷积。

（二）污染物去除研究

周丛生物通过生物吸附和生物转化去除环境污染物。SR-FTIR 可以通过扫描分析污染物吸附并结合到周丛生物表面后新出现的或被改变的吸收峰，来对周丛生物中污染物（如重金属、纳米材料和有机分子）的结合分布进行成像。与其他成像技术相比，它可以更容易地获得周丛生物的污染物吸附特性。然而，如果污染物吸附不产生新的吸收峰或不改变吸收峰，则这种方法将无法实现。

CLSM 的荧光探针可用于表征周丛生物基质中结合的环境污染物。由于罗丹明（rhodamine）具有荧光特性，其衍生物具有螺环 β-内酰胺结构，这些材料被广泛用作重金属选择性荧光探针的荧光触发剂。使用罗丹明 B（rhodamine B）为荧光报告剂，以内酰胺为荧光开启开关，可在胞外聚合物和细菌表面获得一些金属

离子（如 Au^{3+}、Cd^{2+}、Cr^{3+}、CrO$_4^{2+}$ 和 Cu^{2+}）的三维表征。这表明激光扫描共聚焦显微镜（CLSM）可以确定周丛生物中多种金属离子的结合特征。CLSM 还可用于表征周丛生物中有机污染物和酶的分布。但是，需要为不同的目标污染物制备不同的荧光探针。

　　MSI 可用于探测周丛生物中环境污染物的归宿。有机污染物的降解途径可以通过对代谢物进行成像来阐明。最近，开发了一种液体真空界面（SALVI）分析系统，可以通过 SIMS 对活周丛生物进行原位成像。SALVI 可以使用液体 ToF SIMS 对周丛生物中环境污染物（如重金属）的生物转化进行原位成像。因此，这些改进为原位污染物，特别是周丛生物中新兴污染物的去除机理研究提供了有力的支持。然而，SIMS 的扫描范围和穿透深度仅限于几微米，因此仅适用于薄周丛生物。

　　拉曼光谱通常与稳定同位素（如 ^{2}H、^{13}C 和 ^{15}N）标记的底物相结合，以研究它们的生物转化。例如，SERS 结合 ^{15}N 稳定同位素探测可以在单细胞水平上区分微生物聚集体中的氮转化，这为探测生物脱氮中的硝化、反硝化和厌氧氨氧化提供了一种途径。因此，将这种方法与 FISH 相结合可以更生动地描绘细菌去除氮的过程。

（三）微生物间相互作用研究

　　周丛生物中微生物相互作用是由营养物质、次生代谢产物和信号分子介导的。MSI 广泛应用于表征周丛生物微生物间交流的相关分子，包括种内和种间关系，以及受感染组织内细菌与宿主之间的相互作用。例如，在临床中经常发生铜绿假单胞菌和金黄色葡萄球菌的共同感染；通过可视化周丛生物中的蛋白质和金属分布来阐明微生物群落结构。MALDI-ToF 和 MALDI-傅里叶变换离子回旋共振的质谱成像与 MS/MS 网络结合说明了分子水平上不同物种之间的相互作用。这些关于相互作用机制的研究有助于调控周丛生物的形成。周丛生物感染可以通过干扰微生物间交流来抑制；周丛生物也可以通过增强微生物相互作用来快速形成，以去除废水处理中的污染物。然而，MSI 数据由于数据文件的体积大和维数高，难以分析。

　　SERS 可通过分析信号分子来研究周丛生物中的种内和种间相互作用，如群体感应信号 AHLs。SERS 需要连续可调的激光器来调节具有不同信号分子的激光波长以测定不同信号分子。

主要参考文献

蔡述杰, 邓开英, 李九玉, 等, 2020. 不同金属离子对稻田自然生物膜磷酸酶活性的影响[J]. 土壤, 52(3): 525-531.

陈佩, 罗佳琳, 黄丽颖, 等, 2023. 秸秆还田配施氮肥对水稻根际土酶活性的影[J]. 农业环境科学学报, 42(10): 2264-2273.

董德明, 纪亮, 花修艺, 等, 2004. 自然水体生物膜吸附 Co, Ni 和 Cu 的特征研究[J]. 高等学校化学学报, 25(2): 247-251.

丰美萍, 邱继琛, 宋全健, 等, 2023. 上海临港滨海河道夏季周丛生物群落演替特征[J]. 上海海洋大学学报, 32(3): 597-608.

傅斌, 2014. 嘉陵江回水区水体氮赋存形态特征及硝酸还原酶活性研究[D]. 重庆: 重庆大学硕士学位论文.

高孟宁, 徐滢, 吴永红, 2021. 高效富集磷的周丛生物构建及其特征分析[J]. 农业环境科学学报, 40(9): 1982-1989.

高敏, 李茹, 2016. 菌藻共生生物膜对重金属镉的去除[J]. 西安工程大学学报, 30(2): 170-176.

谷雪维, 林漪, 卢迪, 等, 2021. 不同氮磷浓度下周丛生物对水体中磺胺和恩诺沙星的去除[J]. 应用生态学报, 32(11): 4129-4138.

郭军权, 吴永红, 2019. 基于周丛生物的 "生态沟渠-人工湿地" 处理高负荷农业面源污水影响研究[J]. 陕西农业科学, 65(12): 34-37, 50.

郭婷, 2021. 周丛生物膜对稻田土壤中砷迁移转化的影响及作用机制[D]. 杭州: 浙江大学博士学位论文.

郝晓地, 郭小媛, 刘杰, 等, 2021. 磷危机下的磷回收策略与立法[J]. 环境污染与防治, 43(9): 1196-1200.

黄昕琦, 蔡中华, 林光辉, 等, 2016. 群体感应信号对 "藻—菌" 关系的调节作用[J]. 应用与环境生物学报, 22(4): 708-717.

纪荣平, 吕锡武, 李先宁, 2007. 人工介质对富营养化水体中氮磷营养物质去除特性研究[J]. 湖泊科学, 19(1): 39-45.

况琪军, 马沛明, 刘国祥, 等, 2004. 大型丝状绿藻对 N、P 去除效果研究[J]. 水生生物学报, 28(3): 4.

李国强, 朱云集, 沈学善, 2005. 植物硫素同化途径及其调控[J]. 植物生理学通讯, 41(6): 699-704.

李红敬, 付香斌, 张娜, 等, 2013. 基质对周丛生物的影响研究进展[J]. 信阳师范学院学报(自然科学版), 26(3): 382-385.

李轶, 都基铭, 侯兴, 等, 2017. 一种水下生物膜采集系统及采集方法[P].

李鱼, 董德明, 花修艺, 等, 2002. 湿地水环境中生物膜吸附铅、镉能力的研究[J]. 地理科学, 22(4): 445-448.

林小芳, 王贵元, 2007. 钙在果树生理代谢中的作用[J]. 江西农业学报, 19(05): 61-63.

陆文苑, 2022. 人工周丛生物的构建及其磷捕获能力的研究[D]. 北京: 中国科学院大学硕士学位论文.

陆文苑, 孙朋飞, 徐滢, 等, 2023. 中国主要稻区周丛生物群落组成结构及其磷捕获能力[J]. 土壤学报, 60(6): 1751-1765.

马恒轶, 葛利云, 吴灵萍, 等, 2018. 新型基质对生物膜微生物数量和酶活性的影响[J]. 浙江农业科学, 59(2): 200-202, 205.

马兰, 2018. 吲哚乙酸(IAA)作用下周丛生物的响应及其对水体中氮磷的去除效果[D]. 南京: 南京林业大学硕士学位论文.

秦利均, 杨永柱, 杨星勇, 2019. 土壤溶磷微生物溶磷、解磷机制研究进展[J]. 生命科学研究, 23(1): 59-64, 86.

申祺, 马凌云, 黄裕普, 等, 2022. 周丛生物在稻田生态系统中的作用研究进展[J]. 北方水稻, 52(2): 61-64.

宋美昕, 张玮煜, 王欣凯, 等, 2023. 过氧化氢酶 BcCAT2 在灰葡萄孢生长发育和致病过程中的功能初探[J]. 河北农业大学学报, 46(2): 16-21.

宋玉翔, 王保战, 秦华, 等, 2022. 土壤氨氧化古菌适应酸性胁迫的 ATP 酶基因分子进化研究[J]. 土壤学报, 59(4): 1136-1147.

孙朋飞, 刘凌佳, 吴永红, 2022a. 一种稻田周丛生物的快速培养方法[P].

孙朋飞, 吴永红, 2021. 基于稻田周丛生物的氮素拦截与回用方法[P].

孙朋飞, 吴永红, 刘凌佳, 2022b. 基于周丛生物的稻田重金属阻控与消纳方法[P].

孙瑞, 2020. 中国典型稻田周丛生物群落特征及其对磷的调控作用[D]. 北京: 中国科学院大学博士学位论文.

孙瑞, 孙朋飞, 吴永红, 2022. 不同稻田生态系统周丛生物对水稻种子萌发和幼苗生长的影响[J]. 土壤学报, 59(1): 231-241.

孙中亮, 2015. 低浓度二氧化碳培养微藻的吸收强化和烟道气组分调变[D]. 北京: 中国科学院大学博士学位论文.

万娟娟, 2016. 农业固废培养周丛生物及其对三种纳米材料毒理响应[D]. 南昌: 华东交通大学硕士学位论文.

万明月, 都基铭, 李俊, 等, 2020. 模拟动静水条件对水工混凝土表面生物膜微生物群落的影响[J]. 环境工程, 38(2): 35-40, 69.

汪瑜, 2020. 周丛生物联合 UCPs-TiO$_2$ 去除水中四环素研究[D]. 南昌: 南昌大学硕士学位论文.

王冬, 王少坡, 周瑶, 等, 2019. 胞外聚合物在污水处理过程中的功能及其控制策略[J]. 工业水处理, 39(10): 14-19.

王逢武, 2016. 周丛生物反应器对污水中 Cu 的去除及机制[D]. 南昌: 华东交通大学硕士学位论文.

王洁玉, 2017. 微量元素铁、钴、钼对三种淡水藻类生长的影响[D]. 新乡: 河南师范大学硕士学位论文.

王钰涛, 范晨阳, 朱金鑫, 等, 2021. 尾水排放对受纳水体底栖生物膜细菌群落和水溶性有机质的影响机制[J]. 环境科学, 42(12): 5826-5835.

吴国平, 高孟宁, 唐骏, 等, 2019. 自然生物膜对面源污水中氮磷去除的研究进展[J]. 生态与农村环境学报, 35(7): 817-825.

吴永红, 2021. 稻田周丛生物[M]. 北京: 科学出版社.

伍良雨, 吴辰熙, 康杜, 2019. 载体对周丛生物生物量和群落的影响研究[J]. 环境科学与技术, 42(1): 50-57.

夏永秋, 王慎强, 孙朋飞, 等, 2021. 长江中下游典型种植业氨排放特征与减排关键技术[J]. 中国生态农业学报(中英文), 29(12): 1981-1989.

杨宗波, 2017. 闪光反应器流场优化促进微藻固定燃煤烟气 CO$_2$ 研究[D]. 杭州: 浙江大学博士学位论文.

张道勇, 赵勇胜, 潘响亮, 2004. 胞外聚合物(EPS)在藻菌生物膜去除污水中 Cd 的作用[J]. 环境科学研究, 17(5): 52-55.

张虎, 谭英南, 朱瑞鸿, 等, 2023. 微藻生物固碳技术在"双碳"目标中的应用前景[J]. 生物加工过程, 21(4): 390-400.

张启明, 铁文霞, 尹斌, 等, 2006. 藻类在稻田生态系统中的作用及其对氨挥发损失的影响[J]. 土壤, 38(6): 814-819.

张亚晨, 2018. 简述镁元素对植物的作用[J]. 农业开发与装备, 203(11): 166+192.

赵婧宇, 韩建刚, 孙朋飞, 等, 2021. 周丛生物对稻田氨挥发的影响[J]. 土壤学报, 58(5): 1267-1277.

朱颢, 2022. 南通嗜铜菌 X1^T 对重金属镉的耐受特性及适应机制研究[D]. 合肥: 安徽农业大学硕士学位论文.

Abreu A A, Alves J I, Pereira M A, et al, 2011. Strategies to suppress hydrogen-consuming microorganisms affect macro and micro scale structure and microbiology of granular sludge[J]. Biotechnology and Bioengineering, 108(8): 1766-1775.

Abulaiti A, She D L, Zhang W J, et al, 2023. Regulation of denitrification/ammonia volatilization by periphyton in paddy fields and its promise in rice yield promotion[J]. Journal of the Science of Food and Agriculture, 103(8): 4119-4130.

Agrawal S, Barrow C J, Deshmukh S K, 2020. Structural deformation in pathogenic bacteria cells caused by marine fungal metabolites: an *in vitro* investigation[J]. Microbial Pathogenesis, 146: 104248.

Aguilera A, Souza-Egipsy V, San Martín-Úriz P, et al, 2008. Extracellular matrix assembly in extreme acidic eukaryotic biofilms and their possible implications in heavy metal adsorption[J]. Aquatic Toxicology, 88(4): 257-266.

Ahn Y T, Choi Y K, Jeong H S, et al, 2006. Modeling of extracellular polymeric substances and soluble microbial products production in a submerged membrane bioreactor at various SRTs[J]. Water Science and Technology: a Journal of the International Association on Water Pollution Research, 53(7): 209-216.

Akhtar N, Iqbal J, Iqbal M, 2004. Removal and recovery of nickel(Ⅱ) from aqueous solution by loofa sponge-immobilized biomass of *Chlorella sorokiniana*: characterization studies[J]. Journal of Hazardous Materials, 108(1/2): 85-94.

Albay M, Akcaalan R, 2003. Comparative study of periphyton colonisation on common reed (*Phragmites australis*) and artificial substrate in a shallow lake, Manyas, Turkey[J]. Hydrobiologia, 506/507/508/509(1/2/3): 531-540.

Alzlzly K R H, Sorour M J, 2023. The costs of environmental failure and the impact of the green value chain in reducing them[J]. Journal of Namibian Studies: History Politics Culture, 33: 1937-1967.

Arndt S, Jørgensen B B, LaRowe D E, et al, 2013. Quantifying the degradation of organic matter in marine sediments: a review and synthesis[J]. Earth-Science Reviews, 123: 53-86.

Asaeda T, Son D H, 2000. Spatial structure and populations of a periphyton community: a model and verification[J]. Ecological Modelling, 133(3): 195-207.

Azim M, Verdegem M, Singh M, et al, 2003. The effects of periphyton substrate and fish stocking density on water quality, phytoplankton, periphyton and fish growth[J]. Aquaculture Research, 34(9): 685-695.

Barry K E, Mommer L, van Ruijven J, et al, 2019. The future of complementarity: disentangling causes from consequences[J]. Trends in Ecology and Evolution, 34(2): 167-180.

Basílico G, de Cabo L, Magdaleno A, et al, 2016. Poultry effluent bio-treatment with *Spirodela intermedia* and periphyton in mesocosms with water recirculation[J]. Water, Air, and Soil Pollution, 227(6): 190.

Bassham J A, Benson A A, Calvin M, 1950. The path of carbon in photosynthesis[J]. Journal of Biological Chemistry, 185(2): 781-787.

Battin T J, Besemer K, Bengtsson M M, et al, 2016. The ecology and biogeochemistry of stream biofilms[J]. Nature Reviews Microbiology, 14(4): 251-263.

Battin T J, Lauerwald R, Bernhardt E S, et al, 2023. River ecosystem metabolism and carbon biogeochemistry in a changing world[J]. Nature, 613(7944): 449-459.

Becker E W, 2007. Micro-algae as a source of protein[J]. Biotechnology Advances, 25(2): 207-210.

Bellenberg S, Huynh D, Poetsch A, et al, 2019. Proteomics reveal enhanced oxidative stress responses and metabolic adaptation in *Acidithiobacillus ferrooxidans* biofilm cells on pyrite[J]. Frontiers in Microbiology, 10: 592.

Belnap J, Büdel B, Lange O L, 2001. Biological soil crusts: characteristics and distribution[M]//Belnap J, Lange O L, Biological Soil Crusts: Structure, Function, and Management. Berlin, Heidelberg: Springer: 3-30.

Bengtsson M M, Wagner K, Schwab C, et al, 2018. Light availability impacts structure and function of phototrophic stream biofilms across domains and trophic levels[J]. Molecular Ecology, 27(14): 2913-2925.

Bennett E M, Carpenter S R, Caraco N F, 2001. Human Impact on Erodable Phosphorus and Eutrophication: a Global Perspective: increasing accumulation of phosphorus in soil threatens rivers, lakes, and coastal oceans with eutrophication[J]. BioScience, 51(3): 227-234.

Berg I A, Kockelkorn D, Buckel W, et al, 2007. A 3-hydroxypropionate/4-hydroxybutyrate autotrophic carbon dioxide assimilation pathway in Archaea[J]. Science, 318(5857): 1782-1786.

Berggren M, Laudon H, Haei M, et al, 2010. Efficient aquatic bacterial metabolism of dissolved low-molecular-weight compounds from terrestrial sources[J]. The ISME Journal, 4(3): 408-416.

Besemer K, 2015. Biodiversity, community structure and function of biofilms in stream ecosystems[J]. Research in Microbiology, 166(10): 774-781.

Beyenbach K W, Wieczorek H, 2006. The V-type H^+ ATPase: molecular structure and function, physiological roles and regulation[J]. The Journal of Experimental Biology, 209(Pt 4): 577-589.

Bharti A, Velmourougane K, Prasanna R, 2017. Phototrophic biofilms: diversity, ecology and applications[J]. Journal of Applied Phycology, 29(6): 2729-2744.

Biggs B J F, 1988. Algal proliferations in New Zealand's shallow stony foothills-fed rivers: toward a predictive model[J]. SIL Proceedings, 1922-2010, 23(3): 1405-1411.

Bjarnsholt T, Jensen P Ø, Burmølle M, et al, 2005. *Pseudomonas aeruginosa* tolerance to tobramycin, hydrogen peroxide and polymorphonuclear leukocytes is quorum-sensing dependent[J]. Microbiology, 151(Pt 2): 373-383.

Blagodatskaya E, Kuzyakov Y, 2008. Mechanisms of real and apparent priming effects and their dependence on soil microbial biomass and community structure: critical review[J]. Biology and Fertility of Soils, 45(2): 115-131.

Blair J M A, Webber M A, Baylay A J, et al, 2015. Molecular mechanisms of antibiotic resistance[J]. Nature Reviews Microbiology, 13(1): 42-51.

Bodelón G, Montes-García V, Costas C, et al, 2017. Imaging bacterial interspecies chemical interactions by surface-enhanced Raman scattering[J]. ACS Nano, 11(5): 4631-4640.

Boller A, 2012. Stable carbon isotope discrimination by rubisco enzymes relevant to the global carbon cycle[D]. Doctoral Dissertation from University of South Florida.

Bracken M E S, Stachowicz J J, 2006. Seaweed diversity enhances nitrogen uptake via complementary use of nitrate and ammonium[J]. Ecology, 87(9): 2397-2403.

Brileya K A, Camilleri L B, Zane G M, et al, 2014. Biofilm growth mode promotes maximum carrying capacity and community stability during product inhibition syntrophy[J]. Frontiers in Microbiology, 5: 693.

Brown N, Shilton A, 2014. Luxury uptake of phosphorus by microalgae in waste stabilisation ponds: current understanding and future direction[J]. Reviews in Environmental Science and Bio/Technology, 13(3): 321-328.

Bucklin D N, Basille M, Benscoter A M, et al, 2015. Comparing species distribution models constructed with different subsets of environmental predictors[J]. Diversity and Distributions, 21(1): 23-35.

Butt K R, Méline C, Pérès G, 2020. Marine macroalgae as food for earthworms: growth and selection experiments across ecotypes[J]. Environmental Science and Pollution Research International, 27(27): 33493-33499.

Cai S J, Wang H T, Tang J, et al, 2021. Feedback mechanisms of periphytic biofilms to ZnO nanoparticles toxicity at different phosphorus levels[J]. Journal of Hazardous Materials, 416: 125834.

Cai T, Park S Y, Li Y B, 2013. Nutrient recovery from wastewater streams by microalgae: status and prospects[J]. Renewable and Sustainable Energy Reviews, 19: 360-369.

Caruso C, Rizzo C, Mangano S, et al, 2018. Production and biotechnological potential of extracellular polymeric substances from sponge-associated Antarctic bacteria[J]. Applied and Environmental Microbiology, 84(4): e01624-e01617.

Casals A F, 2016. Function and structure of river sediment biofilms and their role in dissolved organic matter utilization[J].

Castella E, Adalsteinsson H, Brittain J E, et al, 2001. Macrobenthic invertebrate richness and composition along a latitudinal gradient of European glacier-fed streams[J]. Freshwater Biology, 46(12): 1811-1831.

Cates E L, Kim J H, 2015. Bench-scale evaluation of water disinfection by visible-to-UVC upconversion under high-intensity irradiation[J]. Journal of Photochemistry and Photobiology B: Biology, 153: 405-411.

Cattaneo A, Amireault M C, 1992. How artificial are artificial substrata for periphyton?[J]. Journal of the North American Benthological Society, 11(2): 244-256.

Cattaneo A, Legendre P, Niyonsenga T, 1993. Exploring periphyton unpredictability[J]. Journal of the North American Benthological Society, 12(4): 418-430.

Charles C J, Rout S P, Patel K A, et al, 2017. Floc formation reduces the pH stress experienced by microorganisms living in alkaline environments[J]. Applied and Environmental Microbiology, 83(6): e02985-e02916.

Chen J M, 2021. Carbon neutrality: toward a sustainable future[J]. Innovation (Cambridge (Mass)), 2(3): 100127.

Cheng W X, 1999. Rhizosphere feedbacks in elevated CO_2[J]. Tree Physiology, 19(4/5): 313-320.

Christensen B E, 1989. The role of extracellular polysaccharides in biofilms[J]. Journal of Biotechnology, 10(3/4): 181-202.

Cordell D, Neset T S S, 2014. Phosphorus vulnerability: a qualitative framework for assessing the vulnerability of national and regional food systems to the multi-dimensional stressors of phosphorus scarcity[J]. Global Environmental Change, 24: 108-122.

Costa J C, Mesquita D P, Amaral A L, et al, 2013. Quantitative image analysis for the characterization of microbial aggregates in biological wastewater treatment: a review[J]. Environmental Science and Pollution Research, 20(9): 5887-5912.

Courtens E N, Spieck E, Vilchez-Vargas R, et al, 2016. A robust nitrifying community in a bioreactor at 50 ℃ opens up the path for thermophilic nitrogen removal[J]. The ISME Journal, 10(9): 2293-2303.

Craggs R J, Adey W H, Jenson K R, et al, 1996. Phosphorus removal from wastewater using an algal turf scrubber[J]. Water Science and Technology, 33(7): 191-198.

Craine J M, Morrow C, Fierer N, 2007. Microbial nitrogen limitation increases decomposition[J]. Ecology, 88(8): 2105-2113.

Creusot N, Carles L, Eon M, et al, 2022a. Metabolomics insight in the response and tolerance of periphytic biofilms to wastewater effluent[C]. 7th Biofilm Workshop.

Creusot N, Vrba R, Eon M, et al, 2022b. Metabolomic responses of freshwater periphytic microbiome to combined stress of artificial light at night (ALAN) and benzalkonium chloride[C]. EcotoxicoMic 2022-Third International Conference on Microbial Ecotoxicology.

Cui L, Yang K, Li H Z, et al, 2018. Functional single-cell approach to probing nitrogen-fixing bacteria in soil communities by resonance Raman spectroscopy with $^{15}N_2$ labeling[J]. Analytical Chemistry, 90(8): 5082-5089.

Cui M M, Ma A Z, Qi H Y, et al, 2015. Anaerobic oxidation of methane: an "active" microbial process[J]. MicrobiologyOpen, 4(1): 1-11.

D'Amico S, Collins T, Marx J C, et al, 2006. Psychrophilic microorganisms: challenges for life[J]. EMBO Reports, 7(4): 385-389.

Daims H, Lebedeva E V, Pjevac P, et al, 2015. Complete nitrification by *Nitrospira* bacteria[J]. Nature, 528(7583): 504-509.

Das T, Sehar S, Manefield M, 2013. The roles of extracellular DNA in the structural integrity of extracellular polymeric substance and bacterial biofilm development[J]. Environmental Microbiology Reports, 5(6): 778-786.

Davidian J C, Kopriva S, 2010. Regulation of sulfate uptake and assimilation—the same or not the same?[J]. Molecular Plant, 3(2): 314-325.

De Brucker K, Tan Y L, Vints K, et al, 2015. Fungal β-1,3-glucan increases ofloxacin tolerance of *Escherichia coli* in a polymicrobial *E. coli/Candida albicans* biofilm[J]. Antimicrobial Agents and Chemotherapy, 59(6): 3052-3058.

De Los Ríos A, Grube M, Sancho L G, et al, 2007. Ultrastructural and genetic characteristics of endolithic cyanobacterial biofilms colonizing Antarctic granite rocks[J]. FEMS Microbiology Ecology, 59(2): 386-395.

De Philippis R, Faraloni C, Sili C, et al, 2005. Populations of exopolysaccharide-producing cyanobacteria and diatoms in the mucilaginous benthic aggregates of the Tyrrhenian Sea (tuscan archipelago)[J]. Science of the Total Environment, 353(1/2/3): 360-368.

De Souza M L, Pellegrini B G, Ferragut C, 2015. Periphytic algal community structure in relation to seasonal variation and macrophyte richness in a shallow tropical reservoir[J]. Hydrobiologia, 755(1): 183-196.

DeNicola D M, McIntire D, 1990. Effects of substrate relief on the distribution of periphyton in laboratory streams. ⅱ. interactions with irradiance1[J]. Journal of Phycology, 26(4): 634-641.

Desmond P, Best J P, Morgenroth E, et al, 2018. Linking composition of extracellular polymeric substances (EPS) to the physical structure and hydraulic resistance of membrane biofilms[J]. Water Research, 132: 211-221.

di Leonardo M, 1998. Exotics at Home: Anthropologies, Others, American Modernity[M]. Chicago: University of Chicago Press.

Don M, 2007. Looking for chinks in the armor of bacterial biofilms[J]. PLoS Biology, 5(11): e307.

Dong D M, Guo Z Y, Hua X Y, et al, 2011. Sorption of DDTs on biofilms, suspended particles and river sediments: effects of heavy metals[J]. Environmental Chemistry Letters, 9(3): 361-367.

Dong D M, Li Y, Zhang J J, et al, 2003. Comparison of the adsorption of lead, cadmium, copper, zinc and barium to freshwater surface coatings[J]. Chemosphere, 51(5): 369-373.

Dong H L, Rech J A, Jiang H C, et al, 2007. Endolithic cyanobacteria in soil gypsum: occurrences in Atacama (Chile), Mojave (United States), and Al-Jafr Basin (Jordan) deserts[J]. Journal of Geophysical Research: Biogeosciences, 112(G2): G02030.

Dunne W M Jr, Mason E O Jr, Kaplan S L, 1993. Diffusion of rifampin and vancomycin through a *Staphylococcus epidermidis* biofilm[J]. Antimicrobial Agents and Chemotherapy, 37(12): 2522-2526.

Elasri M O, Miller R V, 1999. Study of the response of a biofilm bacterial community to UV radiation[J]. Applied and Environmental Microbiology, 65(5): 2025-2031.

Ellwood N T W, Di Pippo F, Albertano P, 2012. Phosphatase activities of cultured phototrophic biofilms[J]. Water Research, 46(2): 378-386.

Eriksson K M, Clarke A K, Franzen L G, et al, 2009. Community-level analysis of psbA gene sequences and irgarol tolerance in marine periphyton[J]. Applied and Environmental Microbiology, 75(4): 897-906.

Evans A E, Mateo-Sagasta J, Qadir M, et al, 2019. Agricultural water pollution: key knowledge gaps and research needs[J]. Current Opinion in Environmental Sustainability, 36: 20-27.

Evans M C, Buchanan B B, Arnon D I, 1966. A new ferredoxin-dependent carbon reduction cycle in a photosynthetic bacterium[J]. Proceedings of the National Academy of Sciences of the United States of America, 55(4): 928-934.

Feuillie C, Formosa-Dague C, Hays L M C, et al, 2017. Molecular interactions and inhibition of the staphylococcal biofilm-forming protein SdrC[J]. Proceedings of the National Academy of Sciences of the United States of America, 114(14): 3738-3743.

Findlay S E G, Sinsabaugh R L, Sobczak W V, et al, 2003. Metabolic and structural response of hyporheic microbial communities to variations in supply of dissolved organic matter[J]. Limnology and Oceanography, 48(4): 1608-1617.

Fitzgerald C M, Camejo P, Oshlag J Z, et al, 2015. Ammonia-oxidizing microbial communities in reactors with efficient nitrification at low-dissolved oxygen[J]. Water Research, 70: 38-51.

Flemming H C, Wingender J, 2010. The biofilm matrix[J]. Nature Reviews Microbiology, 8(9): 623-633.

Flipo N, Rabouille C, Poulin M, et al, 2007. Primary production in headwater streams of the Seine Basin: the Grand Morin River case study[J]. Science of the Total Environment, 375(1/2/3): 98-109.

Fontaine S, Mariotti A, Abbadie L, 2003. The priming effect of organic matter: a question of microbial competition?[J]. Soil Biology and Biochemistry, 35(6): 837-843.

Forgac M, 2007. Vacuolar ATPases: rotary proton pumps in physiology and pathophysiology[J]. Nature Reviews Molecular Cell Biology, 8(11): 917-929.

Friesen V, Doig L E, Markwart B E, et al, 2017. Genetic characterization of periphyton communities associated with selenium bioconcentration and trophic transfer in a simple food chain[J]. Environmental Science and Technology, 51(13): 7532-7541.

Frösler J, Panitz C, Wingender J, et al, 2017. Survival of *Deinococcus geothermalis* in biofilms under desiccation and simulated space and Martian conditions[J]. Astrobiology, 17(5): 431-447.

Frost P C, Cherrier C T, Larson J H, et al, 2007. Effects of dissolved organic matter and ultraviolet radiation on the accrual, stoichiometry and algal taxonomy of stream periphyton[J]. Freshwater Biology, 52(2): 319-330.

Gao X P, Wang Y, Sun B W, et al, 2019. Nitrogen and phosphorus removal comparison between periphyton on artificial substrates and plant-periphyton complex in floating treatment wetlands[J]. Environmental Science and Pollution Research International, 26(21): 21161-21171.

Ge T D, Wu X H, Chen X J, et al, 2013. Microbial phototrophic fixation of atmospheric CO_2 in China subtropical upland and paddy soils[J]. Geochimica et Cosmochimica Acta, 113: 70-78.

Genin S N, Aitchison J S, Allen D G, 2014. Design of algal film photobioreactors: material surface energy effects on algal film productivity, colonization and lipid content[J]. Bioresource Technology, 155: 136-143.

Gonçalves A L, Pires J C M, Simões M, 2017. A review on the use of microalgal consortia for wastewater treatment[J]. Algal Research, 24: 403-415.

Graindorge D, Martineau S, Machon C, et al, 2015. Singlet oxygen-mediated oxidation during UVA radiation alters the dynamic of genomic DNA replication[J]. PLoS One, 10(10): e0140645.

Gross M, Jarboe D, Wen Z Y, 2015. Biofilm-based algal cultivation systems[J]. Applied Microbiology and Biotechnology, 99(14): 5781-5789.

Guan J N, Qi K, Wang J Y, et al, 2020. Microplastics as an emerging anthropogenic vector of trace metals in freshwater: significance of biofilms and comparison with natural substrates[J]. Water Research, 184: 116205.

Gubelit Y I, Grossart H P, 2020. New methods, new concepts: what can be applied to freshwater periphyton?[J]. Frontiers in Microbiology, 11: 1275.

Guidi-Rontani C, Jean M R N, Gonzalez-Rizzo S, et al, 2014. Description of new filamentous toxic Cyanobacteria (Oscillatoriales) colonizing the sulfidic periphyton mat in marine mangroves[J]. FEMS Microbiology Letters, 359(2): 173-181.

Guillemette F, McCallister S L, Giorgio P A D, 2016. Selective consumption and metabolic allocation of terrestrial and algal carbon determine allochthony in lake bacteria[J]. The ISME Journal, 10(6): 1373-1382.

Guo L Y, Chen Q K, Fang F, et al, 2013. Application potential of a newly isolated indigenous aerobic denitrifier for nitrate and ammonium removal of eutrophic lake water[J]. Bioresource Technology, 142: 45-51.

Hamill K D, 2001. Toxicity in benthic freshwater cyanobacteria (blue-green algae): first observations in New Zealand[J]. New Zealand Journal of Marine and Freshwater Research, 35(5): 1057-1059.

Harrison J J, Ceri H, Roper N J, et al, 2005. Persister cells mediate tolerance to metal oxyanions in *Escherichia coli*[J]. Microbiology, 151(Pt 10): 3181-3195.

Harrison J J, Ceri H, Turner R J, 2007. Multimetal resistance and tolerance in microbial biofilms[J]. Nature Reviews Microbiology, 5(12): 928-938.

Hartmann R, Singh P K, Pearce P, et al, 2019. Emergence of three-dimensional order and structure in growing biofilms[J]. Nature Physics, 15(3): 251-256.

Hathroubi S, Mekni M A, Domenico P, et al, 2017. Biofilms: microbial shelters against antibiotics[J]. Microbial Drug Resistance, 23(2): 147-156.

Hattich G S I, Listmann L, Havenhand J, et al, 2023. Temporal variation in ecological and evolutionary contributions to phytoplankton functional shifts[J]. Limnology and Oceanography, 68(2): 297-306.

Hayashi M, Vogt T, Mächler L, et al, 2012. Diurnal fluctuations of electrical conductivity in a pre-alpine river: effects of photosynthesis and groundwater exchange[J]. Journal of Hydrology, 450/451: 93-104.

Head I M, Jones D M, Röling W F M, 2006. Marine microorganisms make a meal of oil[J]. Nature Reviews Microbiology, 4(3): 173-182.

Herzberg M, Kang S, Elimelech M, 2009. Role of extracellular polymeric substances (EPS) in biofouling of reverse osmosis membranes[J]. Environmental Science and Technology, 43(12): 4393-4398.

Hitzfeld B C, Lampert C S, Spaeth N, et al, 2000. Toxin production in cyanobacterial mats from ponds on the McMurdo Ice Shelf, *Antarctica*[J]. Toxicon, 38(12): 1731-1748.

Hobbie J E, Hobbie E A, 2013. Microbes in nature are limited by carbon and energy: the starving-survival lifestyle in soil and consequences for estimating microbial rates[J]. Frontiers in Microbiology, 4: 324.

Holo H, 1989. *Chloroflexus aurantiacus* secretes 3-hydroxypropionate, a possible intermediate in the assimilation of CO_2 and acetate[J]. Archives of Microbiology, 151(3): 252-256.

Hou J, Li T F, Miao L Z, et al, 2019. Effects of titanium dioxide nanoparticles on algal and bacterial communities in periphytic biofilms[J]. Environmental Pollution, 251: 407-414.

Hu B, Wang P F, Hou J, et al, 2017. Effects of titanium dioxide (TiO_2) nanoparticles on the photodissolution of particulate organic matter: insights from fluorescence spectroscopy and environmental implications[J]. Environmental Pollution, 229: 19-28.

Huang S F, Chen M, Diao Y M, et al, 2022. Dissolved organic matter acting as a microbial photosensitizer drives photoelectrotrophic denitrification[J]. Environmental Science and Technology, 56(7): 4632-4641.

Huang W L, Cai W, Huang H, et al, 2015. Identification of inorganic and organic species of phosphorus and its bio-availability in nitrifying aerobic granular sludge[J]. Water Research, 68: 423-431.

Huang W, Wu L X, Wang Z W, et al, 2021. Modeling periphyton biomass in a flow-reduced river based on a least squares support vector machines model: implications for managing the risk of nuisance periphyton[J]. Journal of Cleaner Production, 286: 124884.

Huber H, Gallenberger M, Jahn U, et al, 2008. A dicarboxylate/4-hydroxybutyrate autotrophic carbon assimilation cycle in the hyperthermophilic Archaeum *Ignicoccus hospitalis*[J]. Proceedings of the National Academy of Sciences of the United States of America, 105(22): 7851-7856.

Hullar M A J, Kaplan L A, Stahl D A, 2006. Recurring seasonal dynamics of microbial communities in stream habitats[J]. Applied and Environmental Microbiology, 72(1): 713-722.

Hung J J, Hung C S, Su H M, 2008. Biogeochemical responses to the removal of maricultural structures from an eutrophic lagoon (Tapong Bay) in Taiwan [J]. Marine Environmental Research, 65(1): 1-17.

Ibrahim Y E, Ali Alshifaa M, Erama A K, et al, 2019. Proximate composition, mineral elements content and physicochemical characteristics of *Adansonia digitata* L seed oil[J]. International Journal of Pharma and Bio Sciences, 10(4): 119-126.

Inglett P W, Reddy K R, McCormick P V, 2004. Periphyton chemistry and nitrogenase activity in a northern Everglades ecosystem[J]. Biogeochemistry, 67(2): 213-233.

Jacotot A, Marchand C, Allenbach M, 2019. Biofilm and temperature controls on greenhouse gas (CO2 and CH4) emissions from a *Rhizophora* mangrove soil (New Caledonia)[J]. Science of the Total Environment, 650: 1019-1028.

Janissen R, Murillo D M, Niza B, et al, 2015. Spatiotemporal distribution of different extracellular polymeric substances and filamentation mediate *Xylella fastidiosa* adhesion and biofilm formation[J]. Scientific Reports, 5: 9856.

Jetten M S M, Wagner M, Fuerst J, et al, 2001. Microbiology and application of the anaerobic ammonium oxidation ('anammox') process[J]. Current Opinion in Biotechnology, 12(3): 283-288.

Ji X Y, Jiang M Q, Zhang J B, et al, 2018. The interactions of algae-bacteria symbiotic system and its effects on nutrients removal from synthetic wastewater[J]. Bioresource Technology, 247: 44-50.

Jia J J, Gao Y, Zhou F, et al, 2020. Identifying the main drivers of change of phytoplankton community structure and gross primary productivity in a river-lake system[J]. Journal of Hydrology, 583: 124633.

Jiménez J, Bru S, Ribeiro M P, et al, 2016. Phosphate: from stardust to eukaryotic cell cycle control[J]. International Microbiology: the Official Journal of the Spanish Society for Microbiology, 19(3): 133-141.

Jöbgen A, Palm A, Melkonian M, 2004. Phosphorus removal from eutrophic lakes using periphyton on submerged artificial substrata[J]. Hydrobiologia, 528(1): 123-142.

Kaiser K, Kalbitz K, 2012. Cycling downwards-dissolved organic matter in soils[J]. Soil Biology and Biochemistry, 52: 29-32.

Kalscheur K N, Rojas M, Peterson C G, et al, 2012. Algal exudates and stream organic matter influence the structure and function of denitrifying bacterial communities[J]. Microbial Ecology, 64(4): 881-892.

Kang D, Zhao Q C, Wu Y H, et al, 2018. Removal of nutrients and pharmaceuticals and personal care products from wastewater using periphyton photobioreactors[J]. Bioresource Technology, 248: 113-119.

Karley A J, White P J, 2009. Moving cationic minerals to edible tissues: potassium, magnesium, calcium[J]. Current Opinion in Plant Biology, 12(3): 291-298.

Kasai F, 1999. Shifts in herbicide tolerance in paddy field periphyton following herbicide application[J]. Chemosphere, 38(4): 919-931.

Kato S, Nakamura R, Kai F, et al, 2010. Respiratory interactions of soil bacteria with (semi)conductive iron-oxide minerals[J]. Environmental Microbiology, 12(12): 3114-3123.

Kelley J I, Turng B, Williams H N, et al, 1997. Effects of temperature, salinity, and substrate on the colonization of surfaces *in situ* by aquatic bdellovibrios[J]. Applied and Environmental Microbiology, 63(1): 84-90.

Kerdi S, Qamar A, Vrouwenvelder J S, et al, 2021. Effect of localized hydrodynamics on biofilm attachment and growth in a cross-flow filtration channel[J]. Water Research, 188: 116502.

Keshavanath P, Gangadhar B, Ramesh T J, et al, 2001. Use of artificial substrates to enhance production of freshwater herbivorous fish in pond culture[J]. Aquaculture Research, 32(3): 189-197.

Khatoon H, Yusoff F, Banerjee S, et al, 2007. Formation of periphyton biofilm and subsequent biofouling on different substrates in nutrient enriched brackishwater shrimp ponds[J]. Aquaculture, 273(4): 470-477.

Kianianmomeni A, Hallmann A, 2016. Algal photobiology: a rich source of unusual light sensitive proteins for synthetic biology and optogenetics[J]. Methods in Molecular Biology, 1408: 37-54.

Kiefer J, 2007. Effects of Ultraviolet Radiation on DNA[M] // Vijayalaxmi G O. Chromosomal Alterations: Methods, Results and Importance in Human Health. Berlin, Heidelberg: Springer: 39-53.

Kilic T, Bali E B, 2023. Biofilm control strategies in the light of biofilm-forming microorganisms[J]. World Journal of Microbiology and Biotechnology, 39(5): 131.

Kilroy C, Stephens T, Greenwood M, et al, 2020. Improved predictability of peak periphyton in rivers using site-specific accrual periods and long-term water quality datasets[J]. The Science of the Total Environment, 736: 139362.

Kopittke P M, Hernandez-Soriano M C, Dalal R C, et al, 2018. Nitrogen-rich microbial products provide new organo-mineral associations for the stabilization of soil organic matter[J]. Global Change Biology, 24(4): 1762-1770.

Kumar P, Verma A, Sundharam S S, et al, 2022. Exploring diversity and polymer degrading potential of epiphytic bacteria isolated from marine macroalgae[J]. Microorganisms, 10(12): 2513.

Kuzyakov Y, 2010. Priming effects: interactions between living and dead organic matter[J]. Soil Biology and Biochemistry, 42(9): 1363-1371.

Kuzyakov Y, Friedel J K, Stahr K, 2000. Review of mechanisms and quantification of priming effects[J]. Soil Biology and Biochemistry, 32(11/12): 1485-1498.

Lamprecht O, Wagner B, Derlon N, et al, 2022. Synthetic periphyton as a model system to understand species dynamics in complex microbial freshwater communities[J]. NPJ Biofilms and Microbiomes, 8: 61.

Larned S T, 2010. A prospectus for periphyton: recent and future ecological research[J]. Journal of the North American Benthological Society, 29(1): 182-206.

Larson C, Passy S I, 2005. Spectral fingerprinting of algal communities: a novel approach to biofilm analysis and biomonitoring1[J]. Journal of Phycology, 41(2): 439-446.

Leary D H, Li R W, Hamdan L J, et al, 2014. Integrated metagenomic and metaproteomic analyses of marine biofilm communities[J]. Biofouling, 30(10): 1211-1223.

Leclerc M, Planas D, Amyot M, 2015. Relationship between extracellular low-molecular-weight thiols and mercury species in natural lake periphytic biofilms[J]. Environmental Science and Technology, 49(13): 7709-7716.

Leclerc M, Wauthy M, Planas D, et al, 2023. How do metals interact with periphytic biofilms?[J]. The Science of the Total Environment, 876: 162838.

Lee J W, Nam J H, Kim Y H, et al, 2008. Bacterial communities in the initial stage of marine biofilm formation on artificial surfaces[J]. The Journal of Microbiology, 46(2): 174-182.

Lei A P, Lam K S P, Hu Z L, 2011. Comparison of two sampling methods when studying periphyton colonization in Lam Tsuen River, Hong Kong, China[J]. Chinese Journal of Oceanology and Limnology, 29(1): 141-149.

Lei Y J, Tian Y, Zhang J, et al, 2018. Microalgae cultivation and nutrients removal from sewage sludge after ozonizing in algal-bacteria system[J]. Ecotoxicology and Environmental Safety, 165: 107-114.

Leopold A, Marchand C, Deborde J, et al, 2013. Influence of mangrove zonation on CO_2 fluxes at the sediment-air interface (New Caledonia)[J]. Geoderma, 202/203: 62-70.

Leopold A, Marchand C, Deborde J, et al, 2015. Temporal variability of CO_2 fluxes at the sediment-air interface in mangroves (New Caledonia)[J]. Science of the Total Environment, 502: 617-626.

Letovsky E, Heal K V, Carvalho L, et al, 2012. Intracellular versus extracellular iron accumulation in freshwater periphytic mats across a mine water treatment lagoon[J]. Water, Air, and Soil Pollution, 223(4): 1519-1530.

Lewin A, Wentzel A, Valla S, 2013. Metagenomics of microbial life in extreme temperature environments[J]. Current Opinion in Biotechnology, 24(3): 516-525.

Li H Y, Barber M, Lu J R, et al, 2020. Microbial community successions and their dynamic functions during harmful cyanobacterial blooms in a freshwater lake[J]. Water Research, 185: 116292.

Li J Y, Deng K Y, Cai S J, et al, 2020. Periphyton has the potential to increase phosphorus use efficiency in paddy fields[J]. The Science of the Total Environment, 720: 137711.

Li J Y, Deng K Y, Hesterberg D, et al, 2017. Mechanisms of enhanced inorganic phosphorus accumulation by periphyton in paddy fields as affected by calcium and ferrous ions[J]. Science of the Total Environment, 609: 466-475.

Li M X, Liu J Y, Xu Y F, et al, 2016. Phosphate adsorption on metal oxides and metal hydroxides: a comparative review[J]. Environmental Reviews, 24: 319-332.

Li N, Hao Y, Sun H, et al, 2022. Distribution and photosynthetic potential of epilithic periphyton along an altitudinal gradient in Jue River (Qinling Mountain, China) [J]. Freshwater Biology, 67(10): 1761-1773.

Li S S, Wang C, Qin H J, et al, 2016. Influence of phosphorus availability on the community structure and physiology of cultured biofilms[J]. Journal of Environmental Sciences, 42: 19-31.

Li W W, Yu H Q, 2014. Insight into the roles of microbial extracellular polymer substances in metal biosorption[J]. Bioresource Technology, 160: 15-23.

Li W W, Zhang H L, Sheng G P, et al, 2015. Roles of extracellular polymeric substances in enhanced biological phosphorus removal process[J]. Water Research, 86: 85-95.

Li Y H, Shahbaz M, Zhu Z K, et al, 2021. Oxygen availability determines key regulators in soil organic carbon mineralisation in paddy soils[J]. Soil Biology and Biochemistry, 153: 108106.

Liang C, Schimel J P, Jastrow J D, 2017. The importance of anabolism in microbial control over soil carbon storage[J]. Nature Microbiology, 2: 17105.

Liang X, Zhang X Y, Sun Q, et al, 2016. The role of filamentous algae *Spirogyra* spp. in methane production and emissions in streams[J]. Aquatic Sciences, 78(2): 227-239.

Liboriussen L, Jeppesen E, 2006. Structure, biomass, production and depth distribution of periphyton on artificial substratum in shallow lakes with contrasting nutrient concentrations[J]. Freshwater Biology, 51(1): 95-109.

Liboriussen L, Jeppesen E, 2009. Periphyton biomass, potential production and respiration in a shallow lake during winter and spring[J]. Hydrobiologia, 632(1): 201-210.

Liboriussen L, Jeppesen E, Bramm M E, et al, 2005. Periphyton-macroinvertebrate interactions in light and fish manipulated enclosures in a clear and a turbid shallow lake[J]. Aquatic Ecology, 39(1): 23-39.

Lin Q, Gu N, Lin J D, 2012. Effect of ferric ion on nitrogen consumption, biomass and oil accumulation of a *Scenedesmus rubescens*-like microalga[J]. Bioresource Technology, 112: 242-247.

Lindemann S R, Mobberley J M, Cole J K, et al, 2017. Predicting species-resolved macronutrient acquisition during succession in a model phototrophic biofilm using an integrated 'omics approach[J]. Frontiers in Microbiology, 8: 1020.

Lips S, Larras F, Schmitt-Jansen M, 2022. Community metabolomics provides insights into mechanisms of pollution-induced community tolerance of periphyton[J]. The Science of the

Total Environment, 824: 153777.

Liu H, Fang H H P, 2002. Characterization of electrostatic binding sites of extracellular polymers by linear programming analysis of titration data[J]. Biotechnology and Bioengineering, 80(7): 806-811.

Liu J N, Zang H D, Xu H S, et al, 2019. Methane emission and soil microbial communities in early rice paddy as influenced by urea-N fertilization[J]. Plant and Soil, 445(1): 85-100.

Liu J Z, Danneels B, Vanormelingen P, et al, 2016. Nutrient removal from horticultural wastewater by benthic filamentous algae *Klebsormidium* sp., *Stigeoclonium* spp. and their communities: from laboratory flask to outdoor Algal Turf Scrubber (ATS)[J]. Water Research, 92: 61-68.

Liu J Z, Lu H Y, Wu L R, et al, 2021. Interactions between periphytic biofilms and dissolved organic matter at soil-water interface and the consequent effects on soil phosphorus fraction changes[J]. Science of the Total Environment, 801: 149708.

Liu J Z, Sun P F, Sun R, et al, 2019. Carbon-nutrient stoichiometry drives phosphorus immobilization in phototrophic biofilms at the soil-water interface in paddy fields[J]. Water Research, 167: 115129.

Liu J Z, Vyverman W, 2015. Differences in nutrient uptake capacity of the benthic filamentous algae *Cladophora* sp., *Klebsormidium* sp. and *Pseudanabaena* sp. under varying N/P conditions[J]. Bioresource Technology, 179: 234-242.

Liu J Z, Wu L R, Gong L N, et al, 2023. Phototrophic biofilms transform soil-dissolved organic matter similarly despite compositional and environmental differences[J]. Environmental Science and Technology, 57(11): 4679-4689.

Liu J Z, Wu Y H, Wu C X, et al, 2017. Advanced nutrient removal from surface water by a consortium of attached microalgae and bacteria: a review[J]. Bioresource Technology, 241: 1127-1137.

Liu J Z, Zhou Y M, Sun P F, et al, 2021. Soil organic carbon enrichment triggers *in situ* nitrogen interception by phototrophic biofilms at the soil-water interface: from regional scale to microscale[J]. Environmental Science and Technology, 55(18): 12704-12713.

Liu R B, Hao X D, Chen Q, et al, 2019. Research advances of *Tetrasphaera* in enhanced biological phosphorus removal: a review[J]. Water Research, 166: 115003.

Locke N A, Saia S M, Walter M T, et al, 2014. Naturally ocurring polyphosphate-accumulating bacteria in benthic biofilms. American Geophysical Union, Fall Meeting 2014, abstract id. B51D-0051.

Lorenz R C, Monaco M E, Herdendorf C E, 1991. Minimum light requirements for substrate colonization by *Cladophora glomerata*[J]. Journal of Great Lakes Research, 17(4): 536-542.

Loutherback K, Chen L, Holman H Y N, 2015. Open-channel microfluidic membrane device for long-term FT-IR spectromicroscopy of live adherent cells[J]. Analytical Chemistry, 87(9): 4601-4606.

Lu H Y, Feng Y F, Wu Y H, et al, 2016. Phototrophic periphyton techniques combine phosphorous removal and recovery for sustainable salt-soil zone[J]. Science of the Total Environment, 568: 838-844.

Lu H Y, Liu J Z, Kerr P G, et al, 2017. The effect of periphyton on seed germination and seedling growth of rice (*Oryza sativa*) in paddy area[J]. Science of the Total Environment, 578: 74-80.

Lu H Y, Yang L Z, Zhang S Q, et al, 2014. The behavior of organic phosphorus under non-point source wastewater in the presence of phototrophic periphyton[J]. PLoS One, 9(1): e85910.

Luís A T, Teixeira M, Durães N, et al, 2019. Extremely acidic environment: biogeochemical effects on algal biofilms[J]. Ecotoxicology and Environmental Safety, 177: 124-132.

Ma H J, Wang X Z, Zhang Y, et al, 2018. The diversity, distribution and function of *N*-acyl-homoserine lactone (AHL) in industrial anaerobic granular sludge[J]. Bioresource Technology, 247: 116-124.

MacIntosh K A, Mayer B K, McDowell R W, et al, 2018. Managing diffuse phosphorus at the source versus at the sink[J]. Environmental Science and Technology, 52(21): 11995-12009.

Maddela N R, Sheng B B, Yuan S S, et al, 2019. Roles of quorum sensing in biological wastewater treatment: a critical review[J]. Chemosphere, 221: 616-629.

Malyan S K, Bhatia A, Kumar A, et al, 2016. Methane production, oxidation and mitigation: a mechanistic understanding and comprehensive evaluation of influencing factors[J]. Science of the Total Environment, 572: 874-896.

Mamani S, Moinier D, Denis Y, et al, 2016. Insights into the quorum sensing regulon of the acidophilic *Acidithiobacillus ferrooxidans* revealed by transcriptomic in the presence of an acyl homoserine lactone superagonist analog[J]. Frontiers in Microbiology, 7: 1365.

Mañas A, Biscans B, Spérandio M, 2011. Biologically induced phosphorus precipitation in aerobic granular sludge process[J]. Water Research, 45(12): 3776-3786.

Maqbool T, Cho J, Hur J, 2019. Improved dewaterability of anaerobically digested sludge and compositional changes in extracellular polymeric substances by indigenous persulfate activation[J]. The Science of the Total Environment, 674: 96-104.

Markwart B, Liber K, Xie Y W, et al, 2019. Selenium oxyanion bioconcentration in natural freshwater periphyton[J]. Ecotoxicology and Environmental Safety, 180: 693-704.

Mendes L B B, Vermelho A B, 2013. Allelopathy as a potential strategy to improve microalgae cultivation[J]. Biotechnology for Biofuels, 6(1): 152.

Mhedbi-Hajri N, Jacques M A, Koebnik R, 2011. Adhesion mechanisms of plant-pathogenic Xanthomonadaceae[M]//Linke D, Goldman A, Bacterial Adhesion. Dordrecht: Springer: 71-89.

Miao L Z, Wang C Q, Adyel T M, et al, 2021. Periphytic biofilm formation on natural and artificial substrates: comparison of microbial compositions, interactions, and functions[J]. Frontiers in Microbiology, 12: 684903.

Mieszkin S, Callow M E, Callow J A, 2013. Interactions between microbial biofilms and marine fouling algae: a mini review[J]. Biofouling, 29(9): 1097-1113.

Mishra S, Huang Y H, Li J Y, et al, 2022. Biofilm-mediated bioremediation is a powerful tool for the removal of environmental pollutants[J]. Chemosphere, 294: 133609.

Mitchell E, Scheer C, Rowlings D, et al, 2020. Trade-off between 'new' SOC stabilisation from above-ground inputs and priming of native C as determined by soil type and residue placement[J]. Biogeochemistry, 149(2): 221-236.

Miura Y, Hiraiwa M N, Ito T, et al, 2007. Bacterial community structures in MBRs treating municipal wastewater: relationship between community stability and reactor performance[J]. Water Research, 41(3): 627-637.

Morin A, Cattaneo A, 1992. Factors affecting sampling variability of freshwater periphyton and the power of periphyton studies[J]. Canadian Journal of Fisheries and Aquatic Sciences, 49(8): 1695-1703.

Mu R M, Jia Y T, Ma G X, et al, 2021. Advances in the use of microalgal-bacterial consortia for wastewater treatment: community structures, interactions, economic resource reclamation, and study techniques[J]. Water Environment Research: a Research Publication of the Water Environment Federation, 93(8): 1217-1230.

Nadell C D, Drescher K, Wingreen N S, et al, 2015. Extracellular matrix structure governs invasion resistance in bacterial biofilms[J]. The ISME Journal, 9(8): 1700-1709.

Nanda A, Brumell J H, Nordström T, et al, 1996. Activation of proton pumping in human neutrophils occurs by exocytosis of vesicles bearing vacuolar-type H^+-ATPases[J]. The Journal of Biological Chemistry, 271(27): 15963-15970.

Nannipieri P, Ascher J, Ceccherini M T, et al, 2017. Microbial diversity and soil functions[J]. European Journal of Soil Science, 68(1): 12-26.

Ng D H P, Kumar A, Cao B, 2016. Microorganisms meet solid minerals: interactions and biotechnological applications[J]. Applied Microbiology and Biotechnology, 100(16): 6935-6946.

Nikiforova V, Freitag J, Kempa S, et al, 2003. Transcriptome analysis of sulfur depletion in *Arabidopsis thaliana*: interlacing of biosynthetic pathways provides response specificity[J]. The Plant Journal, 33(4): 633-650.

O'Toole G, Kaplan H B, Kolter R, 2000. Biofilm formation as microbial development[J]. Annual Review of Microbiology, 54: 49-79.

Olapade O A, Depas M M, Jensen E T, et al, 2006. Microbial communities and fecal indicator bacteria associated with *Cladophora* mats on beach sites along Lake Michigan Shores[J]. Applied and Environmental Microbiology, 72(3): 1932-1938.

Olapade O A, Leff L G, 2005. Seasonal response of stream biofilm communities to dissolved organic matter and nutrient enrichments[J]. Applied and Environmental Microbiology, 71(5): 2278-2287.

Ozturk S, Aslim B, 2010. Modification of exopolysaccharide composition and production by three cyanobacterial isolates under salt stress[J]. Environmental Science and Pollution Research International, 17(3): 595-602.

Pan Y H, Hu L, Zhao T, 2019. Applications of chemical imaging techniques in paleontology[J]. National Science Review, 6(5): 1040-1053.

Pandey U, 2013. The influence of DOC trends on light climate and periphyton biomass in the Ganga river, Varanasi, India[J]. Bulletin of Environmental Contamination and Toxicology, 90(1): 143-147.

Pareek V, Tian H, Winograd N, et al, 2020. Metabolomics and mass spectrometry imaging reveal channeled *de novo* purine synthesis in cells[J]. Science, 368(6488): 283-290.

Parrilli E, Tedesco P, Fondi M, et al, 2021. The art of adapting to extreme environments: the model system *Pseudoalteromonas*[J]. Physics of Life Reviews, 36: 137-161.

Peacher R D, Lerch R N, Schultz R C, et al, 2018. Factors controlling streambank erosion and phosphorus loss in claypan watersheds[J]. Journal of Soil and Water Conservation, 73(2): 189-199.

Peng C, Xia Y Q, Zhang W, et al, 2022. Proteomic analysis unravels response and antioxidation defense mechanism of rice plants to copper oxide nanoparticles: comparison with bulk particles and dissolved Cu ions[J]. ACS Agricultural Science and Technology, 2(3): 671-683.

Peng Y Z, Zhu G B, 2006. Biological nitrogen removal with nitrification and denitrification via nitrite pathway[J]. Applied Microbiology and Biotechnology, 73(1): 15-26.

Pizarro H, Vinocur A, Tell G, 2002. Periphyton on artificial substrata from three lakes of different trophic status at Hope Bay (*Antarctica*)[J]. Polar Biology, 25(3): 169-179.

Qin Z R, Zhao Z H, Xia L L, et al, 2022. Research trends and hotspots of aquatic biofilms in freshwater environment during the last three decades: a critical review and bibliometric analysis[J]. Environmental Science and Pollution Research International, 29(32): 47915-47930.

Qiu H S, Ge T D, Liu J Y, et al, 2018. Effects of biotic and abiotic factors on soil organic matter mineralization: experiments and structural modeling analysis[J]. European Journal of Soil Biology, 84: 27-34.

Ras M, Lefebvre D, Derlon N, et al, 2011. Extracellular polymeric substances diversity of biofilms grown under contrasted environmental conditions[J]. Water Research, 45(4): 1529-1538.

Rather M A, Gupta K, Mandal M, 2021. Microbial biofilm: formation, architecture, antibiotic resistance, and control strategies[J]. Brazilian Journal of Microbiology, 52(4): 1701-1718.

Ren L Y, Hong Z N, Liu Z D, et al, 2018. ATR-FTIR investigation of mechanisms of *Bacillus subtilis* adhesion onto variable- and constant-charge soil colloids[J]. Colloids and Surfaces B: Biointerfaces, 162: 288-295.

Renner L D, Weibel D B, 2011. Physicochemical regulation of biofilm formation[J]. MRS Bulletin, 36(5): 347-355.

Renuka N, Sood A, Prasanna R, et al, 2015. Phycoremediation of wastewaters: a synergistic approach using microalgae for bioremediation and biomass generation[J]. International Journal of Environmental Science and Technology, 12(4): 1443-1460.

Richard M, Trottier C, Verdegem M C J, et al, 2009. Submersion time, depth, substrate type and sampling method as variation sources of marine periphyton[J]. Aquaculture, 295(3/4): 209-217.

Rico-Jiménez M, Reyes-Darias J A, Ortega Á, et al, 2016. Two different mechanisms mediate chemotaxis to inorganic phosphate in *Pseudomonas aeruginosa*[J]. Scientific Reports, 6: 28967.

Rittmann B E, 2018. Biofilms, active substrata, and me[J]. Water Research, 132: 135-145.

Rocha J C, Peres C K, Buzzo J L L, et al, 2017. Modeling the species richness and abundance of lotic macroalgae based on habitat characteristics by artificial neural networks: a potentially useful tool for stream biomonitoring programs[J]. Journal of Applied Phycology, 29(4): 2145-2153.

Rodríguez P, Vera M S, Pizarro H, 2012. Primary production of phytoplankton and periphyton in two humic lakes of a South American wetland[J]. Limnology, 13(3): 281-287.

Romaní A M, Giorgi A, Acuña V, et al, 2004. The influence of substratum type and nutrient supply on biofilm organic matter utilization in streams[J]. Limnology and Oceanography, 49(5): 1713-1721.

Romanów M, Witek Z, 2011. Periphyton dry mass, ash content, and chlorophyll content on natural substrata in three water bodies of different trophy[J]. Oceanological and Hydrobiological Studies, 40(4): 64-70.

Rosi-Marshall E J, Royer T V, 2012. Pharmaceutical compounds and ecosystem function: an emerging research challenge for aquatic ecologists[J]. Ecosystems, 15(6): 867-880.

Ross M E, Davis K, McColl R, et al, 2018. Nitrogen uptake by the macro-algae *Cladophora coelothrix* and *Cladophora parriaudii*: influence on growth, nitrogen preference and biochemical composition[J]. Algal Research, 30: 1-10.

Rovzar C, Gillespie T W, Kawelo K, 2016. Landscape to site variations in species distribution models for endangered plants[J]. Forest Ecology and Management, 369: 20-28.

Roy R, Tiwari M, Donelli G, et al, 2018. Strategies for combating bacterial biofilms: a focus on anti-biofilm agents and their mechanisms of action[J]. Virulence, 9(1): 522-554.

Said-Pullicino D, Miniotti E F, Sodano M, et al, 2016. Linking dissolved organic carbon cycling to organic carbon fluxes in rice paddies under different water management practices[J]. Plant and Soil, 401(1): 273-290.

Saikia S K, 2011. Review on periphyton as mediator of nutrient transfer in aquatic ecosystems[J]. Ecologia Balkanica, 3(2): 65-78.

Saito M, Miyata A, Nagai H, et al, 2005. Seasonal variation of carbon dioxide exchange in rice paddy field in Japan[J]. Agricultural and Forest Meteorology, 135(1/2/3/4): 93-109.

Salama Y, Chennaoui M, Sylla A, et al, 2016. Characterization, structure, and function of extracellular polymeric substances (EPS) of microbial biofilm in biological wastewater treatment systems: a review[J]. Desalination and Water Treatment, 57(35): 16220-16237.

Sangroniz L, Jang Y J, Hillmyer M A, et al, 2022. The role of intermolecular interactions on melt memory and thermal fractionation of semicrystalline polymers[J]. The Journal of Chemical Physics, 156(14): 144902.

Sanli K, Bengtsson-Palme J, Nilsson R H, et al, 2015. Metagenomic sequencing of marine periphyton: taxonomic and functional insights into biofilm communities[J]. Frontiers in Microbiology, 6: 1192.

Saravia L A, Momo F, Lissin L D B, 1998. Modelling periphyton dynamics in running water[J]. Ecological Modelling, 114(1): 35-47.

Säwström C, Mumford P, Marshall W, et al, 2002. The microbial communities and primary productivity of cryoconite holes in an Arctic glacier (Svalbard 79°N)[J]. Polar Biology, 25(8): 591-596.

Schilcher K, Horswill A R, 2020. Staphylococcal biofilm development: structure, regulation, and treatment strategies[J]. Microbiology and Molecular Biology Reviews: MMBR, 84(3): e00026-e00019.

Schiller D V, Martí E, Riera J L, et al, 2007. Effects of nutrients and light on periphyton biomass and nitrogen uptake in Mediterranean streams with contrasting land uses[J]. Freshwater Biology, 52(5): 891-906.

Schmitt-Jansen M, Altenburger R, 2005. Toxic effects of isoproturon on periphyton communities - a microcosm study[J]. Estuarine, Coastal and Shelf Science, 62(3): 539-545.

Seifert M, McGregor G, Eaglesham G, et al, 2007. First evidence for the production of cylindrospermopsin and deoxy-cylindrospermopsin by the freshwater benthic *Cyanobacterium*, *Lyngbya wollei* (Farlow ex Gomont) Speziale and Dyck[J]. Harmful Algae, 6(1): 73-80.

Sells M D, Brown N, Shilton A N, 2018. Determining variables that influence the phosphorus content of waste stabilization pond algae[J]. Water Research, 132: 301-308.

Shabbir S, Faheem M, Ali N, et al, 2020. Periphytic biofilm: an innovative approach for biodegradation of microplastics[J]. Science of the Total Environment, 717: 137064.

Shahzad T, Chenu C, Genet P, et al, 2015. Contribution of exudates, arbuscular mycorrhizal fungi and litter depositions to the rhizosphere priming effect induced by grassland species[J]. Soil Biology and Biochemistry, 80: 146-155.

She D L, Wang H D, Yan X Y, et al, 2018. The counter-balance between ammonia absorption and the stimulation of volatilization by periphyton in shallow aquatic systems[J]. Bioresource Technology, 248: 21-27.

Shen Y, Huang C H, Monroy G L, et al, 2016. Response of simulated drinking water biofilm mechanical and structural properties to long-term disinfectant exposure[J]. Environmental Science and Technology, 50(4): 1779-1787.

Shi Y H, Huang J H, Zeng G M, et al, 2017. Exploiting extracellular polymeric substances (EPS) controlling strategies for performance enhancement of biological wastewater treatments: an overview[J]. Chemosphere, 180: 396-411.

Shi Z, Yin H Q, Van Nostrand J D, et al, 2019. Functional gene array-based ultrasensitive and quantitative detection of microbial populations in complex communities[J]. mSystems, 4(4): e00296-e00219.

Shively J M, Devore W, Stratford L, et al, 1986. Molecular evolution of the large subunit of ribulose-1, 5-bisphosphate carboxylase/oxygenase (RuBisCO)[J]. FEMS Microbiology Letters, 37(3): 251-257.

Simsek H, Kasi M, Ohm J B, et al, 2016. Impact of solids retention time on dissolved organic nitrogen and its biodegradability in treated wastewater[J]. Water Research, 92: 44-51.

Song C L, Søndergaard M, Cao X Y, et al, 2018. Nutrient utilization strategies of algae and bacteria after the termination of nutrient amendment with different phosphorus dosage: a mesocosm case[J]. Geomicrobiology Journal, 35(4): 294-299.

Sorg O, Tran C, Carraux P, et al, 2005. Spectral properties of topical retinoids prevent DNA damage and apoptosis after acute UV-B exposure in hairless mice[J]. Photochemistry and Photobiology, 81(4): 830-836.

Stamper D M, Walch M, Jacobs R N, 2003. Bacterial population changes in a membrane bioreactor for graywater treatment monitored by denaturing gradient gel electrophoretic analysis of 16S rRNA gene fragments[J]. Applied and Environmental Microbiology, 69(2): 852-860.

Stewart W D P, Sampaio M J, Isichei A O, et al, 1978. Nitrogen fixation by soil algae of temperate and tropical soils[M]//Döbereiner J, Burris RH, Hollaender A, et al, Limitations and Potentials for Biological Nitrogen Fixation in the Tropics. Boston, MA: Springer: 41-63.

Strohm T O, Griffin B, Zumft W G, et al, 2007. Growth yields in bacterial denitrification and nitrate ammonification[J]. Applied and Environmental Microbiology, 73(5): 1420-1424.

Su J, Kang D, Xiang W, et al, 2017. Periphyton biofilm development and its role in nutrient cycling in paddy microcosms[J]. Journal of Soils and Sediments, 17(3): 810-819.

Sun J J, Deng Z Q, Yan A X, 2014. Bacterial multidrug efflux pumps: mechanisms, physiology and pharmacological exploitations[J]. Biochemical and Biophysical Research Communications, 453(2): 254-267.

Sun P F, Liu Y Y, Sun R, et al, 2022. Geographic imprint and ecological functions of the abiotic component of periphytic biofilms[J]. iMeta, 1(4): e60.

Sun P F, Zhang J H, Esquivel-Elizondo S, et al, 2018. Uncovering the flocculating potential of extracellular polymeric substances produced by periphytic biofilms[J]. Bioresource Technology, 248: 56-60.

Sun R, Xu Y, Wu Y H, et al, 2021. Functional sustainability of nutrient accumulation by periphytic biofilm under temperature fluctuations[J]. Environmental Technology, 42(8): 1145-1154.

Sung H S, Jo Y L, 2020. Purification and characterization of an antibacterial substance from *Aerococcus urinaeequi* strain HS36[J]. Journal of Microbiology and Biotechnology, 30(1): 93-100.

Sutherland D L, Burke J, Ralph P J, 2020. Flow-way water depth affects algal productivity and nutrient uptake in a filamentous algae nutrient scrubber[J]. Journal of Applied Phycology, 32(6): 4321-4332.

Sutherland D L, Craggs R J, 2017. Utilising periphytic algae as nutrient removal systems for the treatment of diffuse nutrient pollution in waterways[J]. Algal Research, 25: 496-506.

Syers J, Johnston A, Curtin D, 2008. Efficiency of soil and fertilizer phosphorus use[J]. FAO Fertilizer and plant nutrition bulletin, 18(108): 5-50.

Tabita F R, 1988. Molecular and cellular regulation of autotrophic carbon dioxide fixation in microorganisms[J]. Microbiological Reviews, 52(2): 155-189.

Tabita F R, Satagopan S, Hanson T E, et al, 2008. Distinct form Ⅰ, Ⅱ, Ⅲ, and Ⅳ Rubisco proteins from the three Kingdoms of life provide clues about Rubisco evolution and structure/function relationships[J]. Journal of Experimental Botany, 59(7): 1515-1524.

Tang J, Zhu N Y, Zhu Y, et al, 2017. Distinguishing the roles of different extracellular polymeric substance fractions of a periphytic biofilm in defending against Fe_2O_3 nanoparticle toxicity[J]. Environmental Science: Nano, 4(8): 1682-1691.

Tarkowska-Kukuryk M, Mieczan T, 2012. Effect of substrate on periphyton communities and relationships among food web components in shallow hypertrophic lake[J]. Journal of Limnology, 71(2): 279-290.

Tee H S, Waite D, Payne L, et al, 2020. Tools for successful proliferation: diverse strategies of nutrient acquisition by a benthic cyanobacterium[J]. The ISME Journal, 14(8): 2164-2178.

Thauer R K, Kaster A K, Seedorf H, et al, 2008. Methanogenic Archaea: ecologically relevant differences in energy conservation[J]. Nature Reviews Microbiology, 6(8): 579-591.

Toet S, Huibers L H F A, Van Logtestijn R S P, et al, 2003. Denitrification in the periphyton associated with plant shoots and in the sediment of a wetland system supplied with sewage treatment plant effluent[J]. Hydrobiologia, 501(1): 29-44.

Tong H, Chen M J, Lv Y H, et al, 2021. Changes in the microbial community during microbial microaerophilic Fe(II) oxidation at circumneutral pH enriched from paddy soil[J]. Environmental Geochemistry and Health, 43(3): 1305-1317.

Tseng B S, Zhang W, Harrison J J, et al, 2013. The extracellular matrix protects *Pseudomonas aeruginosa* biofilms by limiting the penetration of tobramycin[J]. Environmental Microbiology, 15(10): 2865-2878.

Unnithan V V, Unc A, Smith G B, 2014. Mini-review: *a priori* considerations for bacteria-algae interactions in algal biofuel systems receiving municipal wastewaters[J]. Algal Research, 4: 35-40.

Vadeboncoeur Y, Jeppesen E, Vander Zanden M J, et al, 2003. From Greenland to green lakes: cultural eutrophication and the loss of benthic pathways in lakes[J]. Limnology and Oceanography, 48(4): 1408-1418.

Vadeboncoeur Y, Steinman A D, 2002. Periphyton function in lake ecosystems[J]. The Scientific World Journal, 2: 1449-1468.

Valle A, Bailey M J, Whiteley A S, et al, 2004. *N*-acyl-l-homoserine lactones (AHLs) affect microbial community composition and function in activated sludge[J]. Environmental Microbiology, 6(4): 424-433.

van Hullebusch E D, Zandvoort M H, Lens P N L, 2003. Metal immobilisation by biofilms: mechanisms and analytical tools[J]. Reviews in Environmental Science and Biotechnology, 2(1): 9-33.

Vargas R, Novelo E, 2007. Seasonal changes in periphyton nitrogen fixation in a protected tropical wetland[J]. Biology and Fertility of Soils, 43(3): 367-372.

Vassiliev I R, Kolber Z, Wyman K D, et al, 1995. Effects of iron limitation on photosystem II composition and light utilization in *Dunaliella tertiolecta*[J]. Plant Physiology, 109(3): 963-972.

Veach A M, Griffiths N A, 2018. Testing the light: nutrient hypothesis: insights into biofilm structure and function using metatranscriptomics[J]. Molecular Ecology, 27(14): 2909-2912.

Voisin J, Cournoyer B, Mermillod-Blondin F, 2016. Assessment of artificial substrates for evaluating groundwater microbial quality[J]. Ecological Indicators, 71: 577-586.

Wan J J, Liu X M, Kerr P G, et al, 2016. Comparison of the properties of periphyton attached to modified agro-waste carriers[J]. Environmental Science and Pollution Research, 23(4): 3718-3726.

Wang C, Shen J L, Liu J Y, et al, 2019. Microbial mechanisms in the reduction of CH$_4$ emission from double rice cropping system amended by biochar: a four-year study[J]. Soil Biology and Biochemistry, 135: 251-263.

Wang D L, Lin H, Ma Q, et al, 2021. Manganese oxides in *Phragmites* rhizosphere accelerates ammonia oxidation in constructed wetlands[J]. Water Research, 205: 117688.

Wang J H, Zhuang L L, Xu X Q, et al, 2018. Microalgal attachment and attached systems for biomass production and wastewater treatment[J]. Renewable and Sustainable Energy Reviews, 92: 331-342.

Wang J J, Meier S, Soininen J, et al, 2017. Regional and global elevational patterns of microbial species richness and evenness[J]. Ecography, 40(3): 393-402.

Wang L, Zhang X, Tang C W, et al, 2022. Engineering consortia by polymeric microbial swarmbots[J]. Nature Communications, 13: 3879.

Wang R D, Peng Y Z, Cheng Z L, et al, 2014. Understanding the role of extracellular polymeric substances in an enhanced biological phosphorus removal granular sludge system[J]. Bioresource Technology, 169: 307-312.

Wang S C, Sun P F, Zhang G B, et al, 2022. Contribution of periphytic biofilm of paddy soils to carbon dioxide fixation and methane emissions[J]. The Innovation, 3(1): 100192.

Wang X X, Liu L L, Yang X F, et al, 2022. Using periphyton algae to assess stream conditions of Yarlung Zangbo River Basin[J]. Acta Hydrobiologica Sinica, 46(12): 1816-1831.

Wang X, Wang X M, Hui K M, et al, 2018. Highly effective polyphosphate synthesis, phosphate removal, and concentration using engineered environmental bacteria based on a simple solo medium-copy plasmid strategy[J]. Environmental Science and Technology, 52(1): 214-222.

Wang Y R, Feng M H, Wang J J, et al, 2021. Algal blooms modulate organic matter remineralization in freshwater sediments: a new insight on priming effect[J]. Science of the Total Environment, 784: 147087.

Wang Y Y, Qin J, Zhou S, et al, 2015. Identification of the function of extracellular polymeric substances (EPS) in denitrifying phosphorus removal sludge in the presence of copper ion[J]. Water Research, 73: 252-264.

Wang Z F, Yin S C, Chou Q C, et al, 2022. Community-level and function response of photoautotrophic periphyton exposed to oxytetracycline hydrochloride[J]. Environmental Pollution, 294: 118593.

Weisner S, Eriksson P, Granéli W, et al, 1994. Influence of macrophytes on nitrate removal in wetlands[J]. AMBIO: A Journal of the Human Environment, 23: 363-366.

Whittaker R H. Evolution and measurement of species diversity[J]. Taxon, 1972, 21(2-3): 213-251.

Wilhelm L, Besemer K, Fasching C, et al, 2014. Rare but active taxa contribute to community dynamics of benthic biofilms in glacier-fed streams[J]. Environmental Microbiology, 16(8): 2514-2524.

Williams H N, Turng B F, Kelley J I, 2009. Survival response of *Bacteriovorax* in surface biofilm versus suspension when stressed by extremes in environmental conditions[J]. Microbial Ecology, 58(3): 474-484.

Wingender J, Neu T R, Flemming H C, 1999. What are bacterial extracellular polymeric substances? [M]//Wingender J, Neu T R, Flemming H C, Microbial Extracellular Polymeric Substances. Berlin, Heidelberg: Springer Berlin Heidelberg: 1-19.

Woebken D, Burow L C, Prufert-Bebout L, et al, 2012. Identification of a novel cyanobacterial group as active diazotrophs in a coastal microbial mat using NanoSIMS analysis[J]. The ISME Journal,

6(7): 1427-1439.

Wood H G, Ragsdale S W, Pezacka E, 1986. The acetyl-CoA pathway: a newly discovered pathway of autotrophic growth[J]. Trends in Biochemical Sciences, 11(1): 14-18.

Wood S A, Kuhajek J M, de Winton M, et al, 2012. Species composition and cyanotoxin production in periphyton mats from three lakes of varying trophic status[J]. FEMS Microbiology Ecology, 79(2): 312-326.

Wu X H, Ge T D, Yuan H Z, et al, 2014. Changes in bacterial CO_2 fixation with depth in agricultural soils[J]. Applied Microbiology and Biotechnology, 98(5): 2309-2319.

Wu Y H, He J Z, Yang L Z, 2010. Evaluating adsorption and biodegradation mechanisms during the removal of microcystin-RR by periphyton[J]. Environmental Science and Technology, 44(16): 6319-6324.

Wu Y H, Hu Z Y, Yang L Z, et al, 2011. The removal of nutrients from non-point source wastewater by a hybrid bioreactor[J]. Bioresource Technology, 102(3): 2419-2426.

Wu Y H, Li T L, Yang L Z, 2012. Mechanisms of removing pollutants from aqueous solutions by microorganisms and their aggregates: a review[J]. Bioresource Technology, 107: 10-18.

Wu Y H, Liu J Z, Rene E R, 2018. Periphytic biofilms: a promising nutrient utilization regulator in wetlands[J]. Bioresource Technology, 248: 44-48.

Wu Y H, Tang J, Liu J Z, et al, 2017. Sustained high nutrient supply As an allelopathic trigger between periphytic biofilm and *Microcystis aeruginosa*[J]. Environmental Science and Technology, 51(17): 9614-9623.

Wu Y, 2016. Periphyton: Functions and Application in Environmental Remediation[M]. New York: Elsevier.

Xia Y Q, She D L, Zhang W J, et al, 2018. Improving denitrification models by including bacterial and periphytic biofilm in a shallow water-sediment system[J]. Water Resources Research, 54(10): 8146-8159.

Xiao K Q, Ge T D, Wu X H, et al, 2021. Metagenomic and ^{14}C tracing evidence for autotrophic microbial CO_2 fixation in paddy soils[J]. Environmental Microbiology, 23(2): 924-933.

Xing D K, Wu Y Y, Yu R, et al, 2016. Photosynthetic capability and Fe, Mn, Cu, and Zn contents in two Moraceae species under different phosphorus levels[J]. Acta Geochimica, 35(3): 309-315.

Xiong J Q, Kurade M B, Jeon B H, 2018. Can microalgae remove pharmaceutical contaminants from water?[J]. Trends in Biotechnology, 36(1): 30-44.

Xu H L, Zhang W, Jiang Y, et al, 2012. Influence of sampling sufficiency on biodiversity analysis of microperiphyton communities for marine bioassessment[J]. Environmental Science and Pollution Research, 19(2): 540-549.

Xu X W, Chen C, Wang P, et al, 2017. Control of arsenic mobilization in paddy soils by manganese and iron oxides[J]. Environmental Pollution, 231: 37-47.

Xu Y, Curtis T, Dolfing J, et al, 2021. *N*-acyl-homoserine-lactones signaling as a critical control point for phosphorus entrapment by multi-species microbial aggregates[J]. Water Research, 204: 117627.

Xu Y, Wu Y H, Esquivel-Elizondo S, et al, 2020. Using microbial aggregates to entrap aqueous phosphorus[J]. Trends in Biotechnology, 38(11): 1292-1303.

Yan K, Yuan Z W, Goldberg S, et al, 2019. Phosphorus mitigation remains critical in water protection: a review and meta-analysis from one of China's most eutrophicated lakes[J]. Science of the Total Environment, 689: 1336-1347.

Yan S W, Ding N, Yao X N, et al, 2023. Effects of erythromycin and roxithromycin on river periphyton: structure, functions and metabolic pathways[J]. Chemosphere, 316: 137793.

Yang J L, Liu J Z, Wu C X, et al, 2016. Bioremediation of agricultural solid waste leachates with diverse species of Cu (Ⅱ) and Cd (Ⅱ) by periphyton[J]. Bioresource Technology, 221: 214-221.

Yang J, Han M X, Zhao Z L, et al, 2022. Positive priming effects induced by allochthonous and autochthonous organic matter input in the lake sediments with different salinity[J]. Geophysical Research Letters, 49(5): e2021GL096133.

Yang S I, George G N, Lawrence J R, et al, 2016. Multispecies biofilms transform selenium oxyanions into elemental selenium particles: studies using combined synchrotron X-ray fluorescence imaging and scanning transmission X-ray microscopy[J]. Environmental Science and Technology, 50(19): 10343-10350.

Yao S, Lyu S, An Y, et al, 2019. Microalgae-bacteria symbiosis in microalgal growth and biofuel production: a review[J]. Journal of Applied Microbiology, 126(2): 359-368.

Yao S, Ni J R, Ma T, et al, 2013. Heterotrophic nitrification and aerobic denitrification at low temperature by a newly isolated bacterium, *Acinetobacter* sp. HA2[J]. Bioresource Technology, 139: 80-86.

Yin C Q, Meng F G, Chen G H, 2015. Spectroscopic characterization of extracellular polymeric substances from a mixed culture dominated by ammonia-oxidizing bacteria[J]. Water Research, 68: 740-749.

Yin W, Wang Y T, Liu L, et al, 2019. Biofilms: the microbial protective clothing in extreme environments[J]. International Journal of Molecular Sciences, 20(14): 3423.

You G X, Wang P F, Hou J, et al, 2017. Insights into the short-term effects of CeO$_2$ nanoparticles on sludge dewatering and related mechanism[J]. Water Research, 118: 93-103.

You G X, Xu Y, Wang P F, et al, 2021. Deciphering the effects of CeO$_2$ nanoparticles on *Escherichia coli* in the presence of ferrous and sulfide ions: Physicochemical transformation-induced toxicity and detoxification mechanisms[J]. Journal of Hazardous Materials, 413: 125300.

Yuan S J, Sun M, Sheng G P, et al, 2011. Identification of key constituents and structure of the extracellular polymeric substances excreted by *Bacillus megaterium* TF10 for their flocculation capacity[J]. Environmental Science and Technology, 45(3): 1152-1157.

Zarzycki J, Fuchs G, 2011. Coassimilation of organic substrates via the autotrophic 3-hydroxypropionate bi-cycle in *Chloroflexus aurantiacus*[J]. Applied and Environmental Microbiology, 77(17): 6181-6188.

Zhang B, Li W, Guo Y, et al, 2020. Microalgal-bacterial consortia: from interspecies interactions to biotechnological applications[J]. Renewable and Sustainable Energy Reviews, 118: 109563.

Zhang F Q, Yu Y C, Pan C, et al, 2021. Response of periphytic biofilm in water to estrone exposure: phenomenon and mechanism[J]. Ecotoxicology and Environmental Safety, 207: 111513.

Zhang K, Xiong X, Hu H J, et al, 2017. Occurrence and characteristics of microplastic pollution in Xiangxi Bay of Three Gorges Reservoir, China[J]. Environmental Science and Technology, 51(7): 3794-3801.

Zhang L, Mah T F, 2008. Involvement of a novel efflux system in biofilm-specific resistance to antibiotics[J]. Journal of Bacteriology, 190(13): 4447-4452.

Zhang P, Chen Y P, Qiu J H, et al, 2019. Imaging the microprocesses in biofilm matrices[J]. Trends in Biotechnology, 37(2): 214-226.

Zhang Q L, Liu Y, Ai G M, et al, 2012. The characteristics of a novel heterotrophic nitrification-aerobic denitrification bacterium, *Bacillus methylotrophicus* strain L7[J]. Bioresource Technology, 108: 35-44.

Zhang X F, Mei X Y, 2013. Periphyton response to nitrogen and phosphorus enrichment in a eutrophic shallow aquatic ecosystem[J]. Chinese Journal of Oceanology and Limnology, 31(1): 59-64.

Zhang Y, Qv Z, Wang J W, et al, 2022. Natural biofilm as a potential integrative sample for evaluating the contamination and impacts of PFAS on aquatic ecosystems[J]. Water Research, 215: 118233.

Zhao H Y, Yang Q L, 2022. Study on influence factors and sources of mineral elements in peanut kernels for authenticity[J]. Food Chemistry, 382: 132385.

Zhao Y H, Xiong X, Wu C X, et al, 2018. Influence of light and temperature on the development and denitrification potential of periphytic biofilms[J]. Science of the Total Environment, 613/614: 1430-1437.

Zheng X L, Sun P D, Han J Y, et al, 2014. Inhibitory factors affecting the process of enhanced biological phosphorus removal (EBPR)- A mini-review[J]. Process Biochemistry, 49(12): 2207-2213.

Zhou L, Zhou Y Q, Tang X M, et al, 2021. Resource aromaticity affects bacterial community successions in response to different sources of dissolved organic matter[J]. Water Research, 190: 116776.

Zhou Y, Marcus A K, Straka L, et al, 2019. Uptake of phosphate by *Synechocystis* sp. PCC 6803 in dark conditions: removal driving force and modeling[J]. Chemosphere, 218: 147-156.

Zhou Y, Nguyen B T, Zhou C, et al, 2017. The distribution of phosphorus and its transformations during batch growth of *Synechocystis*[J]. Water Research, 122: 355-362.

Zhu N Y, Wang S C, Tang C L, et al, 2019. Protection mechanisms of periphytic biofilm to photocatalytic nanoparticle exposure[J]. Environmental Science and Technology, 53(3): 1585-1594.

Zhu N Y, Wu Y H, Tang J, et al, 2018. A new concept of promoting nitrate reduction in surface waters: simultaneous supplement of denitrifiers, electron donor pool, and electron mediators[J]. Environmental Science and Technology, 52(15): 8617-8626.

Zhu Y, Shao T Y, Zhou Y J, et al, 2021. Periphyton improves soil conditions and offers a suitable environment for rice growth in coastal saline alkali soil[J]. Land Degradation and Development, 32(9): 2775-2788.

Zubareva V M, Lapashina A S, Shugaeva T E, et al, 2020. Rotary ion-translocating ATPases/ATP synthases: diversity, similarities, and differences[J]. Biochemistry Biokhimiia, 85(12): 1613-1630.

第三章　周丛生物调查点位的布设方法

第一节　周丛生物调查布点的前期准备

一、周丛生物调查布点原则

科学性原则：以研究需求为导向，科学布设采样点。采样点应具有典型性和代表性，能充分满足调查评估工作的目标要求，能真实反映农业生态系统中周丛生物真实分布情况。

系统性原则：布设点位应尽量涵盖调查区域范围内周丛生物可能分布的类型。采样点数量还应满足一定的统计学要求，以满足分析评估需要。

重点性原则：应把调查区域内各灌溉水系（沟渠、河流、池塘、湖泊和水库等）以及典型稻田田块作为调查重点区域，并增加点位布设密度。在周丛生物生物量、性质、水动力和生境差异较大等区域，也可提高点位布设密度。

持续性原则：周丛生物容易受区域气候、水文及人为活动的影响，应充分考虑布设点位的空间变异性，一经确定，应长期保持固定，尽量降低采样误差。

可操作性原则：应充分考虑区域的灌溉、土壤、水文等本底情况，以及资金、人力和后勤保障等条件。应在具备一定的工作条件和交通条件的地方布设点位，在采样活动安全且切实可行的基础上，保证采样科学，样本可靠。

二、周丛生物调查布点准备

查阅采样农业生态系统主要稻田、沟渠、池塘、河流和水库等的分布格局，灌溉水系的走向等，开展实地踏勘，了解土壤、地形、灌溉、施肥、水文、气候等本底情况。

准备采样工具，如保温箱、样品袋、漏勺、记号笔、记录表等。准备野外采样工作人员防护用品及装备，包括防水裤、雨靴、保暖/防护衣物、医药用品等。

组织具有相关专业背景的人员，明确任务分工，对人员做好布点方法和实地操作规范的工作培训。加强野外安全意识，杜绝危险事件发生。

第二节　周丛生物调查布点技术

一、农田生态系统布点技术

稻田布点：在进行大尺度调查时，应考虑不同纬度地区或不同经度地区的气候差异和降水差异，选取不同温度梯度和降水梯度的稻田区域布设点位，如选择全国 6 个稻作区，每个稻作区选取 3 个以上的采样点。对于同一研究区域（如同一稻作区）的稻田点位布设，应包含集约农业区、传统自耕区、重要水体上下游及附近的稻田，每类地点的稻田至少布设 3 个采样点或采集至少 5 个点位样品混合而成的 1 个样品，用于代表当地情况。若研究区域的稻田不存在差异化分布，布设点位的稻田应涵盖研究区域的流域范围，东南西北主要方位均有设点。尽量选择具有一定规模的连片稻田，避免将点位布设在 10 亩①以下孤立的小块稻田。稻田面积小于 100 亩的设 3～5 个点位，100～1000 亩的设 4～6 个点位，1000 亩以上的设 6～10 个点位。稻田点位应避免距离田垄等频繁受到人为扰动的区域较近，而应尽量靠近稻田中心位置等相对稳定的地段。对于多个点位同时布设在同一稻田的情况，可采取均匀随机布点的原则，根据周丛生物生长情况等进行实地调整，点位相互间距离应大于 5 m。

沟渠布点：沟渠点位应与稻田点位相对应，即布设点位的稻田旁侧沟渠均布设点位，在每条沟渠中段布设 1～2 个点位，或布设不超过对应稻田采样点数的点位。

二、森林生态系统布点技术

鉴于森林生态系统中的周丛生物较少，主要分布在森林内部的沟渠、池塘等小型水体中，各自之间相互独立，采取随机采样的方法，布设 1～3 个点位，布设 1 个点位时需进行混合采样，将至少 5 个随机点位样品混合成一个点位的样品。应保证点位间隔大于 50 m，点位距离森林边缘大于 20 m。

三、草原生态系统布点技术

草原生态系统中涉水系统分散相对连贯，以沟道或小溪或河道的形式存在，布点应能代表草原随地形、土壤和人为环境等的变化特征，布点方式可参照淡水生态系统布点技术，如下。

---

① 1 亩≈666.7 m²

四、淡水生态系统布点技术

河流布点：在河流上、中、下游，干、支流，以及干支流汇合点处均应设置点位；同时，在人类活动较少和较普遍的区域也可分别设置至少 1 个点位。同一干/支流上任意两个相邻点位间的地理距离应大于 5 km，若河流较短，则采样点应至少设置 3 个，覆盖河流的上、中、下游，或至少包括若干个典型的生境（深潭、浅滩、激流区、缓流区、湍流区、回水区、过渡区等）。布设点位可兼顾已有土壤、水质、水文常规观测的点位，如国考、省考断面，以便获取和利用相关观测基础数据。

池塘布点：将点位布设在池塘的水陆交错带附近，水域面积小于 10 亩设 1~2 个点位，布设 1 个点位时需进行混合采样，将至少 5 个随机点位样品混合成一个点位的样品，10~30 亩设 2~3 个点位，大于 30 亩设 3~6 个点位。点位可围绕池塘均匀布设，但应覆盖进水区、出水区和池塘湾区。

水库布点：将点位布设在水库的水陆交错带附近，水域面积小于 10 km² 设 3~5 个点位，10~50 km² 设 4~6 个点位，大于 50 km² 设 5~8 个点位，超过 100 km² 设 10~20 个点位。点位可围绕水库均匀布设，但应覆盖进水区、出水区和水库中段。

湖泊布点：根据湖泊的水文状况和周丛生物的分布特征，以及水体受干扰情况等因素，将拟采样区域划分成多个小区，包括湖滨带、湖湾区、进水区、出水区，或污染区、相对清洁区等，每个小区内设置 1~3 个有代表性的点位，具体布点数量可综合考虑小区面积、形态和生境特征，以及工作条件和经费情况等因素确定。对于均质化程度较高的湖泊，可按照水库布点方法均匀设置点位，水域面积小于 20 km² 设 3~5 个点位，20~100 km² 设 4~6 个点位，100~500 km² 设 5~8 个点位，大于 500 km² 设 8 个以上的点位。

湿地布点：对于非均一地面的湿地，点位应能代表各类湿地随地形、土壤和人为环境等的变化特征，每类设置 1~3 个点位。对于均一地面的湿地，点位布设应在区域内进行简单随机抽样代替整体分布，面积小于 1 km² 设 3~5 个点位，面积大于 1 km² 设 5~8 个点位。

第三节　野外周丛生物采样频率及采样点信息记录

一、野外周丛生物采样频率

确定采样频率的主要依据是调查目的、采样点的时空变异以及调查所需的精度等因素。通常情况下，一个季度采集一次样品；如果条件不允许，可春季和秋季各采集一次，或根据调查区域的水文情况，在丰水期、平水期、枯水期采样。对于以水稻种植为主的农业生态系统，保证每一个水稻生长季进行 2 次调查采样（分蘖期和灌浆期）；条件允许的情况下，每一个水稻生长阶段可开展 1 次调查。对于需长期进行的采样，每年采样选择相对固定的时间点或时间段，一般前后不超过 15 d，但需避免大规模扰动后采样，如蓝藻暴发，应等待采样区域环境尽量稳定到扰动前的状态再进行采样。为避免后续不可预料的情况，一般选择在固定采样时间前的合理时间范围内采样。

二、周丛生物采样点信息记录

周丛生物采样点信息记录详见表 3-1。

表 3-1 周丛生物采样点信息记录表

点位编号：_____ 日期：_____ 记录人：_____

地点	省 市 县（市、区） 镇（街道） 村（社区）
定位	海拔（m）
生境类型	稻田□ 沟渠□ 森林□ 草原□ 河流□ 池塘□ 水库□ 湖泊□ 湿地□
地貌	平原□ 山地□ 丘陵□ 高原□ 盆地□
土壤地质	砂质土□ 黏质土□ 壤土□
地表特征	枯落物情况： 底质描述：
水力条件	
水质环境	
基质类型描述	基质类型Ⅰ：自然植被（描述何种植被 ）、自然卵石（描述何种石头 ）； 基质类型Ⅱ：人工基质（石砌护岸描述、木桩描述、水工构筑物描述等 ）； 基质类型Ⅲ：人工种植的作物（描述何种植被及生长年限等 ）； 基质类型Ⅳ：其他（ ）
周丛生物	外表颜色：绿色、褐色、淡黄色或其他（ ） 致密程度：膜质、毛绒状、丝状或其他
照片拍摄情况	照片编号： 拍摄时间： 对应点位编号：

主要参考文献

北京市市场监督管理局, 2020. 水生生物调查技术规范(DB11/T 1721—2020).

江苏省市场监督管理局, 2021. 淡水浮游藻类监测技术规范(DB32/T 4005—2021).

田盼盼, 桑翀, 马徐发, 等, 2022. 基于周丛藻类群落结构的新疆额尔齐斯河生态健康评价[J]. 生态学报, 42(2): 778-790.

王纤纤, 刘乐乐, 杨学芬, 等, 2022. 基于周丛藻类的雅鲁藏布江流域水生态系统健康评价[J]. 水生生物学报, 46(12): 1816-1831.

中华人民共和国水利部, 2016. 内陆水域浮游植物监测技术规程(SL 733—2016).

第四章 周丛生物采集、保存与培养方法

第一节 周丛生物采集方法

本节内容包括周丛生物常规调查中对周丛生物进行采集所需要的材料和器具、采样要点、样品采集方法和记录等。适用于稻田、沟渠、河流、水库、湖泊等多种生态系统。

一、材料和器具

（一）主要试剂

（1）蒸馏水或同等纯度的水；

（2）冰袋；

（3）液氮。

（二）主要器具

（1）刮刀；

（2）镊子；

（3）短尺；

（4）样品袋或样品瓶：聚乙烯样品袋或螺纹盖玻璃瓶；

（5）记号笔；

（6）一次性无菌手套；

（7）笔记本；

（8）GPS 定位仪；

（9）温度计；

（10）便携 pH 计；

（11）车载冰箱；

（12）其他根据实验目的所需仪器。

二、采样计划制定要点

（一）确定采样基质

对于浅水生态系统，根据生境类型或沟渠、河流底质，确定周丛生物附着的基质，主要包括无机基质（如石头等）和有机基质（如水生植物等）。取样时选择的天然基质要有代表性。不同基质上的样品分开收集保存。对稻田水-土界面周丛生物样品，可采用混合采样，即每个样品由若干个相邻近的采样点的样品混合而成，鉴于耕作、施肥等措施往往是沿直线方向进行，随机定点一般按"S"形路线采样（图 4-1）。不同点位混合后应保证不对研究目的产生任何影响。

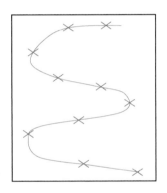

图 4-1   "S"形随机采样方法

（二）确定定量样品和定性样品

对周丛生物生物量的研究应采集定量样品，需记录相应的刮取面积，与定性样品分开采集。每份样品一般保证取至少 3 个平行样品。

三、采样时间和频率

（一）农田生态系统采样时间和频率

在对周丛生物在稻田中的生长情况进行监测时，应保证在水稻移栽后每月采集样品一次，前一个月周丛生物快速繁殖期可加密至半月一次。在对稻田周丛生物做大尺度调查时，选取周丛生物生长旺盛时期进行采样，一般以水稻移栽后20 d 或分蘖期为宜。

农田沟渠周丛生物采样时间和频率与稻田采样相对应。一般在水稻移栽淹水后每月采集样品一次，前期周丛生物快速繁殖期可加密至半月一次。

（二）淡水生态系统采样时间和频率

对于河流、池塘、湖泊、水库、湿地等生境的周丛生物，一般按季节或丰水期、平水期、枯水期开展采样。在条件允许的情况下，建议每月监测一次。各季或各月采样的时间间隔应基本相同，考虑到日变化，采样时间尽量选择在一天的同一时段。

四、样品采集方法

（一）确定采样体积

每个采样点取周丛生物的体积应尽量保持一致。对于稻田生态系统，若为混合采样，应根据混合点数量确定每点采集量，并保证混合均匀，根据区域差异和面积大小确定 5～10 个点或 10～20 个点。

（二）采样顺序

采集定量样品应在定性样品之前，并避免样品在采集前受到较大扰动。根据实验目的若需要同步采集周丛生物上覆水或下层土壤样品，应先采集水样后再进行周丛生物和土壤样品收集，以防样品污染。

（三）样品刮取和记录

对周丛生物生物量进行定量样品采集时，应刮取具有代表性区域已知面积内（用短尺测量）所有周丛生物，放入单独样品瓶内供室内分析，并做好标记和记录。对于定性样品，使用镊子或刮刀等工具从水下浸没的介质（包括稻田土壤、水生植物、石块）表面剥离周丛生物，并移至聚乙烯采样袋内。

（四）原位厚度检测

根据实验目的，若需要对周丛生物进行原位厚度检测和固定，可采用周丛生物原位采样器（图 4-2）。周丛生物原位采样器参考土壤原位采样原理，规范化定量完成采样点土柱表层周丛生物样品采集。具体来说，采样器为圆柱形结构，左侧中空，为土柱采取和提升通道，右侧与左侧通过中部隔板分开。竖直插入土中后，旋转中心轴（蓝色竖轴）180°，带动切刀（蓝色横线部分）对土柱完成旋转切样，并对土样托底，防止在拔出采样器时土样下落。旋转侧边旋钮，带动机械传动轴对咬合的中心轴进行传动提升，至土样表层周丛生物正好到达左侧透视孔 1（红色标记）的位置，通过透视孔 2（红色标记）读取中心轴上的刻度①，进一步旋转旋钮，至通过透视孔 1 观察到周丛生物与土质的分层处停止，再通过透视孔 2 读取中心轴上的刻度②，并使用平板切刀通过透视孔 1 在周丛生物和土质分层处进行层切，取出半圆形周丛生物样品进行保存。②与①的差值即为采集的周丛生物厚度，周丛生物面积为半圆面积。由此，采集的周丛生物量得到固定。

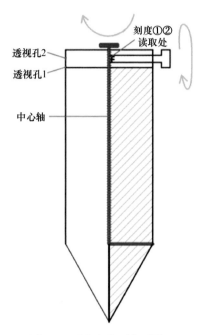

图 4-2　周丛生物原位采样器

（五）器具清洗

及时清洗所有接触过样品的采样器具并进行检查，防止下一次采样污染。

五、样品标识与记录

（一）样品标识

在样品袋外侧标注样品编号、采样日期、水体名称、采样点、采样人姓名等信息。

（二）样品记录

采样现场记录表格可参考表 4-1，主要包括采样地经纬度、采集数量、采样时间、生境情况等。

表 4-1 周丛生物野外采样记录表

日期	年 月 日	采集地点		记录人
样品编号		采样地经纬度		海拔
采集方法	单点采样/混合采样	采样工具		采集数量
采样时间		天气和气温		pH
生境类型		样品类型	定量/定性样品	水温
附着基质类型				
照片拍摄情况	照片编号：	拍摄时间：	对应点位编号：	
备注				

（三）环境记录

对现场采样环境情况进行观察、记录和拍照，并填写在采样记录表中；可同步采集样品所在环境水、土样等，进行其他指标的实验室分析，以确定其所在环境信息。

第二节 周丛生物样品的处理与储存

本节内容包括周丛生物常规调查中对周丛生物进行处理和储存所需要的材料与器具，以及储存步骤及注意事项等。

一、样品储存容器

（1）一般常用聚乙烯袋进行存储，因为聚乙烯性质稳定，且方便运输。

（2）聚乙烯容器不适用于存放被有机物污染的周丛生物，对于此类试验的周丛生物样品，建议采用带有螺纹盖的玻璃瓶。

二、样品运输和储存

（1）从田间采样到进行分析之前这段时间，样品需要储存在 0℃的保冷箱中。

（2）样品运输过程中应保证无破损、样品之间无污染。避免强烈振动和强光照射。

（3）周丛生物样品运至实验室后，应进行液氮处理，并出于不同实验目的进行风干或储存在 4℃、-20℃或-80℃的冷冻冰箱中。周丛生物储存的最基本要求是，满足实验的目的和要求，且在储存时间内生物样品性质不应发生大的改变。

（4）部分指标需要周丛生物的风干样品，制备过程包括风干、磨细、过筛、混匀、装袋（瓶），储存时做好样品袋标记和记录，储存时样品袋（瓶）上需增加筛孔信息的标注。

三、剩余样品处理

（1）样品待指标分析完毕后储存 3 个月左右，以备再次分析验证所需。
（2）一些长期观测周丛生物样品，需要长期储存。
（3）一些来自特殊生境的重要的周丛生物试验样品需要储存较长时间。

四、样品整理与归档

（1）整理现场采样记录，确保样品信息的一一对应与完整性。
（2）需长期储存的样品应做好归档和交接，确保任何时候样品均不会丢失与混淆。

第三节　周丛生物培养方法

本节内容包括对周丛生物进行培养和富集的方法，包括野外富集方法、室内静态和动态扩大化培养方法及人工快速驯化具有特定功能周丛生物的方法等。

一、野外富集方法

为收集和培养周丛生物样本以进行室内研究与分析，需要在野外对周丛生物进行富集。主要包括以下步骤。

（一）选择合适的富集地点

选择适宜周丛生物生长的自然生境，或根据实验目的选择特定生境，如湖泊、池塘、水田等。确保水体具有适当的养分含量和适宜的生态环境。

（二）选择适当的附着基质

在富集场地附近选择适当的基质或者使用人工基质，如岩石、塑料板、陶瓷片、载玻片、聚氨酯载体等，作为周丛生物附着的载体。

（三）准备富集器具

清洗和消毒适当大小的容器或盒子，以容纳基质和水样。确保容器干净，没有残留的化学物质或细菌。

（四）收集富集材料

在富集场地附近，将选定的基质和富集容器放置在水体中，让其自然附着周丛生物。根据实验需要，确定附着基质和富集容器的大小。

（五）富集时间的控制

富集的时间可以根据研究目的和实验用量而定，通常需要几天到几周不等。

（六）定期观察和维护

在富集期间，定期观察富集容器中的周丛生物生长情况。检查基质表面是否有藻类附着，并观察其数量和种类的变化。必要时可以进行维护，如更换或增加基质等。

（七）采集样品

在富集期结束后，可以采集附着在基质上的周丛生物样品进行进一步的研究。使用适当的工具，将基质上的周丛生物样品取下，注意保持样品的完整性和干净。

通过以上步骤，可以在野外富集周丛生物，并获得样本，用于室内等实验研究。在操作过程中，需要注意保持样品的干净和避免污染，以确保研究结果的准确性。

二、室内静态扩大化培养方法

周丛生物的室内静态扩大化培养可用于增加周丛生物生物量，以便进行进一步的研究和应用。该方法主要包括以下步骤。

（一）培养基的准备

根据周丛生物的生长要求，制备适合其生长的培养基，如 WC 培养液（成分详见表 2-1）。培养基中物质可以根据实验目的和需求进行增加或更换。

（二）培养容器的准备

根据实验量要求，选择适当大小的培养容器，如培养皿、培养瓶或培养槽。确保容器清洁，并在使用前进行彻底消毒，以避免细菌或其他污染物的存在。

（三）基质的选择

根据周丛生物的特性，选择适当的基质作为附着表面。常用的基质包括玻璃片、陶瓷片、塑料板、聚氨酯载体等。基质应该具有适宜的表面特性，便于周丛生物的附着和生长。

（四）基质处理

将选定的基质进行清洗和消毒，以去除可能存在的细菌和其他污染物。可以使用稀释的漂白剂或消毒液进行处理，并用纯净水冲洗干净。

（五）基质接种

将培养基倒入准备好的培养容器中，然后将清洁的基质放入培养基中。确保基质充分浸没在培养基中，并与培养基充分接触。

（六）周丛生物接种

将已经收集或培养好的周丛生物接种到基质上。

（七）培养条件控制

将培养容器放置在适当的环境条件下，如恒温恒湿的培养箱或培养室中。控制适当的光照强度和光照周期，通常使用白光或自然光照。温度和光照条件可以根据周丛生物生长的要求进行调整，可设置为 25℃ 和 12 h/12 h 的光照（2800 lx）/黑暗交替。

（八）培养期间的维护

在培养期间，定期观察周丛生物的生长情况。可以使用显微镜检查周丛生物的数量、形态和健康状况。根据需要，定期更换培养基，以提供新鲜的营养物质。

（九）周丛生物的分离与收集

当周丛生物达到所需的生长程度时，可以将基质取出，并将周丛生物进行分离和收获。可以使用刮片或刷子等工具将周丛生物从基质上轻轻刮下，并转移到适当的容器中。

通过以上步骤，可以在室内静态条件下扩大化培养周丛生物，并获得更多的周丛生物样本和生物量，以支持进一步的研究和应用。在培养过程中，需要注意保持培养容器的清洁和无菌，并确保提供适当的养分和环境条件，以促进周丛生物的生长和繁殖。

三、室内动态扩大化培养方法

在通过室内静态扩大化培养获得一定量的周丛生物样品后，可以通过连续进水或搅拌进行动态扩大化培养，即模拟自然环境中的水流动作，提供更稳定的营养物质和氧气供应，并帮助周丛生物更好地生长和繁殖，以增加周丛生物生物量和增长速率，并更好地满足大规模生产的需求，适用于工业化生产或其他大规模应用。主要采用以下步骤实现连续进水的动态培养。

（一）培养容器准备

选择适当的培养容器，确保其具有合适的尺寸和密封性，以便维持流动的培养条件。

（二）进水系统设置

设置连续进水系统，包括水泵、管道和流量控制装置。确保水泵提供适当的流速，使培养基以合适的速度进入培养容器。

（三）培养基供应

准备适当的培养基，如上述 WC 培养基，并将其贮存于供应容器中。通过管道连接供应容器和培养容器，确保持续地供应新鲜的培养基。

（四）进水速率控制

根据周丛生物的生长要求，调整进水的流速。流速过快可能会造成样品的冲刷或流失，而流速过慢可能会导致培养基中的营养物质不足。因此，需要根据具体情况进行调整。

（五）培养条件控制

在连续进水的动态培养中，仍需控制其他培养条件，如温度、光照和 pH 等。确保提供适当的环境条件，以促进周丛生物的生长和繁殖。

其他步骤同静态培养方法，通过连续进水的方式，可以实现动态培养的流动性和混合性，促进周丛生物生长。这种方法可以更好地模拟自然环境中的水流动作，为周丛生物提供适当的养分和氧气供应，从而提高其生物量和增长速率，实现更大规模应用。

四、周丛生物快速驯化方法

周丛生物驯化指通过改变培养条件或环境使周丛生物调整其生理行为，并在原本不适应的环境条件下保持生长。一般来说，扩大化培养是为了获得更多的周丛生物生物量，而快速驯化的目标是在较短的时间内获得具有特定功能的高效周丛生物。在室内对周丛生物进行特定功能的驯化，如去除废水重金属、强化氮磷去除能力、高效固定二氧化碳等，需要根据具体的功能需求和目标周丛生物的特性进行相应的步骤和采取调控措施，快速驯化更注重对培养条件的精细调控。下面是一般情况下的驯化步骤。

（一）选择目标周丛生物

确定准备驯化的目标周丛生物。一方面可以根据文献调研或专业意见选择具有较高耐受能力的藻种；另一方面，可以依据所需的特定功能在特定生境下进行野外周丛生物富集，如在重金属废水、面源污染严重的环境中富集具有相应特定功能的周丛生物。了解准备驯化的目标周丛生物的生物学特性和生长要求，以便为后续的驯化步骤做准备。

（二）基质选择和处理

根据目标周丛生物的特性，选择合适的附着基质。特殊功能的驯化通常需要特殊的基质，如特定材料、载体或基质表面的改性等，以促进目标藻类的特殊功能的发挥。对选择的基质进行处理，确保表面的清洁和无菌，防止细菌和病原体的污染。将处理后的基质切割成适当大小的片段，增加附着面积并方便在培养容器中使用。将采集到的含有目标周丛生物的样品均匀地接种到基质上。

（三）培养基选择与调配

根据目标周丛生物的生长要求，选择合适的培养基，如上述 WC 培养基。也可选择不同的培养基培养后进行比较，筛选生长状况最佳的周丛生物和最佳培养基。特殊功能周丛生物的筛选可能需要调整培养基中的营养物质浓度、添加特定的化合物等。

（四）确定培养容器和培养系统

小规模室内驯化可采用培养瓶；规模化培养系统一般包括封闭式光生物反应器和混合型开放式池塘系统。气升式光生物反应器可以提供稳定可靠的藻类生长环境，防止外部污染。根据目标周丛生物的生长需求，选择合适的光照强度和光照周期，并维持适宜的温度和湿度条件。

（五）周丛生物驯化处理

在培养过程中，根据目标功能对周丛生物进行逐步驯化，例如，引入适量的重金属离子到培养基中，并可以分为低浓度驯化和高浓度驯化等不同阶段，以逐渐提高周丛生物对重金属的适应和去除能力。

（六）观察和调整

定期观察目标周丛生物的生长情况和特殊功能的表现，比较驯化前后周丛生物特定去除能力的大小。根据观察结果，调整培养条件和特殊功能的调控措施，以促进特殊功能的发挥和驯化的成功。

（七）驯化后期处理

在周丛生物生长达到一定程度后，可以考虑收获周丛生物进行进一步研究和应用。如可以通过分离和筛选等方法，选取具有高效去除重金属能力的个体进行后续研究和扩大化培养。

在特殊功能的驯化中，需要根据目标周丛生物的特性和驯化目的，进行特定的调控和操作。这可能涉及培养基成分的优化、生物反应器的设计和特殊条件的控制等。通过系统性的实验和调整，逐步驯化目标周丛生物，以获得所期望的特殊功能的表现。

第五章 周丛生物物理指标测试方法

第一节 周丛生物覆盖度测定方法

周丛生物覆盖度（periphytic biofilm coverage，PBC）通常是指稻田周丛生物面积占稻田总面积之比，一般用百分数表示，用于评估某一稻田中周丛生物的生长状况。测定方法一般随机选定多个 1.0 m² 的被测点，测量每个随机被测点的覆盖面积，求取平均值，然后乘以总的稻田面积得到所测稻田的周丛生物面积。覆盖度为周丛生物面积占稻田总面积之比。

一、被测点选定

在所研究稻田区域中，随机选定多个 1.0 m² 被测点，间距 15～30 m。大面积区域的测定点一般至少有 10 个。

二、针刺法测定覆盖度

随机选取 1.0 m² 的被测点方框，以间隔网格线方式划分三种不同格网密度（为 10 cm×10 cm，15 cm×15 cm，20 cm×20 cm），利用细针在方框里从上到下、从左到右检测网格内周丛生物的"有"和"无"，记录"有"的次数，用百分数表示。并重复该过程 5～10 次，取均值作为该被测点的周丛生物覆盖度。

考虑到周丛生物空间异质性大，以及测定精度和人力投入相平衡，需要依据目测估计的覆盖度，选取合适网格密度。

三、覆盖度计算

测量每个随机被测点的覆盖面积，求取平均值，然后乘以总的稻田面积得到所测稻田的周丛生物面积。覆盖度为周丛生物面积占稻田总面积之比，一般用百分数表示。计算公式如下：

$$PBC = \frac{S_{Average\ coverage} \times S_{Total\ area}}{S_{Total\ area}}$$

式中，$S_{Average\ coverage}$ —— 被测点（1 m²）内覆盖面积的平均值，m²；

$S_{Total\ area}$ —— 所研究稻田区域的总面积，m²。

第二节　周丛生物厚度和粗糙度测定方法

周丛生物厚度（periphytic biofilm thickness）是指周丛生物薄厚程度，一般用 μm 表示。周丛生物粗糙度（periphytic biofilm roughness）是指周丛生物表面因孔隙和空隙的存在，其厚度变化的程度，也指周丛生物的异质性程度。厚度和粗糙度用于评估周丛生物的形成特征，通过激光扫描共聚焦显微镜对周丛生物样品从表层到内层进行实时扫描，得到图像堆栈信息，基于 COMSTAT 软件分析周丛生物厚度。

一、制样

（1）用镊子取小块新鲜的周丛生物于洁净载玻片，并放置于洁净的培养皿中，用生理盐水轻柔洗去表面残余培养液和杂质。

（2）染料的配制：取洁净 EP 管，用锡箔纸包紧，向其中加 1 mL 二甲基亚砜（DMSO），将荧光染料 LIVE/DEAD BacLight^{TM} Bacterial Viability Kit 放于室温下融化，取 1.5 μL SATO9 染料加入到 DMSO 中，振荡混匀。

（3）加 200 μL 染料于载玻片上，确保整个片子被染液覆盖，将放有载玻片的培养皿用锡箔纸包起，染色 20～30 min 后，取出载玻片，并将其边缘液体吸干，加 10 μL 封片剂到洁净的盖玻片上，将盖玻片放置于周丛生物上压紧，并排除气泡，确保视野清晰、不流动。将制备好的片子用锡箔纸包好，用激光扫描共聚焦显微镜观察。

二、周丛生物最大厚度测定

采用激光扫描共聚焦显微镜对染色周丛生物进行显微观察和图像采集，沿三维坐标系 Z 轴，对周丛生物样本由内（周丛生物与玻片相贴面）向外（周丛生物游离面）逐层水平扫描，步距 14 μm。当出现两个连续的水平层面，Z 轴距离较小的水平层面上能够观察到周丛生物结构，Z 轴距离较大的水平层面上不能够观察到周丛生物结构，则后一水平层面的 Z 轴距离为周丛生物最大厚度（μm）。

三、基于 COMSTAT 软件分析周丛生物平均厚度和粗糙度

首先将周丛生物不同深度层次的图像信息文件导入 MATLAB 路径，将特定格式的图片数据直接导入 COMSTAT 软件中，验证数据的准确性和完整性，使用 LOOKTIF 程序设定灰度阈值。最后，运行 COMSTAT 程序量化周丛生物平均厚度（μm）。

考虑到周丛生物内的孔隙和空隙，利用粗糙度系数表示测量的周丛生物厚度的可变性。计算公式如下：

$$R = \frac{1}{N} \sum_{i=1}^{N} \frac{\left| L_{fi} - L_f \right|}{L_f}$$

式中，R——粗糙度系数；

　　　L_{fi}——第 i 个测量的个体的厚度，μm；

　　　L_f——平均厚度，μm；

　　　N——厚度测量的次数。

第三节　周丛生物形态结构表征方法

一、周丛生物形态结构特征

（1）周丛生物表面粗糙，形态不规则。

（2）周丛生物为三维物体，需多角度成像观察其形态结构。

（3）周丛生物不同区域形貌差异较大。

（4）周丛生物内生化成分复杂。

二、扫描电子显微镜

（一）技术要点

（1）对周丛生物的形状和粗糙度没有任何限制，无须复杂制样，可观察大尺寸周丛生物样品。

（2）观察较厚的周丛生物样品时，能得到高的分辨率和最真实的物理结构形貌。

（3）显微镜样品室空间大，易于周丛生物样品在其中空间转动，来观察周丛生物各个区域的形貌细节。

（4）对周丛生物样品内目标区域进行从高倍到低倍的连续、动态观察。

（二）样品制备

（1）取周丛生物展片于盖玻片或滤膜上，用2.5%戊二醛溶液固定2 h，0.1 mol/L磷酸盐缓冲液漂洗 10 min，重复漂洗 3 次，再用 1%锇酸固定液固定 1.5 h。

（2）将固定好的周丛生物样品冷冻干燥处理，以接近自然的状态直接观察。

（3）若观察割裂面结构，应根据需求从不同角度切割周丛生物样品。

（三）扫描电子显微镜成像

用扫描电镜观察周丛生物的表面形态。用极细的电子束在周丛生物表面扫描，激发表面放出二次电子，将产生的二次电子用特制的探测器收集，形成电信号运送到显像管，在荧光屏上显示物体。这一过程中，依据试验目的选取不同的视场进行观察，分辨率可以达到 1 nm，放大倍数可高达 30 万倍以上。

（四）用扫描电子显微镜分析化学元素

扫描电子显微镜与能量色散 X 射线谱仪联用，分析周丛生物表面的化学信息。通过显微镜定位于周丛生物上感兴趣的微区，利用 X 射线识别微区上元素种类和浓度，并可通过面和线多层次扫描，实现周丛生物表面元素可视化。

（五）技术限制

（1）只能观察死亡的周丛生物样品。

（2）在处理周丛生物时可能会产生本来没有的结构，这加剧了后期分析图像的难度和不准确性。

（3）周丛生物作为三维物体，其二维平面投影像成像不唯一。

三、激光扫描共聚焦显微镜

（一）技术要点

（1）扫描周丛生物样品的不同层面，通过图像叠加重建周丛生物的三维图像。

（2）使用荧光探针标记获得包含特定组分的周丛生物精细结构的荧光图像。

（3）利用激光扫描共聚焦显微镜对活的周丛生物的形状、面积、厚度、平均荧光强度等参数进行自动测定，以观察周丛生物形成和生长中的微观过程。

（二）样品制备

（1）周丛生物三维图像重建：直接取小块新鲜的周丛生物于洁净载玻片，使用显微镜观察并采集不同层面图像，构建三维图像。

（2）周丛生物中特定组分的定量分布：用特定染色剂对周丛生物进行荧光染色标记，再于显微镜下观察标记特定成分的定位以及分布。

（3）周丛生物形成过程研究：使用盖玻片生物膜培养法，培养周丛生物，于不同时间取出盖玻片，用异硫氰酸荧光素标记的刀豆蛋白 A 和碘化吡啶双重免疫荧光技术染色，再利用激光扫描共聚焦显微镜观察周丛生物的形成过程与特点。

（三）特定组分的定量分布

分析周丛生物细胞外蛋白质、多糖、脂质、核酸和其他分子的分布。利用单波长、双波长或多波长模式，对荧光单标记或多标记的周丛生物样品进行数据采集，并分析标记的特定组分含量及分布。同时沿纵轴上移动周丛生物样品，扫描、叠加多个光学切片，形成周丛生物中荧光标记的三维结构图像，以显示特定组分在周丛生物结构上的准确定位。

（四）技术限制

（1）激光扫描共聚焦显微镜只能扫描固定或运动幅度微小的微生物，大型的活动幅度较大的微生物可能会对显微镜成像效率产生影响，如周丛生物中的原生动物等。

（2）某些荧光染料可能会影响细胞活性，需谨慎选择荧光染料种类，并适当调整激光的光强。

四、拉曼光谱

（一）技术要点

（1）拉曼光谱可以在周丛生物接近自然状态、活性状态下来研究周丛生物结构。

（2）拉曼光谱对周丛生物样品内物质的分子结构非常敏感，可用来鉴定化学物质、分析化学物质形态等。

（3）与拉曼成像系统结合，可展示周丛生物内生化成分的形态及其分布。

（二）样品制备

取新鲜周丛生物进行固定或直接剪切至所需大小。将切片用 0.1 mol/L pH 7.4 磷酸盐缓冲液洗涤 3～5 次，5 min/次，以除去杂质，防止产生光谱干扰。将切片平展地放置在载玻片上，进行拉曼光谱分析及成像测量。

（三）拉曼光谱分析

拉曼光谱仪中激光照射在周丛生物样品表面，其散射光由反射镜等样品外光路系统收集后经入射狭缝照射在光栅上被色散，色散后不同波长的光依次通过出射狭缝进入光电探测器件，经信号放大处理后记录得到拉曼光谱数据。由于不同化学物质具有各自特定的分子组成和结构，其与光存在不同相互作用，特定物质在光谱上形成特定的光谱曲线，其中拉曼位移可以映射出物质分子的振动谱。最后通过分析光谱的峰强、峰位、线型和线宽，研究周丛生物结构并鉴定其生化成分。

（四）拉曼光谱增强方法

（1）拉曼光谱的灵敏度通常受到限制，可利用表面增强拉曼散射、尖端增强拉曼散射和共振拉曼散射来增强。

（2）表面增强拉曼散射技术可以利用金属纳米粒子衬底或探针增强拉曼散射信号。

（3）为了进一步提高表面增强拉曼散射的空间分辨率，尖端增强拉曼散射是基于拉曼光谱技术和基于表面增强拉曼散射效应的扫描探针显微镜的组合，可以以几纳米的分辨率检测周丛生物中相关生化成分的分布。

（4）表面增强拉曼散射与共振拉曼散射的组合称为表面增强共振拉曼散射。表面增强共振拉曼散射可利用连续可调的激光器来调节具有不同信号分子的激光波长，进而研究周丛生物中的群体感应信号强度。

（五）技术限制

（1）激光用作激发源，激光照射产生的热量可能会损坏敏感的生物分子，如周丛生物内蛋白质。此外，由于样品加热而产生的热辐射可能会导致不必要的背景效应，这些效应会叠加在拉曼光谱上，产生干扰。

（2）周丛生物中一些荧光现象可能会对拉曼光谱分析产生干扰。

（3）光学参数的选择会影响不同振动峰的重叠和拉曼散射强度。

五、技术选择

依据周丛生物形态、适用环境以及考虑样品损坏情况，选择适用的表征技术（表 5-1）。依据周丛生物测试要求，选择不同空间分辨率、时间分辨率和穿透深度的表征技术。依据周丛生物分析目的，选择不同技术，从不同层面显示周丛生物的物理结构以及微观过程中目标分析物的动态分布。

表 5-1　周丛生物表征技术参数

表征技术	横向分辨率	轴向分辨率	时间分辨率	穿透深度	样品制备	真空环境	样品损坏
扫描电子显微镜	分辨率 $1 \sim 10$ nm；放大倍数 $1 \sim 1\,000\,000$			$5 \sim 10$ nm	冷冻干燥	是	有
激光扫描共聚焦显微镜	$0.15 \sim 3$ μm	$0.9 \sim 5$ μm	25 s	$350 \sim 450$ μm	荧光标记	否	无
表面增强拉曼散射	0.5 μm	$2 \sim 2.4$ μm	29.3 min$\sim$ 3 h	600 μm	需附着于纳米级 Au 或 Ag	否	无

第六章 周丛生物化学指标测定方法

第一节 周丛生物中碳含量测定方法

一、周丛生物总有机碳的测定——重铬酸钾容量法

（一）基本原理

通过油浴外加热法加热到170～180℃消煮样品，再用过量的标准硫酸-重铬酸钾溶液氧化周丛生物中的有机碳，让有机质中的碳能够完全氧化为二氧化碳，然后再用二价铁的标准溶液来滴定剩下的重铬酸钾溶液，最后根据所用重铬酸钾的量来计算样品中有机碳的含量。

重铬酸钾氧化有机碳化学反应过程：

$$2K_2Cr_2O_7 + 3C + 8H_2SO_4 \rightarrow 2K_2SO_4 + 2Cr_2(SO_4)_3 + 3CO_2\uparrow + 8H_2O$$

二价铁标准溶液滴定剩余重铬酸钾化学反应：

$$K_2Cr_2O_7 + 6FeSO_4 + 7H_2SO_4 \rightarrow K_2SO_4 + Cr_2(SO_4)_3 + 3Fe_2(SO_4)_3 + 7H_2O$$

（二）主要仪器和试剂

主要仪器：吸量管、分析天平、温度计、酸式滴定管（50 mL）、移液器（5 mL）、注射器（5 mL）、恒温油浴锅（内含固体石蜡或植物油）、试管架和铁丝笼、试管（25 mm×100 mm）、三角瓶（250 mL）。

主要试剂如下。

（1）硫酸银：粉末状。

（2）浓硫酸：密度为1.84 g/mL，化学分析纯。

（3）0.80 mol/L 重铬酸钾标准溶液：先称取39.23 g分析纯重铬酸钾放入干燥箱中105℃干燥2 h，然后将其加热溶解于400 mL水中，冷却后定容至1 L。

（4）0.2 mol/L 硫酸亚铁标准溶液：称取56.0 g硫酸亚铁（$FeSO_4 \cdot 7H_2O$，化学纯）或80.0 g硫酸亚铁铵[$Fe(NH_4)_2(SO_4)_2 \cdot 6H_2O$，化学纯]于250 mL烧杯中，加水溶解后再加入15 mL浓硫酸，最后用水定容至1 L。

（5）邻菲啰啉指示剂：称取1.485 g邻菲啰啉（$C_{12}H_8N_2 \cdot H_2O$）及0.695 g硫酸亚铁（$FeSO_4 \cdot 7H_2O$）于250 mL烧杯中，并加入100 mL水溶解，在形成红棕色络合物[$Fe(C_{12}H_8 \cdot N_2)_8^{2+}$]之后置于棕色瓶保存。

（三）操作步骤

（1）称取样品：称取通过 60 目筛孔的周丛生物风干样品 0.5 g（精准到 0.1 mg），用长条硫酸纸将样品倒入干燥的硬质玻璃试管内，并加入 0.1 g 粉末状硫酸银。用移液管吸取 5 mL 重铬酸钾标准溶液，然后用移液管注入 5.0 mL 浓硫酸，小心摇匀。同时做 3 份空白实验。

（2）消煮：将（1）硬质试管放入铁丝笼中并在油浴锅中进行加热（油浴锅的温度控制在 185～190℃），待试管液体表面沸腾再煮沸 5 min，然后再取出铁丝笼架子，待试管冷却后擦拭表面的油液。

（3）滴定：溶液（2）呈现橙黄色或者黄绿色，在其冷却后将试管内溶液倒入 250 mL 三角瓶中，并使用蒸馏水小心冲洗试管内壁（洗液总体积控制在 50 mL），然后加入 3～4 滴邻菲啰啉指示剂，用 0.20 mol/L 硫酸亚铁滴定溶液，当溶液由黄到绿，最后突变到棕红色即为滴定终点，同时记录硫酸亚铁滴定溶液的用量。

（4）空白滴定：称取 0.10～0.50 g 石英砂代替样品，其他步骤按照（1）和（2）进行，滴定步骤按（3）进行，同时也记录 $FeSO_4$ 滴定溶液的用量。

（四）结果计算

试样中总有机碳的含量表示为

$$W_{有机碳} = \frac{\dfrac{0.8000 \times 5.0}{V_0} \times (V_0 - V) \times 0.003 \times 1.1}{m \times k} \times 1000$$

式中，$W_{有机碳}$——有机碳含量，g/kg；

0.8000——重铬酸钾标准溶液的浓度，单位 mol/L；

5.0——重铬酸钾标准溶液的体积，单位 mL；

V_0——空白滴定时所用硫酸亚铁溶液的体积，单位 mL；

V——滴定土样时所用硫酸亚铁溶液的体积，单位 mL；

0.003——1/4 碳原子的摩尔质量，单位 g/mmol；

1.1——氧化校正系数；

m——风干周丛生物质量，单位 g；

k——将风干周丛生物样品换算为烘干周丛生物样品的水分转换系数。

（五）注意事项

（1）测定周丛生物有机质必须采用风干样品，若未风干样品含有较多的 Fe^{2+}、Mn^{2+} 及其他还原性物质消耗重铬酸钾，可使结果偏高。实验前将样品磨细铺开，在室内通风处风干 10 d 左右就可以。

（2）本方法不适用于含氯较高的样品，若样品含有少量的氯则可以加少量 Ag_2SO_4（约 0.1 g），使氯根沉淀下来。

（3）加热时产生的二氧化碳气泡不是真正的沸腾，要等溶液表面沸腾开始计算煮沸 5 min。

（4）转移试管溶液时，必须用少量蒸馏水进行冲洗，勿损失溶液。

（5）滴定亚硫酸铁消耗量若小于空白试验的 1/3 时，有未完全氧化的可能，应该舍去重做。

二、周丛生物总无机碳的测定——气量法

（一）基本原理

通过使用气量法来测定周丛生物中的碳酸盐物质与盐酸溶液反应产生的 CO_2 体积，再根据 CO_2 在不同气温和气压下的曲线来计算 CO_2 的质量，最后换算出周丛生物中无机碳的质量。

（二）主要仪器和试剂

主要仪器：锥形瓶、小试管、量气管、酸性分液漏斗、三通活塞。
主要试剂如下。

（1）3 mol/L 盐酸溶液。配制方法：250 mL 浓盐酸（密度 1.19 g/mL，化学纯）加水稀释定容至 1 L。

（2）封闭液：在 100 mL 水中加入 3～4 滴甲基红指示剂和 1 mL 浓盐酸。

（三）操作步骤

（1）首先检测装置的气密性，检查整个系统是否存在漏气情况。

（2）称取通过 100 目筛孔的风干周丛生物样品 0.5～10 g 于 250 mL 锥形瓶中。实验之前先用蒸馏水润湿样品、瓶口和瓶壁，并向弯曲小试管中注入约 10 mL 的 3 mol/L 盐酸溶液，再将其放入锥形瓶中，塞紧。调节三通活塞并使锥形瓶和量气管与外界大气相通，调节分液漏斗中的酸性封闭液，使得量气管的液面接近于零点，记录下初始读数。

（3）关闭三通活塞，使其与外界大气隔绝。再用坩埚钳夹住锥形瓶缓缓移动使其倾斜，将小试管内的盐酸缓慢倒出与样品反应，缓慢摇动锥形瓶使其反应充分。同时向下移动水准器，使其液面与量气管液面相平，液面 1～3 min 内不变化时记录最后量气管的数据。计算最后量气管读数与最初读数之差，差值即为周丛生物中无机碳反应所产生二氧化碳的体积。

（4）按同样步骤做空白实验，同时记录测量时的气温与气压，最后根据二氧化碳密度表查询二氧化碳密度，得出产生二氧化碳的质量。

（四）结果计算

试样中总无机碳的含量：

$$W_{无机碳} = \frac{(V - V_0) \times d \times 2.27}{m \times k \times 10^6} \times 1000$$

式中，$W_{无机碳}$——无机碳含量，g/kg；

V——样品测定的气体体积，mL；

V_0——空白对照测定的气体体积，mL；

d——经过水气压校正过的二氧化碳的密度，g/L；

2.27——二氧化碳换算为碳酸钙的系数；

m——风干周丛生物质量，g；

k——将风干周丛生物样品换算为烘干周丛生物样品的水分转换系数。

（五）注意事项

（1）周丛生物中的碳酸盐大多以碳酸钙为主，但也有的碳酸盐以碳酸钙-碳酸镁和碳酸氢盐等形式存在，不过都表示为 $CaCO_3$ 或者 $CaCO_3$-CO_2（g/kg）。

（2）为防止误差较大，实验前应检测气密性。

（3）用蒸馏水湿润样品和锥形瓶瓶壁，可以减缓碳酸盐和盐酸反应产热的影响，也可以使瓶内的水气压平衡。

（4）操作过程中避免用手直接触碰反应器，防止因手的热量使气体膨胀，产生误差。

（5）测量过程中要随时调整量气管的液面与水准器的液面相平，勿相差太大。

三、周丛生物总碳计算方法

周丛生物总碳的含量为总有机碳（$W_{有机碳}$）和总无机碳（$W_{无机碳}$）的含量之和。

第二节 周丛生物中氮含量测定方法

一、方法选择和原理

周丛生物的全氮包括有机氮和无机氮，其中有机氮包括周丛生物体内的含氮有机物及其分泌和吸附在生物表面的有机氮。无机氮以氨态氮、硝态氮为主，包括水溶态、交换态及固定态三类。周丛生物胞外和胞内均会存在水溶态氮及交换态氮，但由于细胞的存在难以被迅速释放，从而通过物理破碎进行细胞破碎，释放水溶态氮和交换态氮。

二、周丛生物样品前处理方法

1）样品采集

用无菌硅胶刮刀将周丛生物从附着的载体上轻轻剥离，样品采集后用冰袋保存，保持 4℃运输保存，并在 3 d 内完成分析，否则需要储存于-20℃和-80℃冰箱保存。新鲜样品清洗后，用吸水纸吸干表面水分，留存备测。

2）样品消解

称取新鲜干周丛生物样品 0.1～0.5 g（精确到 0.0001 g），加入 100 mL 消煮管中，依次加入 3 mL 浓硫酸和 1.1 g 催化剂，置于消煮炉回流加热，待没有泡沫时，适当提高温度，微微煮沸，使得固体完全消失成为溶液，最终消煮液澄清透亮，呈现灰白色。消煮液冷却后待用。

3）样品破碎

称取新鲜干周丛生物样品 0.1～0.5 g（精确到 0.0001 g）于 100 mL 消化管，加入 3 mL 氯化钾溶液，然后在冰浴中进行超声破碎处理，超声强度 200 W，超声时间 3 s，间隔 10 s，重复 30 次。破碎后，转入 50 mL 聚乙烯离心管中，3000 r/min离心 10 min，将上清液移至比色管中待测。

4）样品水解

称取新鲜干周丛生物样品 0.1～0.5 g（精确到 0.0001 g）于 100 mL 消化管，加入 3 mL 氯化钾溶液，然后在冰浴中进行超声破碎处理，超声强度 200 W，超声时间 3 s，间隔 10 s，重复 30 次。破碎后，用 1 滴正辛醇和 3 mL 浓盐酸溶液（6 mol/L）进行加热回流水解 12 h，获得水解溶液。

三、测定方法

1）全氮

全氮采用氧化消煮的方法，在酸性条件下，采用混合催化剂，利用高温消煮，将氮素转化为氨态氮，再用凯氏定氮的方法进行测定。具体为：硫酸+混合催化剂加热消煮，周丛生物固体转化为消解溶液，含铵消解液经氢氧化钠碱化后变成含氨溶液，加热蒸馏出气态氨，并用硼酸溶液吸收。采用标准酸溶液进行全氮含量滴定与测定。

2）氨态氮

周丛生物的氨态氮需要经过在超声破碎中用氯化钾浸提，然后再于强碱性介质中与次氯酸盐和含硝普钠的苯酚溶液进行化学作用，生成水溶性染料靛酚蓝从而显色。为避免金属离子的干扰，采用螯合剂 EDTA 等掩蔽，最后测定氨态氮含量。

3）亚硝态氮

周丛生物的亚硝态氮需要经过在超声破碎中用氯化钾浸提，控制 pH 为酸性条件，促进浸提液中的亚硝态氮与磺胺发生重氮化反应，生成重氮盐，再用盐酸 N-（1-萘基）-乙二胺偶联重氮盐，生成红色染料，采用分光光度法进行测定。

4）硝态氮

周丛生物的硝态氮需要经过在超声破碎中用氯化钾浸提，硝态氮浸提液经还原柱被还原为亚硝态氮，酸性条件下，后续测试与亚硝态氮测定原理一致。

5）水解性全氮

周丛生物中有机胶体和矿物质中的氮素的释放先利用热酸法或热碱法，再通过凯氏定氮法进行测定。这部分氮也可称为水解性全氮。

四、测定所需的仪器和试剂

1）仪器和设备

pH 计，配有玻璃电极和参比电极；高温消解仪，可控温度在 ±5℃；超声波细胞破碎仪；分析天平，精度 0.0001 g；分光光度计，10 mm 比色皿；凯氏瓶（50 mL）；半微量定氮蒸馏器，半微量滴定管（10 mL）；具塞比色管：20 mL、50 mL、100 mL、500 mL 聚乙烯瓶；具 100 mL 聚乙烯离心管；还原柱用于将硝态氮还原为亚硝态氮；具螺旋盖，或采用既不吸收也不向溶液中释放所测组分的其他容器；恒温水浴振荡器，振荡频率可达 40 次/min；离心机转速可达 3000 r/min。

2）试剂与药品

（1）全氮

①98%浓硫酸：化学纯，ρ（H_2SO_4）= 1.84 g/mL。

②混合催化剂：硒、硫酸铜及硫酸钾，混合质量比为 m（Se）：m（CuSO$_4$·5H$_2$O）：m（K$_2$SO$_4$）=1：10：100，分别研磨成粉，再混匀。

③氢氧化钠：NaOH 固体配制成溶液，c（NaOH）=10 mol/L。500 mL 无 CO$_2$ 蒸馏水溶解 400 g NaOH，冷却后定容至 1000 mL，混匀后存储于塑料瓶中（储存时避免与大气 CO$_2$ 接触）。

④硼酸：H$_3$BO$_3$ 配制成溶液，950 mL 热蒸馏水溶解 20 g H$_3$BO$_3$，然后加入 20 mL 混合指示剂混匀，再用 NaOH（0.1 mol/L）调节溶液 pH 约为 4.5，此时溶液呈紫红色，定容至 1 L。

⑤硫酸标准滴定溶液 c（1/2 H$_2$SO$_4$）：0.01 mol/L。

⑥混合指示剂：在 100 mL 的乙醇溶液（ω=95%）中溶解 0.099 g 溴甲酚绿、0.066 g 甲基红。

（2）氨态氮

①含催化剂的酚溶液：将 10 mg 苯酚和 100 mg 硝普钠（Na$_2$[Fe(CN)$_5$NO]·2H$_2$O）溶解于 1 L 水中，用暗色瓶在 4℃贮存，用时需温热至室温。

②碱性次氯酸钠溶液：在 1 L 水中溶解 10 g NaOH、7.06 g NaHPO$_4$·7H$_2$O、31.8 g Na$_3$PO$_4$·12H$_2$O 和 10 mL 次氯酸钠溶液 [ω（NaClO）=5.25%]（即有效率含量为 5%），用暗色瓶 4℃贮存，用时需温热至室温。

③EDTA 掩蔽剂：将 EDTA 二钠盐溶液 [ρ（C$_{10}$H$_{14}$O$_8$N$_2$Na$_2$·4H$_2$O）=400 g/L]与酒石酸钾钠 [ρ（KNaC$_4$H$_4$O$_6$·4H$_2$O）=400 g/L] 等体积混合。每 100 mL 混合液体中加入 0.5 mL NaOH 溶液 [c（NaOH）=10 mol/L]，得清亮掩蔽剂溶液。

④NH$_4^+$-N 标准溶液：先配制浓度为 100 mg/L 的（NH$_4^+$-N）$_2$SO$_4$ 进行存储。配制前（NH$_4^+$-N）$_2$SO$_4$ 需烘干。测试当天用去离子水将其稀释 20 倍，配制成所需要的 5 mg/L 的标准溶液。

（3）亚硝态氮

①氯化钾溶液：c（KCl）=2 mol/L。称取优级纯氯化钾 149.1 g，用适量水溶解后，移入 1000 mL 容量瓶中定容。

②亚硝酸钠溶液：亚硝酸盐氮标准贮备液 ρ（NO$_2$-N）=1000 mg/L。称 4.926 g 干燥后优级纯 NaNO$_2$（在干燥器中干燥 24 h），用适量水溶解后移入 1000 mL 容量瓶中定容。用聚乙烯塑料瓶贮存亚硝酸盐氮标准贮备液，4℃下保存，最长 6 个月。标准液遵循用时现配原则，采用逐级稀释的方法，先用去离子水将其稀释至 ρ（NO$_2$-N）=100 mg/L，再稀释至 ρ（NO$_2$-N）=10.0 mg/L 的标准溶液，最后稀释成 ρ（NO$_2$-N）=5.0 mg/L 标准溶液。

③磺胺溶液：称取 0.5 g C$_6$H$_8$N$_2$O$_2$S，将其溶于 100 mL 的盐酸溶液 [c（HCl）=2.4 mol/L]，4℃保存。

④盐酸 N-（1-萘基）-乙二胺溶液：称取 0.30 g C$_{12}$H$_{14}$N$_2$·2HCl 溶于 100 mL

的盐酸溶液 [c（HCl）=0.12 mol/L]，储存于棕色瓶，4℃保存。

（4）硝态氮

①镉粉：粒径范围为 0.3～0.8 mm。

②氯化钾溶液：配制方法同上述。

③硝酸钠溶液：首先配制 ρ（NO_3-N）=1000 mg/L 的标准贮备液，准确称取 6.068 g 干燥后的 $NaNO_3$，用适量水溶解，并移入 1000 mL 容量瓶，定容混匀。标准液遵循用时现配原则，采用逐级稀释的方法，先用去离子水将其稀释至 ρ（NO_3-N）=100 mg/L，然后稀释至 ρ（NO_3-N）=10.0 mg/L 的标准溶液，最后稀释至 ρ（NO_3-N）=5.0 mg/L 的标准溶液。

④亚硝酸钠溶液：配制方法同上述。

⑤氯化铵缓冲溶液：配制 NH_4Cl 缓冲溶液贮备液 ρ（NH_4Cl）=200 g/L，用约 800 mL 去离子水将 200 g NH_4Cl 溶于 1000 mL 容量瓶中，用氨水溶液调节 pH 为 8.7～8.8，定容混匀。标准液遵循用时现配原则，量取 50 mL NH_4Cl 缓冲溶液贮备液稀释至 2 L。

⑥磺胺溶液和盐酸 N-（1-萘基）-乙二胺溶液：配制方法同上述。

⑦硫酸铜：优级纯 $CuSO_4 \cdot 5H_2O$。

⑧浓盐酸：ρ（HCl）=1.12 g/mL。

（5）水解性全氮

①98%浓硫酸：分析纯，ρ（H_2SO_4）= 1.84 g/mL。

②盐酸：分析纯，ρ（HCl）= 6 mol/L，加 500 mL HCl 于 500 mL 蒸馏水中，配成 1 L。

③混合催化剂：配制方法同上述（全氮测定）。

④氢氧化钠溶液：c（NaOH）= 10 mol/L，用 1 L 蒸馏水溶解 400 g NaOH。对 10 mol/L NaOH 再进行稀释至 0.5 mol/L，取 50 mL 稀释至 1 L。

⑤硼酸溶液及硫酸标准滴定溶液：配制方法均参照上述（全氮测定）。

五、操作步骤

1）全氮

将周丛生物消煮液转移到半微量定氮蒸馏器的蒸馏室，消煮管用蒸馏水洗涤 4～5 次，洗涤液均转移至蒸馏室，保证蒸馏室液体总体积不超过 20 mL。将带有标线的三角锥形瓶作为冷凝器的承接管，承接管口插入硼酸溶液，锥形瓶中提前加入 5 mL 硼酸指示剂。向蒸馏室加入 20 mL NaOH 溶液，关闭蒸馏室。加热蒸馏，蒸馏器的蒸馏速度控制为 6～8 mL/min，收集 30～40 mL 蒸馏液，并停止蒸馏。用少量水冲洗冷凝管，冲洗液与三角瓶中液体合并。取出三角瓶，用硫酸标准溶液滴定至紫红色。

同时进行空白实验，以校正滴定和试剂误差。

2）氨态氮

将 2～10 mL 周丛生物破碎离心上清液置于 50 mL 容量瓶，用 KCl 浸提液定容至 10 mL，再用去离子水稀释至 30 mL，然后依次加入 5 mL 含硝普钠的酚类溶液和 5 mL 碱性 NaClO 溶液，室温下放置 1 h 后，加入 1 mL 的掩蔽剂，用去离子水定容。在 625 nm 波长下采用比色法进行测定。

用空白溶液进行仪器调零。

标准曲线的绘制：配制不同浓度的标准液，浓度梯度分别为 0 mg/L、0.05 mg/L、0.1 mg/L、0.2 mg/L、0.3 mg/L、0.4 mg/L 和 0.5 mg/L。准确量取氨态氮标准储备液 $[\rho(N)=5\ mg/L]$ 0.000 mL、0.500 mL、1.00 mL、2.00 mL、3.00 mL、4.00 mL、5.00 mL 于 50 mL 容量瓶中，各加氯化钾浸提液 10 mL，采用上述方法显色，测定并绘制工作曲线。

3）亚硝态氮

量取 2.0～5.0 mL 周丛生物破碎离心上清液至 25 mL 比色管中，先用浸提液定容至 10 mL，加入磺胺溶液 2 mL，混合 5 min 后，加入盐酸 N-（1-萘基）-乙二胺溶液 2 mL，稀释定容。20 min 后，在 540 nm 波长下进行测定。

标准曲线的绘制：配制不同浓度的标准液，浓度梯度分别为 0 mg/L、0.05 mg/L、0.1 mg/L、0.2 mg/L、0.3 mg/L、0.4 mg/L 和 0.5 mg/L。准确量取亚硝态氮标准储备液 $[\rho(N)=10\ mg/L]$ 0.000 mL、0.500 mL、1.00 mL、2.00 mL、3.00 mL、4.00 mL、5.00 mL 于 50 mL 容量瓶中，各加氯化钾浸提液 10 mL，采用上述方法显色，测定并绘制工作曲线。

4）硝态氮

（1）镉粉的处理：用浓盐酸浸泡 10 g 镉粉 10 min，再滤掉浓盐酸，用水冲洗至少 5 次。用水再浸泡约 10 min 后，加入硫酸铜 0.5 g 混合 1 min 后，用水冲洗至少 10 次，直至黑色铜絮凝物消失。然后再用浓盐酸浸泡混合 1 min，滤掉浓盐酸，用水冲洗至少 5 次。处理好的镉粉，用蒸馏水浸泡，在 1 h 内装柱。

（2）制备镀铜镉还原柱：采用长颈漏斗（直径 1 cm，长 30 cm）作还原柱，向还原柱底端加入玻璃棉（在漏斗活塞之上），注入稀释 NH₄Cl 溶液，充满长颈漏斗的玻璃直管中，缓慢添加镀铜镉粉，并敲打柱子以助于填实，厚度为 20 cm，排除气泡，在上端添加少许玻璃棉，装柱后，用 10 倍体积的稀释 NH₄Cl 以大约 8 mL/min 进行淋洗，不用时，保证填充柱充满 NH₄Cl 溶液，盖上漏斗盖以防止蒸发和灰尘进入（还原柱最多可保存一个月）。但每次使用前需检查还原柱的转化效率。

将柱中 NH_4Cl 排出一部分，使其液面与玻璃棉液面一致。吸取 1 mL 浓 NH_4Cl，加入 2～5 mL 上清液。漏斗下方用 100 mL 容量瓶接过柱后洗脱液（还原后的稀释浸提液）。洗脱液采用 75 mL 稀 NH_4Cl，以 110 mL/min 的流速通过还原柱。当还原柱中洗脱液液面降低至柱子表面，关闭活塞，停止该过程。

在上述容量瓶中加入 2 mL 磺胺溶液，混合 5 min 后，加入 2 mL 盐酸 N-（1-萘基）-乙二胺溶液后定容。20 min 后，在 540 nm 波长下进行测定。

标准曲线的绘制：配制不同浓度的标准液，浓度梯度分别为：0 mg/L、0.05 mg/L、0.1 mg/L、0.2 mg/L、0.3 mg/L、0.4 mg/L 和 0.5 mg/L。分别准确量取硝态氮标准储备液 [ρ（N）=10 mg/L] 0.000 mL、0.500 mL、1.00 mL、2.00 mL、3.00 mL、4.00 mL、5.00 mL，将其对应置于上述的还原柱中，按同样方法进行还原和比色测定。

5）水解性全氮

将周丛生物水解液用 3 号砂芯漏斗进行过滤，每次用 5～10 mL 蒸馏水进行淋洗多次，最终收集滤液体积为 50 mL。在冰浴中，调节 pH 为 6.5±0.1，pH 调节过程中保证 pH 始终不高于 7.0，当 pH 接近 7.0 时停止。将调节好的水解液转移到 100 mL 容量瓶定容。

将 5 mL 的上述水解液转移到 100 mL 凯氏瓶中，加入 2 mL 浓硫酸，再加入 0.5 g 催化剂，加盖回流漏斗，置于消煮炉加热，待没有泡沫时，适当提高温度，微微煮沸，使得固体完全消失成为溶液，最终消煮液澄清透亮，再平稳煮沸 1 h。消煮液冷却后待用。将带有标线的三角锥形瓶作为冷凝器的承接器，在瓶中加入 10 mL 蒸馏水和 5 mL 硼酸指示剂。蒸馏装置承接管口插入硼酸溶液，将凯氏瓶与蒸馏装置连接，并向蒸馏室加入 10 mL NaOH 溶液，关闭蒸馏室。加热蒸馏，收集蒸馏液 30～40 mL（约 4 min），停止蒸馏。用少量水冲洗冷凝管，冲洗液与三角瓶中液体合并。取出三角瓶，用硫酸标准溶液滴定至紫红色。

同时进行空白实验，以校正滴定和试剂误差。

六、计算方法

1）全氮的计算

$$\omega(\text{N}) = \frac{(V - V_0) \times c \times M}{m} \times 1000$$

式中，ω（N）——周丛生物全氮的质量分数，mg/kg；

　　　c——c（1/2H_2SO_4）标准溶液的浓度，mol/L；

V——周丛生物测定消耗的 H_2SO_4 标准溶液体积，mL；

V_0——空白测定消耗的 H_2SO_4 标准溶液体积，mL；

M——氮的摩尔质量，取值 14 g/mol；

m——周丛生物样品质量，g。

2）氨态氮的计算

$$\omega(N) = \frac{\rho \times V \times t_s \times 10^{-3}}{m} \times 1000$$

式中，ω（N）——氨态氮的质量分数，mg/kg；

ρ——标准曲线查得的显色液中氮的浓度，mg/L；

V——显色液体积，mL；

t_s——分取倍数；

m——周丛生物样品质量，g。

3）亚硝态氮的计算

$$\omega(N) = \frac{\rho \times V \times t_s}{m}$$

式中，ω（N）——周丛生物亚硝态氮的质量分数，mg/kg；

ρ——显色液中亚硝态氮的浓度，mg/L；

V——比色时定容的体积，mL；

t_s——分取倍数；

m——周丛生物样品质量，g。

4）硝态氮的计算

$$\omega(N) = \frac{\rho \times V \times t_s}{m}$$

式中，ω（N）——周丛生物硝态氮的质量分数，mg/kg；

ρ——显色液中硝态氮的浓度，mg/L；

V——比色时定容的体积，mL；

t_s——分取倍数；

m——周丛生物样品质量，g。

硝态氮含量等于上述公式所测含量减去亚硝态氮的含量。

5）水解性全氮的计算

$$\omega(N) = \frac{(V - V_0) \times c \times M \times t_s}{m} \times 1000$$

式中，ω（N）——水解性全氮的质量分数，mg/kg；

　　　　c——c（1/2H$_2$SO$_4$）标准溶液的浓度，mol/L；

　　　　V——周丛生物测定消耗的 H$_2$SO$_4$ 标准溶液体积，mL；

　　　　V_0——空白测定消耗的 H$_2$SO$_4$ 标准溶液体积，mL；

　　　　M——氮的摩尔质量，取值 14 g/mol；

　　　　t_s——分取倍数；

　　　　m——周丛生物样品质量，g。

第三节　周丛生物中磷含量测定方法

一、周丛生物全磷的测定

（一）方法选择

对于周丛生物中全磷的测定，要先将周丛生物中全部的磷转化为可溶形态的磷，提取至待测液。一般来说制备待测液分为碱熔法、酸溶法和高温灼烧后用酸浸提。综合考虑操作是否简便、磷的提取率、是否需要贵重坩埚、显色剂的灵敏度等因素，碳酸钠熔融法准确度高，一般作为仲裁方法，钠碱熔法和高氯酸酸溶法方便简便，也有一定的精度，显色稳定，包容干扰离子的能力较大，适用于一般实验室采用。

（二）测定原理

周丛生物在高温条件下，不可溶的磷酸盐和有机磷与强酸或强碱作用后分解，首先，待测液中的磷转化为正磷酸盐，接下来，将正磷酸根与钼酸铵反应，形成磷钼杂多酸络合物。在加入锑剂的条件下，抗坏血酸将磷钼杂多酸络合物还原为蓝色络合物。最后，可以通过比色来进行检测。

（三）碳酸钠熔融法

1）仪器及设备

容量瓶；三角瓶；高温电炉或马弗炉；铂坩埚；分光光度计或酶标仪。

2）试剂

（1）无水碳酸钠（Na$_2$CO$_3$，分析纯）。

（2）硫酸溶液[c（1/2H$_2$SO$_4$）=6 mol/L]：在 800 mL 蒸馏水中缓慢加入 167 mL 浓硫酸（密度为 1.84 g/cm^3，分析纯）同时搅拌，冷却后蒸馏水定容至 1000 mL。

（3）钼锑贮存液：在约 400 mL 蒸馏水中缓慢加入 153 mL 浓硫酸（H_2SO_4，分析纯）同时搅拌，冷却备用。将 400 mL 蒸馏水加热至 60℃左右，取 300 mL 来溶化 10 g 钼酸铵 [$(NH_4)_6Mo_7O_{24}\cdot4H_2O$，分析纯]，待冷却后，将备用的硫酸溶液缓慢加入钼酸铵溶液中，同时搅拌，再加入 100 mL 酒石酸锑钾 [ρ（$KSbOC_4H_4O_6\cdot1/2H_2O$）=5 g/L，分析纯] 溶液，最后用蒸馏水定容至 1000 mL，避光储存。

（4）钼锑抗显色剂：称取 1.5 g 抗坏血酸（$C_6H_8O_6$，左旋，旋光度+21°～+22°）溶于 100 mL 钼锑贮存液中。此溶液宜现配现用，有效期一天。

（5）二硝基酚指示剂：称取 2,4-二硝基酚或 2,6-二硝基酚 [$C_6H_3OH(NO_2)_2$] 0.2 g 溶于 100 mL 蒸馏水中。

（6）磷标准溶液：精确称取 0.4390 g 100℃烘 2～4 h 后的磷酸二氢钾（KH_2PO_4，分析纯），将其溶于 200 mL 蒸馏水中，加入 5 mL 浓硫酸（利于保存），蒸馏水定容至 1000 mL。此溶液 [ρ（P）=100 mg/L] 可以保存数年。取用 5 mL 上述磷溶液精准稀释至 100 mL（20 倍），得到磷标准溶液 [ρ（P）=5 mg/L]，可保存 6 个月左右。

（7）酒石酸锑钾溶液（5 g/L）：称取 0.5 g 酒石酸锑钾（$KSbOC_4H_4O_6\cdot1/2H_2O$，分析纯）溶于 100 mL 水中。

3）操作步骤

（1）待测液的制备：取通过 100 目筛（0.149 mm）的烘干（一般为 60℃左右）或冻干（可记录含水率供实验数据分析）周丛生物样品 0.2500 g（精确至 0.0001 g）置于铂坩埚中，另外称取 2 g 无水碳酸钠（先研磨过 60 目筛）（试剂 1），充分地将 2 g 碳酸钠中的 1.8 g 与样品混合均匀，将剩下的 0.2 g 碳酸钠均匀铺盖在混合物表面，轻轻敲打坩埚外壁，使混合物表面铺平整。将坩埚放入升温至 900℃，将电炉预热至 920℃，将待熔融的物质放入电炉中，并保持熔融状态持续 20 min。在这段时间结束后，将熔融物取出，但在未冷却之前，打开盖子观察熔块的状态。如果熔块中仍有白色原状的碳酸钠或表面不平整，这意味着熔融过程尚未完成。为了使熔融完全，我们需要继续让物质在电炉中熔融 5～10 min。熔融完全的熔块从外面看呈凹面，较为平整没有气泡且颜色均匀。待熔融完全后取出坩埚（戴上手套）并冷却至不太烫手（熔块较易脱出）的状态，盖好坩埚盖，轻拍或捏动坩埚四周，使熔块和坩埚分离。将熔块转移至 100 mL 高形烧杯，加入 10 mL 硫酸溶液（试剂 2）溶解熔块，然后将溶液转移至 100 mL 容量瓶，用热水将坩埚和烧杯洗净，洗涤液也倒入容量瓶（最大限度减少损耗），冷却后蒸馏水定容，用无磷滤纸和干燥漏斗（批量处理时，使用砂芯漏斗抽滤可提高效率）将溶液进行过滤，滤液盛放在三角瓶中，即为待测液。

（2）磷浓度的测定：吸取 5～10 mL 待测液（待测液中的磷含量在 5～25 μg）到 50 mL 容量瓶，加蒸馏水稀释至 30 mL，加入 2 滴二硝基酚指示剂（试剂 5），用稀硫酸溶液 [$c(H_2SO_4)=0.5$ mol/L]、碳酸钠溶液 [$c(1/2Na_2CO_3)=4$ mol/L] 和氢氧化钠溶液 [$c(NaOH)=2$ mol/L] 调节 pH，待溶液刚好转变为微黄色，加入 5 mL 钼锑抗显色剂，摇匀后用蒸馏水定容。在高于 15℃ 的条件下放置 30 min 后，在分光光度计或酶标仪（使用 96 孔板比色）上用波长 700 nm（光电比色计用红色滤光片）比色，调零点以空白试剂溶液为参比，测定并记录待测显色液的吸收值，对应标准曲线计算待测液的 P mg/L 数，在 8 h 内显色可保持稳定。

（3）标准曲线的绘制：吸取 0 mL、1 mL、2 mL、3 mL、4 mL、5 mL、6 mL 磷标准溶液到 50 mL 容量瓶，加蒸馏水稀释至 30 mL，再加入 5 mL 钼锑抗显色剂（试剂 4），摇匀后用蒸馏水定容。得到标准的 0 mg/L、0.1 mg/L、0.2 mg/L、0.3 mg/L、0.4 mg/L、0.5 mg/L、0.6 mg/L 系列溶液，与待测液同时比色，读取吸收值后，在方格坐标纸上绘制标准曲线，以吸收值为纵坐标，P mg/L 数为横坐标。

（4）结果计算：

$$\omega(P) = \frac{\rho \times V \times t_s \times 10^{-6}}{m} \times 100$$

式中，$\omega(P)$——周丛生物全磷质量分数，%；

ρ——从标准曲线上查找的显色液中磷的浓度，mg/L；

V——显色液体积，mL；

t_s——分取倍数，为待测液体积（mL）与吸取液体积（mL）的比值；

10^{-6}——单位换算系数（将 mg 换算成 g 及将 mL 换算成 L）；

m——烘干周丛生物质量，g；

100——换算成百分数含量。

两次平行测定结果允许差为 0.005%。

4）注意事项

待测液中的磷范围应在 5～25 μg。首先可以吸取一定量的待测液，然后根据上述步骤观察颜色的深浅，以此来估算应该吸取待测液的体积（在 5～10 mL）。

钼锑抗法要求显色液中硫酸浓度为 $c(1/2H_2SO_4)=0.55$ mol/L。如果酸度低于 $c(1/2H_2SO_4)=0.45$ mol/L，显色时间缩短，但稳定时间也变得较短；如果酸度高于 $c(1/2H_2SO_4)=0.65$ mol/L，显色时间延长。如果不确定待测液中的初始酸度，需要首先进行中和处理以去除酸度。

如果待测液中锰的含量较高，为了避免产生后续难以再溶解的氢氧化锰沉淀，

最好用 Na_2CO_3 溶液来调 pH。

钼锑抗法需要的显色温度在 15～60℃，如室温未达到 15℃，可以将反应系统先放置在 30～40℃ 烘箱中保温 30 min，取出冷却后再进行比色。

（四）钠碱熔法

1）仪器及设备

容量瓶；分光光度计或酶标仪；镍或银坩埚（容量大于 30 mL）；马弗炉或高温电炉。

2）试剂

（1）氢氧化钠（NaOH，分析纯）。

（2）无水乙醇（C_2H_5OH，分析纯）。

（3）1：1 盐酸：浓盐酸（HCl，密度 1.19 g/cm^3，化学纯）与蒸馏水等体积混合。

（4）硫酸溶液（4.5 mol/L）：量取 250 mL 浓硫酸（H_2SO_4，密度 1.84 g/cm^3，化学纯），缓慢加入 750 mL 蒸馏水中，冷却后定容至 1000 mL。

（5）碳酸钠溶液（100 g/L）：10 g 无水碳酸钠（Na_2CO_3，分析纯）溶于 100 mL 蒸馏水，摇匀。

（6）硫酸溶液（50 mL/L）：在 90 mL 蒸馏水中缓慢加入 5 mL 浓硫酸（H_2SO_4，密度 1.84 g/cm^3，化学纯），冷却后蒸馏水定容至 100 mL。

（7）其他试剂见上文。

3）操作步骤

（1）待测液的制备：称取 0.2500 g 通过 100 目（0.149 mm）筛的烘干（一般为 60℃ 左右）或冻干（可记录含水率以供实验数据分析）的周丛生物样品轻轻放置于镍或银坩埚底部，不要将样品粘在坩埚壁上，在样品上滴入几滴无水乙醇（试剂 2）以湿润样品，将 2.0 g 固体氢氧化钠（试剂 1）（样品的 8 倍量）均匀放置在样品表面，保持平整，并将样品放置在干燥器中，以防止吸湿。将坩埚放入高温电炉中，从室温升至 300℃，保持温度 30 min，然后再升温至 750℃，保持温度 15 min，戴上手套，取出坩埚并使其冷却，向坩埚中加 10 mL 蒸馏水，然后将坩埚放回电炉中，加热至约 80℃，直至熔块完全熔解，然后再煮沸 5 min，将坩埚中的溶液转移至 50 mL 容量瓶中，使用热蒸馏水和 2 mL 硫酸（试剂 4）多次洗涤坩埚，并将洗涤液倒入容量瓶中，尽量避免总体积超过 40 mL。向容量瓶中加 5 滴 1：1 盐酸溶液（试剂 3）和 5 mL 硫酸溶液（试剂 4），轻轻摇动后静置至室温，并用蒸馏水容至 50 mL，摇匀后静置使其澄清，也可以使用无磷滤纸进行过滤。

将滤液储存在 50 mL 三角瓶中，并加上塞子，这样就得到了待测液。同时至少做两个试剂空白试验。

（2）磷浓度的测定：吸取 2～10 mL 待测液（待测液中的磷含量在 5～25 μg）至 50 mL 容量瓶，加蒸馏水稀释至 15～20 mL，加入 1 滴二硝基酚指示剂，用碳酸钠溶液（100 g/L）（试剂 5）和硫酸溶液（50 mL/L）（试剂 6）调节溶液的 pH，至溶液呈微黄色后，加入 5 mL 钼锑抗显色剂，并进行摇匀以排出 CO_2，使用蒸馏水将溶液定容。在高于 15℃的室温条件下放置 30 min 后，在分光光度计或酶标仪（使用 96 孔板比色）上用波长 700 nm（光电比色计用红色滤光片）比色，将零点调整为参考空白试剂溶液，然后测定待测显色液的吸光度值，对应标准曲线计算待测液的 P mg/L 数，在 8 h 内显色可保持稳定。

（3）标准曲线的绘制：同上。

（4）结果计算：同上。

4）注意事项

为了避免溅跳现象，在熔融样品时，通常需要从低温开始逐渐脱水，然后再进行高温加热。如果使用银坩埚进行实验，需要注意控制温度，因为银坩埚在 960℃时会熔化。当熔融完全的熔块冷却后，它会凝结成淡蓝色或蓝绿色。如果熔块呈棕黑色，则表示还没有完全熔化，必须按熔融的步骤再次进行熔化。钼锑抗显色法的注意事项同上。

（五）高氯酸酸溶法

1）仪器及设备

马弗炉或高温电炉；容量瓶；分光光度计或酶标仪。

2）试剂

（1）浓高氯酸（$HClO_4$，60%～70%，分析纯）。

（2）浓硫酸（H_2SO_4，密度 1.84 g/cm³，分析纯）。

（3）氢氧化钠溶液（4 mol/L）：16.0 g 氢氧化钠溶于蒸馏水中，用水定容至 100 mL。

（4）硫酸溶液（0.5 mol/L）：吸取 28.0 mL 浓硫酸，缓慢注入于水中，并用水定容至 1000 mL。

（5）其他试剂见上文。

3）操作步骤

（1）制备待测液的步骤如下：取通过 100 目筛网（孔径为 0.149 mm）

的烘干（一般为 60℃左右）或冻干（可记录含水率以供实验数据分析）周丛生物样品（可为 1.00 g），将其置于容积为 50 mL 的三角瓶中。为了湿润样品，可以添加少量蒸馏水，然后向三角瓶中加入 8 mL 的浓硫酸（试剂 2），振动摇匀（建议放置过夜），接下来加入高氯酸（试剂 1）10 滴，再次摇匀。将一个小漏斗放在瓶口上，并将其置于电炉上加热消煮，时间为 45～60 min，当观察到瓶内液体开始变为白色时，至少继续消煮 20 min，消煮停止后，让溶液静置冷却，然后将消煮液用水仔细地洗入 100 mL 容量瓶中，注意要多次少量地冲洗。轻轻摇动容量瓶，并在完全冷却后使用水定容。使用干燥漏斗和无磷滤纸将溶液过滤到一个干燥的 100 mL 三角瓶中，并同时进行至少两个试剂的空白实验。

（2）磷浓度的测定：同上。

（3）标准曲线的绘制：同上。

（4）结果计算：同上。

4）注意事项

在将消化好的溶液倒入容量瓶时，应先加入少量水，以防止浓硫酸稀释时产生高热并溅跳的情况发生。当需要用碱来中和待测液的酸度时，应避免使用氨水。因为当溶液中的铵离子浓度超过 10 g/L 时，会导致蓝色迅速褪色。

二、周丛生物有机磷的测定

（一）方法选择

通常，周丛生物的有机磷含量测定采用间接测定方法，主要包括浸提法和烧灼法。浸提法可通过使用不同的浸提剂（如强酸、碱、EDTA 等）对周丛生物进行浸提，但该方法的操作步骤相对烦琐。此外，浸提过程中有机磷可能发生水解，使得浸提不完全。相比之下，烧灼法更为简便，它利用高温（550℃）或低温（250℃）进行灼烧。然而，烧灼法的主要缺点是在灼烧过程中可能改变矿物态磷的溶解度。尤其是在有机磷含量较高的情况下，高温灼烧可能导致部分磷挥发，从而引起测量误差。因此，这两种方法各有其优缺点。而现在 ^{31}P 核磁共振（NMR）光谱法越来越多地用于磷分级的测定，此技术能较好地规避提取时的缺陷。在常规分析中普遍使用灼烧法。本指南介绍灼烧法和一种较为简单的浸提法。

（二）测定原理

灼烧样品能使有机磷矿化，再用酸提取出来的磷就包括无机磷和有机磷两部分。通过相同的方法提取未被燃烧的样品中的磷，只有无机磷是来自该样品。因此，有机磷的含量可以通过从燃烧后的样品中提取的磷量减去从未被燃烧的样品中提取的磷量来确定。使用酸碱交替浸提法，首先用硫酸浸提出酸性溶液，然后用氢氧化钠浸提出碱性溶液中的有机磷和无机磷，通过减去其中的无机磷来确定有机磷的含量。

（三）灼烧法

1）仪器及设备

离心机；瓷坩埚；分光光度计或酶标仪；高温电炉。

2）试剂

（1）硫酸溶液 $[c(1/2H_2SO_4)=1\ mol/L]$：将 14 mL 浓硫酸（H_2SO_4，密度 1.84 g/cm^3，分析纯）缓慢加入 500 mL 蒸馏水中，同时搅拌。

（2）氢氧化钠溶液（5 mol/L）：100 g 氢氧化钠（NaOH，分析纯）溶解在蒸馏水中稀释至 500 mL，溶液必须储存在塑料瓶中。

（3）其他试剂同上。

3）操作步骤

（1）待测液的制备：称取 1.00 g 通过 0.149 mm 筛的烘干（一般为 60℃左右）或冻干（可记录含水率以供实验数据分析）周丛生物。将样品放入瓷坩埚中，然后将坩埚放入冷的高温电炉膛中，缓慢升温至 550℃（约需 2 h），并保持在该温度下 1 h。然后将样品取出并冷却，将经过烧灼处理的周丛生物完全转入 100 mL 塑料离心管中，加入 50 mL 硫酸溶液。另取一 100 mL 塑料离心管，放入同样质量的未经灼烧处理的周丛生物，该周丛生物为通过 0.149 mm 筛的烘干或冻干周丛生物，然后加入 50 mL 硫酸溶液。混合均匀后，静置几分钟。将两个离心管加上塞子，需要在振荡机中振荡 16 h，使用干滤纸过滤，滤液即可作为待测液进行磷的测定。

（2）磷浓度的测定：同上。

（3）标准曲线的绘制：同上。

（4）结果计算：

$$\omega(P) = \frac{\rho \times V \times t_s}{m}$$

式中，ω（P）——浸提出的有机磷和无机磷质量分数，mg/kg；

　　　ρ——从标准曲线上查得显色液磷的浓度，mg/L；

　　　V——显色液体积，mL；

t_s——分取倍数，为待测液体积（mL）与吸取液体积（mL）的比值；

m——烘干或冻干周丛生物质量，g。

分别算出灼烧与未灼烧土壤的含磷量，二者的差值即为有机磷含量。

（四）硫酸与氢氧化钠浸提法

1）仪器及设备

移液枪或移液管；容量瓶；三角瓶。

2）试剂

（1）浓硫酸（H_2SO_4，密度 1.84 g/cm³，分析纯）。

（2）硫酸溶液［$c(H_2SO_4)$=5.5 mol/L］：将 306 mL 浓硫酸（H_2SO_4，密度 1.84 g/cm³，分析纯）缓慢加入 500 mL 蒸馏水中，同时搅拌，冷却后定容至 1000 mL。

（3）氢氧化钠溶液（0.5 mol/L）：将 20 g 氢氧化钠（NaOH，分析纯）溶解在蒸馏水中稀释至 600 mL，溶解后定容至 1000 mL，溶液必须贮存在塑料瓶中。

（4）过硫化钾（$K_2S_2O_8$）。

（5）其他试剂同上。

3）操作步骤

（1）称取通过 100 目筛（0.149 mm）的烘干（一般为 60℃左右）或冻干（可记录含水率以供实验数据分析）周丛生物样品 2.00 g 置于 50 mL 容量瓶中，同时用另一 50 mL 容量瓶做试剂空白实验。

（2）将 3 mL 的浓硫酸注入容量瓶中，并轻轻地摇动容量瓶，以促使硫酸与样品充分混合。

（3）使用移液枪或移液管向容量瓶加入 1 mL 的蒸馏水，然后剧烈摇动容量瓶 5～10 s 以混合溶液，将这个操作重复 4 次。用 5～10 mL 蒸馏水冲洗容量瓶瓶口和内壁，然后再次剧烈摇动混合，将水加至容量瓶的刻度线下 1 cm 处，等待冷却后再进行定容操作，并充分摇匀溶液。由于存在样品，最终得到的浸提液可能略少于 50 mL，但误差不超过 2%。

（4）取出容量瓶中 20～30 mL 浸提液，使用中速滤纸过滤并收集滤液，滤液中包含酸溶有机磷（P_{ao}）和酸溶无机磷（P_{ai}）的磷。

（5）用蒸馏水将容量瓶中剩余溶液中的样品全部转移到滤纸上，然后用移液枪或洗瓶以约 5 mL 蒸馏水冲洗样品，确保液体被完全排干。丢弃第二次得到的滤液，但保留滤纸上的土壤样品。将盛有样品的滤纸放入 250 mL 三角瓶中。

（6）在三角瓶中加入 100 mL 氢氧化钠溶液，加塞振荡 2 h 后，过滤并收集滤液。滤液中含有碱溶性有机磷（P_{bo}）和碱溶性无机磷（P_{bi}）。

（7）测定酸浸提液和碱浸提液中全磷含量（分别用 P_{at}、P_{bt} 代表），取适量的浸提滤液（一般吸 1 mL，按照吸量的原则，吸取液含磷量小于 40 μg P。但如果所用分光光度计比色槽为 4 cm，则含磷量不应大于 10 μg P），放到 25 mL 三角瓶中，加约 0.5 g 过硫酸钾和 1 mL 硫酸溶液。将瓶放在高于 150℃的电热板上，加热煮 20～30 min，直到消煮液不再剧烈沸腾时，表示消煮完成。

（8）冷却后，将消煮液定量地转移到 25 mL 容量瓶中，并用少量蒸馏水冲洗。

（9）向容量瓶中加入 2 滴指示剂 2,6-二硝基酚。对酸浸提液，使用碱溶液[c（NaOH）=2 mol/L]调节 pH，使溶液呈微黄色，然后用酸[c（H$_2$SO$_4$）=0.25 mol/L]回滴，直至溶液变为无色。对于碱浸提液，只需酸化至溶液无色即可。加入 15 mL 蒸馏水，再加入钼锑抗显色剂 2.5 mL，定容至 25 mL，摇动混合，30 min 后进行比色。

（10）为了测定提取液中无机态磷（P_{ai} 和 P_{bi}），取酸性浸提液（步骤 4）和碱性浸提液适量（步骤 6），放入 25 mL 容量瓶中稀释定容后，然后按比色法测定磷的含量（步骤 8）。

4）结果计算

$$\omega(P)=\frac{\rho \times V \times t_s}{m}$$

$$P_{ao} = P_{ao} - P_{ai}$$

$$P_{bo} = P_{bt} - P_{bi}$$

$$P_o = P_{ao} + P_{bo}$$

式中，ω（P）——浸提出的全磷或无机磷质量分数，mg/kg；

　　ρ——从标准曲线上查得显色液磷的浓度，mg/L；

　　V——显色液体积，mL；

　　t_s——分取倍数，为待测液体积（mL）与吸取液体积（mL）的比值；

　　m——烘干或冻干周丛生物质量，g；

　　P_{at}——酸浸提的有机磷和无机磷总量，mg/kg；

　　P_{ao}——酸浸提的有机磷，mg/kg；

　　P_{ai}——酸浸提的无机磷，mg/kg；

　　P_{bt}——碱浸提的有机磷和无机磷总量，mg/kg；

　　P_{bo}——碱浸提的有机磷，mg/kg；

P_{bi}——碱浸提的无机磷，mg/kg；

P_o——周丛生物有机磷，mg/kg。

两次平行测定结果允许差为 0.005%。

第四节　周丛生物中钾含量测定方法

一、测定原理

试样经微波消解后，由电感耦合等离子体质谱仪（ICP-MS）根据特定质荷比进行定性分析；而对于特定的质荷比，根据内标质谱强度与不同浓度下质谱强度的比值，对钾元素的浓度进行线性回归分析，进而利用标准曲线法获得样品中钾元素的浓度。

二、主要仪器与试剂

（一）主要仪器

（1）电子天平：感量 0.1 mg。

（2）微波消解系统。

（3）控温电热板。

（4）电感耦合等离子体质谱仪。

（5）超纯水仪。

（6）样品粉碎器。

（二）主要试剂

除另有规定外，水为《分析实验室用水规格和试验方法》（GB/T 6682—2008）规定的二级水。

（1）硝酸 [ρ（HNO_3）=1.42 g/mL]：优级纯。

（2）过氧化氢（30%，质量浓度）：优级纯。

（3）氯化钾（基准试剂）。

（4）内标溶液 [钪（Sc），1 mg/L]。

（5）硝酸（2%，质量浓度）。

（6）标准贮备溶液（1000 μg/mL）：可直接使用通过认证的商品化标准溶液，或按以下方法配制：将 1.907 g 氯化钾溶解于烧杯中，待自然冷却后将其移入 1 L 容量瓶定容，摇匀后存放至聚乙烯瓶中。

（7）标准工作溶液（100 μg/mL）：将标准贮备溶液稀释 10 倍，即取 10 mL 标准贮备溶液稀释于 100 mL 容量瓶内，定容备用。

三、试样的制备

（一）试样的准备

于−20℃冰箱内储存的周丛生物样品，经冷冻干燥、研磨后，过 100 目筛备用。同时，防止周丛生物样品污染。

（二）微波消解

在聚四氟乙烯消解罐中放置 0.5 g 周丛生物试样，此后，依次加入 5 mL 硝酸溶液和 2 mL 过氧化氢溶液，待气体逸出后加盖密封，启动消解程序，微波消解条件参数详见表 6-1。消解结束后，将冷却的消解罐置于 140℃的控温电热板去除部分硝酸，直至消解液残留量约为 0.5 mL 时，将 1.0 mL 硝酸溶液加入消解罐中，而后将消解液转移至 25 mL 容量瓶中定容。同时设置空白试剂为对照。

表 6-1 微波消解参考条件

微波功率（W）	提升时间（min）	保持时间（min）	控温（℃）	控压（MPa）
800	5	5	190	38
1400	5	20	190	38
0	0	15	190	39

（三）标准系列溶液的制备

分别将 0 mL、0.10 mL、0.50 mL、1.00 mL、5.00 mL、10.00 mL 的钾标准工作溶液转移至 100 mL 容量瓶中，用硝酸溶液稀释，定容，此标准系列溶液中的钾元素浓度分别为 0 μg/L、100 μg/L、500 μg/L、1000 μg/L、5000 μg/L、10 000 μg/L。

四、测定

依据操作规程将电感耦合等离子体质谱仪（ICP-MS）调整至最佳工作状态，参考条件参数详见表 6-2，内标元素选择详见表 6-3。同时将空白溶液、标准系列溶液和样液分别引入 ICP-MS 测定，在线加入内标，获得内标元素和钾元素的信号计数，根据不同浓度下质谱强度与内标质谱强度的比值对钾元素的质量浓度进行线性回归，计算线性方程和相关系数，利用标准曲线法对样品中钾元素的质量浓度进行定量。

表 6-2　ICP-MS 仪器工作条件

项目	条件	项目	条件
雾化器	Babington 雾化器	雾化室	石英双通道
矩管	石英一体化, 2.5 mm 中心通道	雾化器温度	2℃
取样锥/截取锥	1.0/0.4 mm（Ni）锥	载气流量	1.20 L/min
高频发射功率	1200 W	样品提升时间	30 s
样品提升速率	0.1 r/s	稳定时间	30 s
采样深度	7.0 mm	冷却气流量	15.0 L/min
样品提升量	1.1 mL/min	扫描方式	跳峰
观测点/峰	3		

表 6-3　内标元素选择

质子数	元素	积分时间（s）	内标元素
39	K	0.1	Sc

五、计算结果

（一）计算公式

试样中钾元素的含量按下式进行计算：

$$X = \frac{(c_1 - c_0) \times f \times V \times 1000}{m \times 1000}$$

式中，X——钾元素的含量，mg/kg；

　　　c_1——样液中钾元素的浓度，μg/mL；

　　　c_0——空白溶液中钾元素的浓度，μg/mL；

　　　V——被测试液体积，mL；

　　　f——试样液稀释倍数；

　　　m——试样质量，g。

计算结果保留两位有效数字。

（二）检出限

本标准方法的检出限为 70 μg/kg。

（三）精密度

在重复性条件下获得的两次独立测定结果的绝对差值不得超过算术平均值的15%。

第五节　周丛生物中钠含量测定方法

一、周丛生物中钠离子的测定

（一）火焰原子吸收光谱法

1）方法选择的依据

火焰原子吸收光谱法是直接测定钠离子最合适的方法，此方法灵敏、快速且准确。

2）分析原理

仪器从光源辐射出具有钠元素特征谱线的光，其通过试样蒸气时会被蒸气中的待测元素基态原子所吸收，最终可由辐射特征谱线光被减弱的程度来测定试样中钠元素的含量。

用浓度为 1 mol/L 的乙酸铵溶液（pH 7.0）反复处理周丛生物，使周丛生物被 NH_4^+ 所饱和，从而得到乙酸铵浸提液。

3）仪器及设备

真空冷冻干燥仪，天平，橡皮头玻璃棒，离心机，离心管，原子吸收分光光度计（AAS）。

4）试剂

（1）1 mol/L 乙酸铵溶液（pH 7.0）：将 77.09 g 乙酸铵（CH_3COONH_4，化学纯）加入一定量的去离子水溶解至接近 1 L，随后用 1∶1 氨水或稀乙酸将溶液 pH 调节至 7.0，最后将溶液定容至 1 L 后摇匀，备用。

（2）1000 μg/mL 钠（Na）标准溶液：先取一定量氯化钠（NaCl，分析纯）置于烘箱中，105℃烘 4 h，待其干燥。随后称取 2.5422 g，溶于去离子水中，并定容至 1 L。

（3）钠标准系列溶液：先将钠标准溶液用 1 mol/L 的乙酸铵溶液稀释 10 倍，随后分别取不同量的稀释后钠标准溶液，并用 1 mol/L 乙酸铵溶液稀释，分别配制成钠含量为 5 μg/mL、10 μg/mL、15 μg/mL、20 μg/mL、30 μg/mL、50 μg/mL 的一系列不同浓度的溶液。

5）操作步骤

（1）样品处理

首先，将铝盒 60℃下烘干至恒重，称重。然后，取 2～3 g 新鲜周丛生物，称重，置于烘箱内，60℃下烘干（约需 24 h）。取出，称重，计算周丛生物含水率。

取适量预冻过的周丛生物样品，置于真空冷冻干燥仪中干燥脱水，得到冻干的样品。随后将样品碾碎混匀并过 60 目筛子，放入封口袋中备用。

（2）乙酸铵浸提液的制备

用天平准确称取 2.000 g 样品，将其加入 100 mL 离心管中，并缓慢沿离心管的壁加入少量 1 mol/L 的乙酸铵溶液，随后使用橡皮头玻璃棒搅拌样品，使溶液与样品混合均匀，再加入 1 mol/L 的乙酸铵溶液至总体积约为 60 mL，并充分搅拌均匀，最后用 1 mol/L 的乙酸铵溶液将橡皮头玻璃棒冲洗干净，冲洗的溶液也收入离心管中。

将离心管置于离心机中，离心 3~5 min（3000~4000 r/min）。离心完成后，将上清液倒入 250 mL 的容量瓶中，再重复用乙酸铵溶液处理 3~5 次，直至最后浸出液中不存在钙离子反应为止，最后用乙酸铵溶液将上清液定容至 250 mL，并立即转移到塑料小瓶中，得到乙酸铵浸提液，用于后续钠的测定。

（3）工作曲线的绘制

将仪器中的分析谱线参数、火焰参数、积分参数等设置好，随后测定配制好的标准曲线溶液，并记录读数，绘制工作曲线。

（4）测定

将乙酸铵浸出液放入原子吸收分光光度计上测定 Na^+，记录数据，随后通过数据及工作曲线计算待测液的 Na^+ 质量浓度。

（5）结果计算

$$b(\text{Na,exch}) = \frac{c \times V}{m/(1-\omega) \times 230 \times 10^3} \times 1000$$

式中，b（Na，exch）——交换性钠含量，cmol/kg；

   c——从工作曲线上查得钠（Na）的浓度，μg/mL；

   V——测读液体积，250 mL；

   m——冻干周丛生物样品质量，g；

   ω——周丛生物含水率，%；

   230——Na^+ 的摩尔质量，mg/cmol。

（二）电感耦合等离子体原子发射光谱法（ICP-AES）

1）方法选择的依据

电感耦合等离子体原子发射光谱法具有方法简便、速度快、灵敏度高、精确度高等特点。

2）分析原理

样品由载气（氩气）引入雾化系统进行雾化，随后以气溶胶的形式进入等离子体轴向通道，在高温和惰性气氛中被充分蒸发、原子化、电离和激发，发射出所含元素的特征谱线。根据得到的特征谱线强度可以计算样品中相应元素的含量。

3）仪器及设备

电感耦合等离子体原子发射光谱仪。

4）试剂

（1）1 mol/L 乙酸铵溶液（pH 7.0）：将 77.09 g 乙酸铵（CH_3COONH_4，化学纯）加入一定量的去离子水溶解至接近 1 L，随后用 1∶1 氨水或稀乙酸调节溶液 pH 至 7.0，最后将溶液定容至 1 L 后摇匀，备用。

（2）1000 μg/mL 钠（Na）标准溶液：先取一定量氯化钠（NaCl，分析纯）置于烘箱中，105℃烘 4 h，待其干燥。随后称取 2.5422 g，溶于去离子水中，并定容至 1 L。

（3）钠标准系列溶液：先将钠标准溶液用 1 mol/L 的乙酸铵溶液稀释 10 倍，随后分别取不同量的稀释后钠标准溶液，并用 1 mol/L 乙酸铵溶液稀释，分别配制成钠含量为 5 μg/mL、10 μg/mL、15 μg/mL、20 μg/mL、30 μg/mL、50 μg/mL 的一系列不同浓度的溶液。

5）操作步骤

（1）样品处理

首先，将铝盒 60℃下烘干至恒重，称重。然后，取 2～3 g 新鲜周丛生物，称重，置于烘箱内，60℃下烘干（约需 24 h）。取出，称重，计算周丛生物含水率。

取适量预冻过的周丛生物样品，置于真空冷冻干燥仪中干燥脱水，得到冻干的样品。随后将样品碾碎混匀并过 60 目筛子，放入封口袋中备用。

（2）钠待测液的制备

用天平准确称取 2.000 g 样品，将其加入 100 mL 离心管中，并缓慢沿离心管的壁加入少量 1 mol/L 的乙酸铵溶液，随后使用橡皮头玻璃棒搅拌样品，使溶液与样品混合均匀，再加入 1 mol/L 乙酸铵溶液至总体积约 60 mL，并充分搅拌均匀，最后用 1 mol/L 的乙酸铵溶液将橡皮头玻璃棒冲洗干净，冲洗的溶液也收入离心管中。

将离心管置于离心机中，离心 3～5 min（3000～4000 r/min）。离心完成后，将上清液倒入 250 mL 的容量瓶中，再重复用乙酸铵溶液处理 3～5 次，直至最后浸出液中不存在钙离子反应为止，最后用乙酸铵溶液将上清液定容至 250 mL，并立即转移到塑料小瓶中，得到乙酸铵浸提液，用于后续钠的测定。

（3）工作曲线的绘制

设置好仪器的射频功率、雾化器流量、辅助器流量等后，将配制好的标准曲线溶液放入仪器中进行测定，记录读数，绘制工作曲线。

（4）测定

在电感耦合等离子体原子发射光谱仪上直接测定钠待测液中 Na^+，记录数据，然后根据工作曲线查得待测液中 Na^+ 的质量浓度。

（5）结果计算

$$b(\text{Na,exch}) = \frac{c \times V}{m/(1-\omega) \times 230 \times 10^3} \times 1000$$

式中，b（Na，exch）——交换性钠含量，cmol/kg；

　　　 c——从工作曲线上查得钠（Na）的浓度，μg/mL；

　　　 V——测读液体积，250mL；

　　　 m——冻干周丛生物样品质量，g；

　　　 ω——周丛生物含水率，%；

　　　 230——Na^+ 的摩尔质量，mg/cmol。

（三）钾钠电极互参电位法

1）方法选择的依据

指示电极为钾电极或钠电极，参比电极为甘汞电极或 AgCl/Ag 电极，利用标准曲线法或添加法分别测得钾和钠的浓度。利用两支指示电极互为参比，同时测量共存的两个组分，其准确度与火焰原子吸收光谱法相似。电极法的优点是设备简单、操作方便、可以快速及灵敏地得到结果。

2）分析原理

钾电极和钠电极共同组成电池时，它们的电动势（E）与钾、钠离子浓度（或活度）的关系由能斯特方程（Nernst equation）给出：

$$E = b + S \cdot \lg\left(\frac{C_{Na^+}}{C_{K^+}}\right) \tag{1}$$

式中，b——包括标准电极电位在内的常数；

　　　 S——电极斜率。

在体积为 V_x 的待测液中，未添加 Na 标准溶液时，测得电动势为 E_0，当加入 V_{S1} mL 浓度为 c_{S1} 的钠标准溶液后，测得电动势为 E_1，按一次标准加入法处理，得

$$c_{Na^+} = \frac{C_{S1} \cdot V_{S1}}{V_x + V_{S1}} \left(10^{\frac{E_1 - E_0}{S_{Na}}} - \frac{V_x}{V_x + V_{S1}} \right)^{-1} \quad (2)$$

向上述溶液中再添加 V_{S2} mL 浓度为 c_{S2} 的钾标准溶液后，测得电动势为 E_2，同理可得

$$c_{K^+} = \frac{C_{S2} \cdot V_{S2}}{V_x + V_{S1} + V_{S2}} \left(10^{\frac{E_2 - E_1}{S_K}} - \frac{V_x + V_{S1}}{V_x + V_{S1} + V_{S2}} \right)^{-1} \quad (3)$$

含有钾、钠离子的待测溶液，可以通过分别加入钾、钠标准溶液，测得其电动势的变化量，按式（2）和（3）计算其钾、钠浓度。

3）仪器及设备

实验室用 pH 计，钠玻璃电极，钾 PVC 膜电极，自动温度补偿探头，振荡机，电磁搅拌器，离心机。

4）试剂

（1）0.1 mol/L 钠标准溶液：取一定量氯化钠（NaCl，分析纯）置于 105℃烘箱中，烘干 4～6 h，随后称取 5.85 g 溶于去离子水中，并定容至 1 L。

（2）0.1 mol/L 钾标准溶液：取一定量氯化钾（KCl，分析纯）置于 105℃烘箱中，烘干 4～6 h，随后称取 7.45 g 溶于去离子水中，并定容至 1 L。

（3）0.5 mol/L $BaCl_2$ 溶液：称取 122.23 g 氯化钡（$BaCl_2 \cdot 2H_2O$，分析纯）溶于去离子水中，并定容至 1 L。

5）操作步骤

（1）浸提液制备

称取 5.00 g 周丛生物样品于 100 mL 锥形瓶中，并加入 50.00 mL 0.5 mol/L $BaCl_2$ 溶液，放入振荡机中振荡提取 30 min，振荡结束后将溶液离心，得到的上清液为含交换性钾、钠的提取液。

（2）电极响应曲线与斜率

将 0.5 mol/L $BaCl_2$ 溶液作为离子强度调节剂，用含 10^{-3} mol/L 的 K^+ 及含量为 $10^{-5} \sim 10^{-1}$ mol/L 的 Na^+ 系列标准溶液，测得随着钠离子浓度变化而变化的一系列电动势 E_{Na} 值。同样，用含 10^{-3} mol/L 的 Na^+ 及含量为 $10^{-5} \sim 10^{-1}$ mol/L 的 K^+ 标准系列测得 E_K 值。绘制电极响应曲线，确定钾、钠电极的线性响应范围，并计算钾和钠电极的平均电极斜率 $\overline{S}_{Na}$ 和 $\overline{S}_K$，将 $\overline{S}_{Na}$ 和 $\overline{S}_K$ 分别代入（2）和（3）式中，用于计算 c_{Na^+} 和 c_{K^+} 值。

（3）周丛生物浸提液中钾钠同时测定

吸取 45.00 mL 所得的周丛生物浸提液于 100 mL 烧杯中，放入磁子，并在搅拌下插入电极，测得 E_0 值。响应时间固定为 3 min，然后添加 1.0 mL 0.1 mol/L 钠标准溶液，测得 E_1，再添加 1.0 mL 0.1 mol/L 钾标准溶液，测得 E_2，代入公式（2）和（3）中，计算 c_{Na^+} 和 c_{K^+} 值，按称样量和稀释倍数换算成每克周丛生物中含交换性钾和钠的毫克数。

二、周丛生物中全钠的测定

（一）氢氟酸-高氯酸消解法

1）方法选择的依据

氢氟酸-高氯酸消解法处理周丛生物样品，提取周丛生物中的钠，其具有实验所需温度不高、样品前处理速度快、方便易行的优点。

2）分析原理

使用氢氟酸-高氯酸消解法消煮周丛生物样品，由于其中 HF 与硅生成气态氟硅酸（SiF_4）这一特殊反应，含钠的铝硅酸盐被彻底破坏，可溶性的钠被释放出，同时样品中有机质被 $HClO_4$ 氧化去除。制成钠的待测液，可以用火焰原子吸收光谱法测定钠。

3）仪器及设备

真空冷冻干燥仪，天平，原子吸收分光光度计。

4）试剂

（1）0.1 mol/L 硫酸铝溶液：称取 34 g 无水硫酸铝 [$Al_2(SO_4)_3$] 或 66 g 十八水硫酸铝 [$Al_2(SO_4)_3 \cdot 18H_2O$] 溶于去离子水中，稀释至 1 L。

（2）高氯酸（60%，分析纯）。

（3）氢氟酸（35%，分析纯）。

（4）2 mol/L 盐酸溶液：将 16.6 mL 浓盐酸（HCl，密度 1.19 g/mL，化学纯）用去离子水稀释至 100 mL。

（5）1000 μg/mL 氧化钠（Na_2O）标准溶液：先取一定量的氯化钠（NaCl，分析纯）置于 105℃烘箱中烘 4~6 h，随后准确称取 1.8859 g 并溶于去离子水中，定容至 1 L，摇匀。

（6）氧化钠系列标准溶液：分别吸取不同量的 1000 μg/mL 钠（Na）标准溶

液，用硫酸铝溶液稀释配制成钠含量为 5 μg/mL、10 μg/mL、20 μg/mL、30 μg/mL、50 μg/mL、70 μg/mL 的一系列溶液。

5）操作步骤

（1）样品处理

首先，将铝盒 60℃下烘干至恒重，称重。然后，取 2～3 g 新鲜周丛生物，称重，置于烘箱内，60℃下烘干（约需 24 h）。取出，称重，计算周丛生物含水率。

取适量预冻过的周丛生物样品，置于真空冷冻干燥仪中干燥脱水，得到冻干的样品。随后将样品碾碎混匀并过 60 目筛子，放入封口袋中备用。

（2）钠待测液的制备

称取 0.5 g（精确到 0.0001 g）周丛生物冻干样品，置于 30 mL 铂坩埚内，并加入几滴去离子水润湿样品。随后先加入 5 mL 高氯酸，再加入 5 mL 氢氟酸溶液。小心摇动坩埚，使样品与溶液混合均匀。

在电炉上低温加热坩埚，使氢氟酸与样品充分作用，并防止其迅速挥发或溅失。待高氯酸冒白烟时，取下坩埚待其冷却至室温，再加 5 mL 氢氟酸，继续加热消煮，直到其蒸发至近干，取下坩埚待其冷却至室温，再加 3 mL 高氯酸，继续蒸干去除多余的氢氟酸，并慢慢加温蒸煮至有少量白烟冒出为止，基本除去多余的高氯酸。

将 4 mL 盐酸（2 mol/L）加入盛有消煮残渣的坩埚内，置于电炉上低温加热，使残渣溶解。然后全部洗入 100 mL 量瓶中，用去离子水定容，摇匀，随后立即转移至塑料小瓶中备用。

（3）工作曲线的绘制

将仪器的分析谱线参数、火焰参数、积分参数等设置好，随后测定配制好的标准曲线溶液，并记录读数，绘制工作曲线。

（4）测定

吸取上述待测液 5～10 mL 于 25 mL 容量瓶内，加 0.1 mol/L 硫酸铝或氯化铝定容，用原子吸收分光光度计测定。

（5）结果计算

$$W(\text{Na}_2\text{O}) = \frac{c \times V \times t_s}{m/(1-\omega) \times 10^6} \times 1000$$

$$W(\text{Na}) = W(\text{Na}_2\text{O}) \times 0.742$$

式中，$W(\text{Na}_2\text{O})$——氧化钠含量，g/kg；

　　　$W(\text{Na})$——钠含量，g/kg；

　　　c——从工作曲线上查得氧化钠的浓度，μg/mL；

　　　V——测读液体积，25mL；

t_s——分取倍数，为脱硅后系统分析待测液定容体积（mL）与测定时吸取液体积（mL）的比值；

m——冻干样品质量，g；

ω——周丛生物含水率，%；

0.742——将氧化钠换算成钠的系数。

第六节　周丛生物中钙、镁含量测定方法

一、方法选择

周丛生物钙、镁含量的测定先用硫酸-过氧化氢（H_2SO_4-H_2O_2）消化法消解周丛生物，然后采用电感耦合等离子体发射光谱法（ICP-OES）对样品待测液进行处理。电感耦合等离子体发射光谱法可以同时测定钙、镁元素，测试速度快，精确度高，无烦琐操作，适合实验室大批量的样品测量。

二、方法原理

周丛生物中的钙、镁元素主要以结合态、离子态两种形式存在，其中，以结合态为主，离子态次之。H_2SO_4 和 H_2O_2 作为强氧化剂在高温下可以消解周丛生物，使其中结合形式的钙和镁有机物氧化分解，转化为钙、镁离子。利用消解得到的溶液可分别测定钙、镁含量。ICP-OES 测量的基本原理是原子和离子会吸收能量，使所含电子从基态跃迁到激发态，激发态原子在返回低能级时会发射特定波长的光，通过测量每个波长的发射光能量，来确定样品中的元素种类和含量。

三、试剂与仪器

（一）试剂

（1）硫酸：分析纯。

（2）硝酸：分析纯。

（3）硝酸溶液：5%硝酸水溶液。

（4）过氧化氢溶液：30%过氧化氢水溶液。

（5）氩气：纯度>99.99%。

（6）硫酸镁：$MgSO_4 \cdot 7H_2O$，分析纯。

（7）氯化钙：$CaCl_2 \cdot 2H_2O$，分析纯。

（8）镁标准溶液：称取硫酸镁 1.014 g，溶于水并移入 1000 mL 容量瓶中定容。

ρ_{Mg}=0.1 mg/mL。

　　（9）钙标准溶液：称取氯化钙 0.367 g，溶于水并移入 1000 mL 容量瓶中定容。
ρ_{Ca}= 0.1 mg/mL。

（二）仪器

　　（1）恒温加热消煮炉。
　　（2）消煮管。
　　（3）容量瓶。
　　（4）烘箱。
　　（5）电子天平：精度 0.0001 g。
　　（6）电感耦合等离子体发射光谱仪。
　　（7）孔筛：孔径 0.4 mm。

四、测定步骤

（一）待测液制备

　　（1）取适量鲜周丛生物置于烘箱内 75℃加热，烘至恒重后取干周丛生物进行
研磨。

　　（2）称取通过 0.4 mm 孔径筛的干周丛生物 0.2 g（精确到 0.0001 g），置于消
煮管中，加入 10 mL 浓硫酸并摇匀。在管口放一个曲颈漏斗，置于消煮炉上并在
通风橱中加热，等瓶内硫酸开始冒白烟后继续加热 5 min，然后静置冷却。

　　（3）等管内温度冷却至 70℃左右，再逐滴滴加 10 滴过氧化氢溶液，滴加时
应缓慢滴加，避免容器气压过高。

　　（4）继续加热微沸 10 min，若管内溶液仍呈黑色或棕黄色，则重复（3）的步
骤反复处理 3～5 次，直至管内溶液完全无色为止。然后再加热 5 min，以除去过
量的过氧化氢。

　　（5）消化完成后，静置冷却消煮管，将消煮液和漏斗润洗液转移至 25 mL 容
量瓶中定容。

　　（6）同时做试剂空白试验，以校正试剂误差。

（二）待测液钙、镁含量测定

　　（1）电感耦合等离子体发射光谱仪可根据仪器灵敏度自行选择轴向或径向。
参考参数：功率 1300 W；等离子气流量 150.0 L/min；雾化气流量 0.7 L/min；辅
助气流量 0.2 L/min；检测波长：钙（Ca）317.93 nm，镁（Mg）285.21 nm。

（2）校准曲线的绘制。在一组 6 只 25 mL 容量瓶中，分别加入 0 mL、0.50 mL、1.00 mL、1.50 mL、2.00 mL 和 2.50 mL 钙标准溶液，用 5%硝酸水溶液稀释至标线。在一组 6 只 25 mL 容量瓶中，分别加入 0、2.00 mL、4.00 mL、6.00 mL、8.00 mL 和 10.00 mL 镁标准溶液，用 5%硝酸水溶液稀释至标线。将仪器调整至最佳工作状态，按顺序测定钙、镁标准溶液光谱强度，绘制校准曲线。

（3）取适量待测液，按与校准曲线相同方法测量光谱强度。注：检测波长可根据仪器和样品进行优化。

（三）结果计算

$$C_n = \frac{(\rho_n - \rho_0) \times V}{m}$$

式中，C_n——样品中钙、镁含量，$\mu g/g$；

ρ_n——待测液中钙、镁的浓度，$\mu g/mL$；

ρ_0——待测空白液中钙、镁的浓度，$\mu g/mL$；

V——待测液体积，mL；

m——样品质量，g。

（四）精密度

（1）元素含量≤0.1 $\mu g/g$ 时，在重复性条件下获得的两次独立测定结果的绝对差值不得超过算术平均值的 20%。

（2）元素含量在 0.1~1 $\mu g/g$ 时，在重复性条件下获得的两次独立测定结果的绝对差值不得超过算术平均值的 15%。

（3）元素含量≥1 $\mu g/g$ 时，在重复性条件下获得的两次独立测定结果的绝对差值不得超过算术平均值的 10%。

第七节　周丛生物中硫含量测定方法

一、待测液制备——硝酸-高氯酸（HNO_3-$HClO_4$）消化法

（一）原理

硝酸具有强氧化性，可与样品中的有机质发生作用，生成无色的 CO_2 气体和棕色的 NO_2 气体，加热时这种反应会更剧烈；高氯酸能够分解样品中的有机质，也能使 SiO_2 脱水。周丛生物样品使用 HNO_3-$HClO_4$ 混合液进行消煮，消煮待测液可用于样品中全硫的测定。

（二）仪器及试剂

1）仪器

（1）调温电热板或调温电炉。

（2）150 mL 锥形瓶。

（3）250 mL 容量瓶。

（4）小漏斗。

（5）快速漏斗。

2）试剂

若无另外说明，本标准中使用的试剂均为分析纯（含）以上。混合酸：浓硝酸（HNO_3，密度 1.51 g/mL）和浓高氯酸（$HClO_4$，60%～70%）比例为 5∶1，混匀。

（三）操作步骤

1）称样

将待测的周丛生物样品干燥后研磨，称取 0.2～0.5 g（精确到 0.0001 g），在烘箱中 65℃烘干 24 h 后，移入干燥器中，静置 20 min 后，将样品移入 150 mL 锥形瓶中。

2）消煮

向盛有样品的锥形瓶中加入 30 mL 混合酸，注意保持锥形瓶稳定不晃动，在瓶口放置一小漏斗，并在漏斗中放置一直径比漏斗颈稍大一些的玻璃珠，将锥形瓶置于通风橱中过夜后进行消煮，通过控制电热板或电炉的温度使消煮液保持微沸状态，当不再生成棕色气体时，适当升高炉温，注意炉温不能太高以防液体烧干，当锥形瓶内液体透明且不呈糊状后停止。同时做两个试剂空白试验，以校正试剂误差。

3）定容

滤去 SiO_2 残渣后，将消煮液洗入 250 mL 容量瓶中并定容，然后移入塑料瓶中，作为测定周丛生物中硫含量的消煮待测液。

二、硫含量测定——硫酸钡比浊法

（一）原理

周丛生物中的硫在经 HNO_3-$HClO_4$ 消煮后被氧化为 SO_4^{2-}，能与氯化钡结合生

成 $BaSO_4$ 沉淀,可以通过比浊法测定周丛生物中的硫含量。

(二)仪器及试剂

1)仪器

(1)电磁搅拌器。

(2)分光光度计。

(3)50 mL 容量瓶。

2)试剂

(1)50 μg/mL 硫标准溶液:称取 0.2718 g 硫酸钾(K_2SO_4,110℃烘干 4 h),用水溶解并定容至 1 L。

(2)缓冲盐溶液:分别称取 0.8 g 硝酸钾(KNO_3)、4.1 g 乙酸钠(NaOAc)、40 g 氯化镁($MgCl_2\cdot6H_2O$)并量取 28 mL 的无水乙醇(CH_3CH_2OH),用水稀释至 1 L。

(3)氯化钡晶粒:将氯化钡($BaCl_2\cdot2H_2O$)结晶进行研磨,筛取粒度为 0.25~0.5 mm 的晶粒。

(4)1:1 盐酸溶液:将等体积的浓盐酸与水混合。

(三)操作步骤

1)测定

向 50 mL 容量瓶中加入 10 mL 消煮待测液,再分别加入 1mL 1:1 盐酸溶液、10 mL 缓冲盐溶液和 20 mL 水,定容至刻度并摇匀后倒入烧杯中,加入 0.30 g 氯化钡晶粒,然后立即用电磁搅拌器搅拌 1 min,停止搅拌并静置 1 min 后,用分光光度计在 440 nm 波长下测定待测比浊液的吸收值。

2)工作曲线的绘制

分别吸取 0 mL、2 mL、4 mL、6 mL、8 mL、10 mL 的 50 μg/mL 的硫标准溶液于 50 mL 容量瓶中,分别得到浓度为 0 μg/mL、2 μg/mL、4 μg/mL、6 μg/mL、8 μg/mL、10 μg/mL 的硫标准溶液,保持工作条件与测定条件完全一致,测定各浓度硫标准溶液的吸收值并绘制成工作曲线。

(四)结果计算

$$\omega = \frac{c \times V \times t_s}{m \times 10^6} \times 1000$$

式中，ω——硫含量，g/kg；

　　　c——硫的质量浓度，µg/mL；

　　　V——比浊液体积，50 mL；

　　　t_s——分取倍数，为待测液体积（mL）与吸取液体积（mL）的比值；

　　　m——烘干样质量，g。

（五）注意事项

电磁搅拌机搅拌速度应保持前后一致，且搅拌时间应严格控制在 1 min，停止搅拌并静止 1 min 后进行比浊。

三、硫含量测定——电感耦合等离子体原子发射光谱法

（一）原理

周丛生物样品经 HNO_3-$HClO_4$ 消煮后，可以用电感耦合等离子体原子发射光谱仪测定消煮待测液中硫元素特征谱线的强度，并通过标准曲线法计算出周丛生物中的硫含量。

（二）仪器及试剂

1）仪器

（1）电感耦合等离子体原子发射光谱仪。

（2）50 mL 容量瓶。

2）试剂

（1）1000 µg/mL 硫标准贮存溶液：称 4.4303 g 无水硫酸钠（Na_2SO_4，2.68 g/mL，105～110℃下烘至恒重），溶于水并定容至 1 L。

（2）标准工作溶液：分别向 0 mL、0.20 mL、0.50 mL、1.00 mL、2.00 mL、3.00 mL 硫标准贮存溶液中加入 3 mL 盐酸，用水稀释至 50 mL 并摇匀。每 1 mL 此标准工作溶液分别含硫 0 µg、4.00 µg、10.0 µg、20.0 µg、40.0 µg、60.0 µg。

（三）操作步骤

1）标准曲线的制作

用电感耦合等离子体原子发射光谱仪测定各标准工作溶液的硫元素特征谱线的强度，以元素浓度为横坐标、谱线强度为纵坐标，绘制标准曲线，相关系数需

大于等于 0.999。

2）测定

分别测定样品空白溶液和消煮待测液中硫元素特征谱线的强度，根据所绘制的标准曲线计算空白溶液和消煮待测液中的硫含量。

（四）结果计算

$$\omega = \frac{(\rho - \rho_0) \times V \times 1000}{m \times 1000}$$

式中，ω——硫含量，mg/kg；

ρ——试样溶液中硫的浓度，μg/mL；

ρ_0——试剂空白液中硫的浓度，μg/mL；

V——试样溶液的定容体积，mL；

m——试样的质量，g。

计算结果保留至小数点后两位。

（五）精密度

在重复性条件下，任意两次独立测定结果的绝对差值不得超过算术平均值的 10%。

第八节　周丛生物中铁含量测定方法

一、方法选择的依据

目前测定铁含量的方法很多，实验室内普遍采用的是邻菲罗啉比色法，主要是利用邻菲罗啉能与二价铁生成橙红色的络合物这一现象，进而将待测液在分光光度计下进行比色测定，可根据朗伯-比尔定律求得周丛生物中铁的含量。除此之外，原子分光光度计和电感耦合等离子体原子发射光谱仪的普及，更加丰富了对铁元素的测定方法。

邻菲罗啉比色法需要先用盐酸羟胺或抗坏血酸等还原性试剂把试液中的 Fe(III)还原成 Fe(II)，然后再进行显色反应。铁作为可变价态金属，在周丛生物中作为电子的供体和受体以供微生物的生长发育，所以对周丛生物中铁的测定不仅仅是测定总铁的含量，有时需要单独测定样品中 Fe(II)或者 Fe(III)的含量。硫酸铝浸提液可以提取水溶态、交换态以及部分络合态和沉淀态亚铁，浸提出的 Fe(II)含量再结合邻菲罗啉比色法进行测定。周丛生物总铁的检测则需要将各种形态的铁先提取出来，再将待测液进行测定，考虑到各地周丛生物的性质差异，选定了三个常规的提取方法，盐酸+维生素 C 浸提法用于偏酸性的周丛生物；干灰法操作相对简单，可用于较多样品的测定；湿硝化法有机物分解速度快，可减少待测成分的挥发损失。

二、周丛生物中亚铁的测定（邻菲罗啉比色法）

（一）分析原理

Fe(Ⅱ)能在 pH 为 2～9 的溶液中与邻菲罗啉生成稳定的橙红色络合物，并在 510 nm 处有最大吸收波长，其吸光度与铁的含量成正比，故可比色测定。

（二）实验仪器及设备

分光光度计或者酶标仪。

（三）试剂

（1）硫酸铝浸提剂 [0.1 mol/L $Al_2(SO_4)_3$]：称取硫酸铝 [$Al_2(SO_4)_3 \cdot 18H_2O$] 66.6 g 溶于 950 mL 蒸馏水中，并用氢氧化钠（试剂 2）调节 pH 至 2.50，定容至 1 L。

（2）5.0 mol/L 氢氧化钠溶液：称取氢氧化钠（NaOH）20 g 溶于蒸馏水中，定容至 100 mL。

（3）100 mg/L 铁标准溶液：称取纯铁丝（预先用稀盐酸浸泡或冲洗以处理表面，完成后取出并擦干净水分）0.1000 g 溶于 20 mL 盐酸溶液（试剂 4）中，稍加热促进溶解，冷却后加入蒸馏水定容至 1 L。

（4）6 mol/L 盐酸溶液：将浓盐酸稀释一倍。

（5）100 g/L 盐酸羟胺溶液：称取 10 g 盐酸羟胺溶于蒸馏水中，在 100 mL 容量瓶中定容至刻度线。

（6）邻菲罗啉溶液：称取 0.10 g 邻菲罗啉溶于 100 mL 蒸馏水中，稍加热并放置一段时间使其充分溶解。

（四）操作步骤

（1）待测液的制备：取相当于干重 10.00 g 的新鲜周丛生物于锥形瓶中，加入硫酸铝浸提剂（试剂 1）200.0 mL，120 r/min 振荡 3 min，10 000 r/min 离心 5 min，取上层滤液用 0.45 μm 滤膜过滤，取适量上层滤液快速进行测定。

（2）测定：吸取由硫酸铝浸提液提出的滤液 10 mL，置于 25 mL 容量瓶中，加入盐酸羟胺溶液（试剂 5）0.5 mL，摇匀 1 min 后加入邻菲罗啉（试剂 6）2.5 mL，用蒸馏水定容。放置 30 min 以上，然后用 1 cm 光径比色槽，于分光光度计上在 510 nm 波长处进样比色，根据吸光度，从绘制的 Fe 的工作曲线中查得待测液中 Fe^{2+} 浓度。

（3）Fe 的工作曲线的绘制：分别吸取铁标准溶液（试剂 3）0 mL、1 mL、2 mL、3 mL、4 mL 和 5 mL，分别加入到 100 mL 容量瓶中，并依次加入盐酸羟胺溶液（试剂 5）2 mL，轻微摇晃，1 min 后加入邻菲罗啉溶液（试剂 6），用蒸馏水定容，即配制成浓度为 0 mg/L、1 mg/L、2 mg/L、3 mg/L、4 mg/L、5 mg/L 的 Fe 标准溶液。放置 30 min 以上，然后在分光光度计上用波长 510 nm 进行比色测定。

（五）结果计算

周丛生物样品中 Fe 的质量分数为 X（mg/kg），按下列公式计算：

$$X = \frac{\rho \times V}{m}$$

式中，ρ——由标准曲线查得 Fe 的浓度，mg/L；

V——样品溶液中的总体积，mL；

m——周丛生物样品干重，g。

三、周丛生物中全铁的测定

（一）待测液的制备

1）干灰法

称取干重为 5 g 的新鲜周丛生物样品，60℃下烘干（约需 24 h），将烘干的周丛生物样品在瓷研钵中碾磨过 20 目筛，称取适量过筛后周丛生物样品置石英坩埚中，在电炉上加热使其碳化，再移入高温电炉，在 500℃下继续加热 2~3 h，灰化完成，待其冷却后，加入 5 mL 稀硝酸溶液（1∶1）溶解灰分，将溶液全部转移入 50 mL 容量瓶中，加入蒸馏水定容至刻度线，最后再用 0.45 μm 滤纸过滤，得到澄清滤液，进行下一步铁含量的测定。

2）盐酸+维生素 C 浸提法

称取干重为 1 g 的新鲜周丛生物样品，在 105℃下烘 1 h 后放在室内晾干，用瓷研钵磨碎过 50 目筛。将过筛的周丛生物样品置于 60℃干燥箱内烘 4~6 h，将烘干处理后的样品加入 25 mL 稀盐酸+维生素 C 溶液，放入 80℃恒温振荡器中，振荡 2 h（如果液体减少，则用蒸馏水补充）。将浸提完成的样品 8000 r/min 离心 20 min，取得上清液，用 0.45 μm 滤膜过滤，得到澄清滤液，进行下一步铁含量的测定。

3）湿硝化法

称取干重为 5 g 的新鲜周丛生物样品，在 105℃下烘 1 h 后放在室内晾干，用瓷研钵磨碎过 50 目筛。将过完筛的周丛生物样品置于 60℃干燥箱内烘干 4～6 h，称取适量样品置于 150 mL 锥形瓶中，加入 30 mL HNO_3-$HClO_4$ 酸混合溶液（HNO_3：$HClO_4$=5：1），不要晃动锥形瓶，可在锥形瓶上方放一个漏斗，在漏斗中放一颗稍大于漏斗口径的玻璃珠，以减少静置过程中溶液的挥发以及消煮过程中溶液的蒸发，将加完酸的溶液置于通风橱静置过夜。在通风橱中，把静置一夜后的锥形瓶置于调温板或调温炉上加热消煮 5 h 左右（温度应控制在能让消煮液微沸），消煮过程中会产生棕色二氧化氮气体（戴上护具，注意防护），当不再产生棕色气体时，升温，将溶液缓缓加热至几乎被蒸干。冷却过后，将溶液及不溶性颗粒物全部转移至 50 mL 容量瓶中，用蒸馏水定容，最后再用 0.45 μm 滤纸过滤，得到澄清滤液，进行下一步铁含量的测定。

（二）待测液的检测

1）原子吸收分光光度法

（1）方法原理

用上述方法制备的待测液，直接用原子吸收分光光度计测定溶液中的 Fe，对铁最灵敏的波长是 248.3 nm。

（2）实验仪器及设备

原子吸收分光光度计；可调电热板；坩埚；瓷研钵。

（3）试剂

Fe 标准溶液：称取 0.1000 g 光谱纯铁丝，加入 20 mL 盐酸溶液，可稍微加热使之加速溶解，移入 1 L 容量瓶中，用蒸馏水定容，此为 Fe 标准贮备液（100 mg/L）。用蒸馏水稀释 10 倍即为铁标准溶液 [ρ（Fe）=10 mg/L]。

0.6 mol/L 盐酸溶液：浓盐酸用蒸馏水稀释 20 倍。

（4）操作步骤

按上述方法制备待测液。待测液可以直接用原子分光光度计 248.3 nm 波长测出。

标准曲线用 Fe 标准溶液稀释配制，稀释浓度可分别为 0 mg/L、2 mg/L、4 mg/L、6 mg/L、8 mg/L、10 mg/L。在与样品条件相同的条件下，直接用原子分光光度计在 248.3 nm 波长下测出。

（5）结果计算

周丛生物样品中 Fe 的质量分数为 X（mg/kg），按下列公式计算：

$$X = \frac{\rho \times V}{m}$$

式中，ρ——由标准曲线查得 Fe 的浓度，mg/L；

V——样品溶液中的总体积，mL；

m——周丛生物样品干重，g。

2）邻菲罗啉比色法

（1）方法原理

溶液中的三价铁离子用盐酸羟胺还原成亚铁离子，而亚铁离子在 pH 为 3～9 的条件下，与邻菲罗啉反应，生成橘红色络合离子，并在 510 nm 处有最大吸收波长，其吸光度与铁的含量成正比，故可比色测定，测定出的铁含量即为总铁含量。

（2）实验仪器及设备

分光光度计。

（3）试剂

①HAc-NaAc 缓冲液：称取 136 g 乙酸钠，加蒸馏水溶解，加入 120 mL 冰醋酸，移入 500 mL 容量瓶中，用蒸馏水定容。储存在阴凉处。

②6 mol/L HCl 溶液：将浓盐酸稀释一倍。

③10%盐酸羟胺溶液：称取 10 g 盐酸羟胺溶于蒸馏水中，定容至 100 mL。

④0.15%邻菲罗啉溶液：称取 0.15 g 邻菲罗啉溶于 100 mL 蒸馏水中，稍加热并放置一段时间使其充分溶解。

⑤铁标准溶液：同 1）中（3）。

（4）操作步骤

取待测液 10 mL 于 50 mL 容量瓶中，用盐酸（试剂 2）调剂 pH 使样品 pH<3，分别依次加入 1.0 mL 10%盐酸羟胺（试剂 3），摇晃均匀后加入 2.0 mL 0.15%邻菲罗啉（试剂 4）以及 5.0 mL HAc-NaAc 缓冲液（试剂 1），用蒸馏水定容至刻度线。放置 30 min 以上，在分光光度计上用 510 nm 波长进行比色测定。

分别吸取铁标准溶液（试剂 5）0 mL、2 mL、4 mL、6 mL、8 mL 和 10 mL，分别置于 6 只 50 mL 容量瓶中，加入蒸馏水至约 25 mL，分别依次加入 1.0 mL 10%盐酸羟胺（试剂 3），摇晃均匀后加入 2.0 mL 0.15%邻菲罗啉（试剂 4）以及 5.0 mL HAc-NaAc 缓冲液（试剂 1），用蒸馏水定容至刻度线。放置 30 min 以上，在分光光度计上用 510 nm 波长进行比色测定。

（5）结果计算

周丛生物样品中 Fe 的质量分数为 X（mg/kg），按下列公式计算：

$$X = \frac{\rho \times V}{m}$$

式中，ρ——由标准曲线查得 Fe 的浓度，mg/L；

　　V——样品溶液中的总体积，mL；

　　m——周丛生物样品干重，g。

3）ICP-AES 法

（1）方法原理

将制备的待测液直接用 ICP-AES 法测定 Fe。

（2）实验仪器及设备

电感耦合原子发射光谱仪。

（3）试剂

铁标准溶液：同 1）中（3）。

（4）操作步骤

可直接用 ICP-AES 法测定待测液和稀释的标准溶液中 Fe 元素的含量，建立 ACT（分析样品的软件程序）进行仪器标准化，同时也可以测定待测液中 Mn、Cu、Zn、Mo 元素的含量。

四、周丛生物中三价铁的测定

三价铁离子的浓度为总铁的浓度减去二价铁离子的浓度。

第九节　周丛生物中锰含量测定方法

一、待测液的制备

（一）灰分的获取

在制备待测液前需要先获得周丛生物中的灰分。可以采用多种方法使周丛生物组织分解并获得灰分，大量使用的方法为干灰化法和湿灰化法。干灰化法是在高温灼烧的情况下将周丛生物分解获得灰分，原材料投入少，因此准确率高，但在灼烧的过程中容易出现受热不均匀的情况，致使难分解的部分形成灰分不完全，或形成难以重新溶解的硅酸盐，而周丛生物中也存在高温易分解的挥发性有机物等物质，由于存在这些问题，测量时会出现负误差。相比之下，非高温下使用酸液的湿灰化法不存在不易灰化完全的问题，一般使用 HNO_3-$HClO_4$ 或 HNO_3+H_2SO_4-$HClO_4$ 或 H_2O_2-HNO_3，然后与周丛生物膜一起进行消煮，但湿灰化法也存在酸液的大量使用、操作烦琐和高空白等问题。而为了获得待测液需要用酸（稀 HCl 或 HNO_3）将灰分溶解并形成溶液。

1）干灰化

周丛生物样品经研磨成 0.5 mm 的碎片后烘干，然后称取 1.000～2.000 g 的样品（其中含锰 50～300 μg）移至石英坩埚中，并将坩埚放在电热板上使样品炭化。缓慢加热，使其不再冒烟，之后送入缓慢加热到 500℃的高温电炉中灰化 2 h。在灰分冷却后滴加 HNO_3（1+1）来润湿灰分并蒸发水分，重复完成灰化可以消除灰分中碳粒较多带来的误差。

用 2 mL HCl（1+1）溶解灰分后形成待测液，并吸取 2～5 mL 移动到 50 mL 容量瓶中，加水定容。

2）湿灰化

（1）称样：称量 1～5 g 经风干研磨的周丛生物样品到小烧杯中，在烘箱中设定 65℃烘 24 h，随后在干燥器中静置 20 min，放入锥形瓶中并用减量法准确称量此时的质量（精确至 0.0001 g）。

（2）消煮：在盛样锥形瓶中加入 30 mL 预先准备的混合酸，随后转移至调温电热板或调温电炉，并在锥形瓶口放置一个含有一粒玻璃珠的小漏斗防止蒸发过度，该玻璃珠需比漏斗颈略大，随后开始消煮。其间为了保持消煮液微沸的状态需控制温度。随着反应的进行，大量棕色 NO_2 气体开始冒出。在棕色气体（NO_2）不再出现时，升高炉温让硅脱水并防止烧干，在此阶段以硅脱水完全作为消煮结束的标志，可将液体没有糊状且呈透明状态作为判断依据。同时进行两个试剂空白实验以消除空白实验误差。

（3）分离二氧化硅（SiO_2）及定容：放置快速漏斗（直径 7 cm）和蓝带定量滤纸（中孔）于 250 mL 容量瓶口。随后，在消煮液中加入 20 mL 去离子水并摇匀，紧接将处理过的消解液和反应过后的残渣移入滤纸中开始过滤，采取酸洗的方法用滴管吸取热的 1 mL 10 g/L 盐酸不断滴入瓶中，并用玻璃棒不停地搅拌，经过不断重复操作，直至残渣完全消失为止。防止滤液中 Fe^{3+} 形成可用滴管吸热的 50 g/L 盐酸洗涤沉淀，再用温水清洗。最后用水定容该消煮待测液至标线（250 mL），其中残渣为 SiO_2。吸取 2～5 mL 待测液移动到 50 mL 容量瓶中，加水定容。

二、原子吸收分光光度法

（一）方法原理

用稀盐酸溶解由干灰化法或湿灰化法分解周丛生物样品而获得的灰分，使用原子吸收分光光度计测定酸提取后形成的溶液中的锰。

（二）仪器和设备

高温电炉，30 mL 的瓷或者石英坩埚，烘箱，原子吸收分光光度计，能调压变压的电热板，1000 mL 的容量瓶，小漏斗。

（三）试剂

（1）锰标准储备溶液：称量经烘干并灼烧过后的 0.2479 g 无水硫酸锰，随后加水溶解，其中无水硫酸锰的具体制备条件为 150℃在烘箱烘干，并在高温电炉中于 400℃灼烧 6 h，随后加入 1 mL 浓硫酸，最后用水将溶液定容至 1 L。本溶液 ρ（Mn）=100 mg/L。

（2）锰标准使用溶液：吸取 10 mL 锰标准储备溶液到 100 mL 容量瓶中并定容，则成为 ρ（Mn）=10 mg/L 的锰标准使用溶液。

（3）盐酸溶液 1+1（优级纯）。

（4）10 g/L 盐酸（盐酸溶液质量分数为 1%，方法为量取 6.77 mL 浓盐酸并移至 250 mL 容量瓶中稀释到标线摇匀）。

（5）混合酸：浓硝酸（HNO_3，分析纯，密度 1.51 g/mL），浓高氯酸（$HClO_4$，分析纯，60%～70%）酸，5∶1 混匀。

（四）操作步骤

（1）按上述方法制备待测液。

（2）测定：在 279.5 nm 波长下使用锰对应的空心阴极灯并设置好原子吸收分光光度计的工作条件，直接测定定容后的样品中的锰。

（3）工作曲线的绘制：配制 0 mg/L、1 mg/L、2 mg/L、3 mg/L、4 mg/L、5 mg/L、6 mg/L 锰标准系列溶液需要分别吸取 10 mg/L 锰标准使用溶液 0 mL、5 mL、10 mL、15 mL、20 mL、25 mL、30 mL 并分别移到 50 mL 容量瓶中，并各加入与待测液相同的 2 mL HCl（1+1）。以空白溶液作参比，调零，在原子吸收分光光度计上设置和样品相同的条件，测量吸光度并绘制标准曲线。

（五）结果计算

$$W(\text{Mn}) = \frac{c \times V \times t_s}{m}$$

式中，W（Mn）——锰含量，mg/kg；

　　　　c——从标准曲线上可知锰（Mn）的质量浓度，mg/L；

　　　　V——待测液体积，即酸浸提后定容体积，mL；

　　　　t_s——分取倍数，为待测液体积（mL）与吸取液体积（mL）的比值；

m——烘干样质量，g。

第十节 周丛生物中铜含量测定方法

周丛生物中铜含量测定方法有多种，最常用的是原子吸收分光光度法，下面将详细介绍利用原子吸收分光光度法测定周丛生物中铜含量的详细步骤。首先选择适当的共振线，然后使用原子吸收分光光度计测定完成消解的周丛生物中的铜含量，通过将其吸收值与标准系列进行比较，可以得出周丛生物中的铜含量。

（一）试剂

（1）浓硝酸（1.51 g/mL）。

（2）浓高氯酸（60%～70%）。

（3）浓盐酸（1.19 g/mL）。

（4）硫氰化钾溶液：称取 5 g 硫氰化钾溶于 50 mL 水。

（5）混合酸：由 50 mL 的浓硝酸加 10 mL 的浓高氯酸，进行充分混匀获得。

（6）50 g/L 盐酸溶液：量取 135 mL 浓盐酸，移入 1 L 容量瓶，加水定容至标线。

（7）10 g/L 盐酸溶液：量取 200 mL 盐酸溶液，与 800 mL 的水混合均匀备用。

（8）100 μg/mL 铜标准溶液：称取 0.1256 g 硫酸铜，加适量水使之溶解，然后加 5 mL 浓盐酸，加水定容至 500 mL。

（9）10 μg/mL 铜标准溶液：量取 100 mL 100 μg/mL 铜标准溶液，与 900 mL 的水混合均匀备用。

（二）操作步骤

将风干后的样品破碎，过孔径为 0.425 mm 试验筛，混匀备用。在锥形瓶中加入样品 0.5～1 g（精确到 0.0001 g），然后加入 30 mL 提前制备的混合酸，上盖表面皿，以减少沸腾过程中的蒸发。调节电热板温度以保持锥形瓶中的液体沸腾，然后锥形瓶中会出现大量的 NO_2 棕色气体。随着 NO_2 的不断上升消失，升高电热板温度，如果消化液变成深棕色，可以加入少量硝酸，并冒白色烟，当消化液的颜色转变为无色透明，抑或是转变成微黄色时，将消化液静置一段时间直至冷却，并反复用少量水冲洗锥形瓶至 250 mL 容量瓶，然后加水至标线，混合均匀备用，作试剂空白。将提前制备的 10 μg/mL 铜标准溶液分别量取 0 mL、2 mL、4 mL、6 mL、8 mL、10 mL、20 mL、30 mL、40 mL，然后分别与 50 mL、48 mL、46 mL、44 mL、42 mL、40 mL、30 mL、20 mL、10 mL 水混合均匀，得到铜标准系列溶液，浓度分别为：0 μg/mL、0.4 μg/mL、0.8 μg/mL、1.2 μg/mL、1.6 μg/mL、

2.0 μg/mL、4.0 μg/mL、6.0 μg/mL、8.0 μg/mL。

使用原子吸收分光光度计对铜标准溶液进行测定，绘制标准曲线，然后对空白样和样液进行测定。

（三）结果计算

$$X = \frac{(c_1 - c_0) \times V}{m \times 1000}$$

式中，X——试样中铜含量，mg/kg;

c_1——测定样液中铜含量，μg/mL;

c_0——空白液中铜含量，μg/mL;

V——试样消化液的总体积，mL;

m——试样质量，g。

第十一节 周丛生物中锌含量测定方法

以下将详细介绍利用原子吸收分光光度法测定周丛生物中锌含量的详细步骤。

（一）基本原理

待测元素的基态原子在高温下汽化，通过其蒸汽辐射特性曲线的吸收特性，实现对待测物质中相应元素的定性分析和更准确的定量分析。

（二）主要仪器及试剂

主要仪器：原子吸收分光光度计，容量瓶（50 mL）。

主要试剂如下。

（1）100 μg/mL 锌（Zn）标准溶液：将 0.1000 g 锌片置于烧杯中，而后加入 10 mL 浓盐酸、50 mL 去离子水，加热溶解，用水定容至 1 L。

（2）5 μg/mL 锌（Zn）标准溶液：吸取 100 μg/mL 锌标准溶液 10 mL，放入 200 mL 容量瓶中，用去离子水定容到 200 mL。

（三）操作步骤

（1）周丛生物样品消解：称取通过 100 目筛的烘干周丛生物样品 1.000 g 于 50 mL 三角瓶中，加入少量水以湿润样品，再加入 8 mL 浓硫酸，使用振荡机振荡后（尽量放置过夜）再加入 10 滴高氯酸，摇匀，瓶口处放置一小漏斗，使用电炉加热消煮至瓶内液体转白后，继续消煮 20 min，全部消煮时间为 45～60 min，将冷却过后的周丛生物消煮液用纯水洗入 100 mL 容量瓶中，冲洗时注意加水应少量多次，而后轻轻摇晃容量瓶，待消煮液彻底冷却后，用去离子水定容，最后再使用干燥漏斗和滤纸滤入干燥的 100 mL 三角瓶中。

（2）测定：使用原子分光光度计，在 213.8 nm 处直接测定周丛生物消煮待测液中的锌。

（3）工作曲线的绘制：分别吸取 5 μg/mL 锌标准溶液 0 mL、1 mL、2 mL、4 mL、6 mL、8 mL、10 mL、20 mL、30 mL、40 mL 于 50 mL 容量瓶中，用去离子水定容到标度，得 0 μg/mL、0.1 μg/mL、0.2 μg/mL、0.4 μg/mL、0.6 μg/mL、0.8 μg/mL、1.0 μg/mL、2.0 μg/mL、3.0 μg/mL、4.0 μg/mL 锌标准系列溶液。用 0 μg/mL 锌标准系列溶液调节吸收值到零，然后测锌标准系列溶液的吸收值，绘制工作曲线。

（四）结果计算

$$W(\mathrm{Zn}) = \frac{c \times V \times t_s}{m}$$

式中，W（Zn）——锌含量，mg/kg；

$\quad$ c——工作曲线上查得 Zn 的浓度，μg/mL；

$\quad$ V——周丛生物消煮待测液体积，mL；

$\quad$ t_s——分取倍数，$t_s = V$ 待测液体积（mL）/V 测定时吸取待测液体积（mL）；

$\quad$ m——烘干样质量，g。

第十二节　周丛生物中钼含量测定方法

周丛生物中钼含量测定方法较多，目前主流的测量方法有比色法、催化波法和电感原子发射光谱法。常见的比色法有浸提-硫氰化钾比色法和二硫酚比色法。二硫酚比色法缺点在于测量钼元素的专一性比硫氰化钾法差，主要是由于其测定结果容易受到样品中其他金属元素的干扰，测定时需要先进行分离程序，再进行显色，测定时间长于硫氰化钾法；在测定灵敏度方面，硫氰化钾法高于二硫酚比色法，且在测定过程中不受其他金属元素的干扰，应用较广，对显色过程要求严格是硫氰化钾法的弊端；相较于使用较为广泛的比色法，催化波法测定钼含量具有高灵敏度、抗干扰、方法和操作简便、结果稳定性和准确性高的优势，因其检测钼含量的下限较低（达到 0.06 μg/L 左右）而被广泛应用，甚至有取代比色法测定钼含量的趋势，越来越受到科研工作者的青睐，其优势在于使用催化波，可检测钼含量的下限较低；由于钼具有高解离能力，使用原子分光光度法测定，需要用氧化亚氮-乙炔产生高温火焰将钼原子化再进行测定，且原子化过程易被碱土金属所干扰，因操作复杂且限制较多而较少使用；与原子分光光度法比，电感原子发射光谱法在精密度、检出限、动态范围和基体效应上都更优，且因其具有更多的功能、更简便的操作和更稳定的结果而被广泛应用。在具体测定过程中，需要根据测定精度要求和实验室仪器设备条件选择合适的测定方法。这里主要介绍浸提-硫氰化钾比色法和电感原子发射光谱法。

一、浸提-硫氰化钾比色法

浸提-硫氰化钾比色法主要原理是在 pH 小于 7 的溶液中，硫氰化钾（KCNS）与钼形成浅橙红色的络合物，用乙酸异戊醇酯等酸性有机溶剂进行萃取分离后，进行比色，并分别用紫外分光吸收光度计在 470 nm 波长处检测。必须特别注意的一点是，显色强度和化学稳定性很容易受盐酸溶液中的强酸性成分和亚硫氰化钾含量等的直接影响，所以盐酸含量应限制为小于 4 mol/L，KCNS 浓度应大于或等于 6 g/L。

（一）主要仪器及试剂

主要仪器：紫外分光吸收光度计，分液漏斗。

浸提剂：将 12.6 g 草酸（分析纯）与 24.9 g 草酸铵（分析纯）在 1 L 蒸馏水中进行溶解，测定并调节 pH 为 3.3。

盐酸溶液：配制 6.5 mol/L 盐酸溶液。

异戊醇-四氯化碳混合液：制备四氯化碳-异戊醇混合液，并向溶液中加等体积增重剂（四氯化碳）。需要注意的是，在实验前要对异戊醇进行处理，将异戊醇倒入大分液漏斗中，并向其中加入少量 KCNS 和氯化亚锡溶液，使用往复振荡器将其振荡 3~5 min 后，静置 3~5 min，分层移去水相（下层）。

柠檬酸试剂：准备柠檬酸试剂（分析纯）待用。

KCNS 溶液（200 g/L）：称取 20 g 硫氰化钾（KCNS，分析纯），在 100 mL 容量瓶定容。

氯化亚锡溶液（100 g/L）：使用当天制备，称取 10 g 氯化亚锡（$SnCl_2·2H_2O$，分析纯），溶解于 50 mL 浓盐酸中，定容至 100 mL。

制备三氯化铁溶液（0.5 g/L）。

制备钼标准溶液（1 μg/mL）。

（二）操作步骤

准确称取 2 g 冻干周丛生物，研碎，放入塑料瓶中，并向其中添加 50 mL 制备好的浸提剂。塞好瓶塞后，使用振荡机振荡，每分钟 120~200 次，25℃恒温振荡 9 h 后，将样品从塑料瓶中取出，并使用盐酸处理过的滤纸对样品进行过滤，需要注意的是，最初的 5～10 mL 为浑浊滤液，需要移去。

在 50 mL 烧杯中放入 40 mL 含钼不超过 6 μg 滤液，使用电炉将其加热并蒸发浓缩至 5～10 mL，之后将样品转移到 10 mL 石英蒸发皿中，继续加热并蒸干。使用高温电炉将样品加热到 450℃进行灼烧，使得样品中的有机物和草酸被破坏。待样品冷却后，加入 10 mL 盐酸（6.5 mol/L）溶解残渣。将初步溶解的样品放入烧杯中，进一步溶解后移入 60 mL 分液漏斗中，向分液漏斗中加入蒸馏水使得总体积约为 30 mL。

进一步向分液漏斗中加入 1 g 柠檬酸，等待 30 s 后，继续向分液漏斗中加入 2～3 mL 异戊醇-四氯化碳混合液，之后立刻摇动分液漏斗 2 min 左右。将充分混合的分液漏斗静置，使得样品分层，之后将下层移去。进一步向分液漏斗中加入 3 mL KCNS 溶液，等待 10 s 后，继续缓慢摇匀，使样品充分接触反应，待溶液呈现血红色时，停止摇晃，继续静置 30 s。使用药匙向分液漏斗中加入 2 mL 氯化亚锡溶液，等待 10 s 后，缓慢晃动使得氯化亚锡与样品充分反应，待样品血红色逐渐消失时，停止晃动，静置 30 s。使用玻璃注射器吸取 10.0 mL 异戊醇-四氯化碳混合溶液，转移至分液漏斗中，等待 10 s 后，缓慢振动 3 min 左右，使得混合液与样品充分反应，之后继续静置待溶液出现明显分层。使用滤纸过滤异戊醇-四氯化碳层，并将滤液转移至标准比色槽中，分光光度计波长 470 nm 处比色进行测定。准确吸取 1 μg/mL 钼标准溶液 0 mL、0.1 mL、0.3 mL、0.5 mL、1.0 mL、2.0 mL、4.0 mL、6.0 mL 分别放入 60 mL 分液漏斗中，静置 10 s 后，使用玻璃注射器向其中准确加入配制好的三氯化铁溶液 10 mL，并缓慢摇匀，接着重复上述步骤进行显色、萃取、比色测量后，绘制标准曲线。

（三）结果计算

$$W(\text{Mo}) = \frac{c \times V \times t_s}{m}$$

式中，W（Mo）——钼（Mo）含量，mg/kg；

    c——查标准曲线得到的钼浓度，μg/mL；

    V——显色液体积，10 mL；

    t_s——分取倍数［$t_s = V_{待测液体积（mL）} / V_{测定时吸取待测液体积（mL）}$］；

    m——冻干周丛生物样品的质量，g。

二、电感耦合等离子体原子发射光谱法

电感耦合等离子体原子发射光谱法是另一种测定周丛生物中钼含量的常用方

法。其主要原理是周丛生物样品在电感耦合等离子体原子发射光谱仪中，经过喷雾器形成气溶胶进入石英炬管等离子体中心通道中，经光源激发以后所辐射的谱线，在经过入射狭缝到色散系统光栅被分光后，再经过电路处理，得到响应值。

（一）主要仪器及试剂

电感耦合等离子体原子发射光谱仪；精控电热炉等。

仪器工作条件：射频发射功率设定范围为 1300～1400 W；雾化器流量应设定在 0.6～0.7 L/min，冷却器流量值设定范围为 11～12 L/min，辅助气流量的最适范围是 0.25～0.3 L/min；样品提升速率的范围可以设定在 1.4～1.6 mL/min；检测波长为 202.03 nm；观测方式为轴向观测。

1.000 g/L 单元素钼标准溶液 [GBW（E）080597]，使用时将其用蒸馏水稀释配制至所需质量浓度。

硝酸：准备优级纯硝酸，经酸纯化仪纯化后待用。

超纯水：准备电阻率不小于 18.2 MΩ·cm 超纯水待用。

（二）操作步骤

准确称取 0.5000 g 冻干的周丛生物样品，使用称量纸将样品转移至微波消解罐中，使用量筒准确量取 5 mL 硝酸，沿着消解罐的杯壁缓慢加入消解罐中；将添加好硝酸的消解罐放在电炉上，缓慢加热消解罐，并将其温度控制在 100℃左右，使消解罐中物质充分反应 20 min。反应后，将消解罐缓慢取下，静置待 3 min后，将冷却的消解罐继续转移至微波消解仪中，打开微波消解仪开关，按照其工作的标准程序，将消解罐中的样品进行充分消解。样品充分消解后，将消解罐缓慢移出，静置待其充分冷却后，再将消解罐缓慢取出，并继续静置 3 min。将冷却的消解罐在电热炉上继续缓慢加热，并将其温度控制在 150℃左右，观察消解罐中的样品体积，待其体积变为约 0.5 mL 时，戴手套将其缓慢取出，放置在实验台上，让样品充分冷却后，再使用烧杯将样品转移至 10 mL 容量瓶中定容。取适量待测液放入电感耦合等离子体原子发射光谱仪中，按上述仪器工作条件进行设置，测量样品响应值。

依次配制 0 μg/L、5 μg/L、15 μg/L、20 μg/L、25 μg/L、30 μg/L、35 μg/L、40 μg/L、45 μg/L、50 μg/L、55 μg/L、60 μg/L、65 μg/L、70 μg/L、75 μg/L、80 μg/L 的钼标准溶液，使用前面所述的方法对钼元素的响应值进行测定并绘制标准曲线。

（三）结果计算

$$Q(\text{Mo}) = \frac{c \times V \times t_s}{M}$$

式中，Q（Mo）——钼（Mo）含量，mg/kg；

  c——查标准曲线得到的钼浓度，μg/mL；

  V——待测液体积，10 mL；

  t_s——分取倍数 $[t_s=V_{待测液体积（mL）}/V_{测定时吸取待测液体积（mL）}]$；

  M——冻干周丛生物样品的质量，g。

第十三节 周丛生物中硅含量测定方法

一、消煮液中二氧化硅的分离

（一）硝酸-高氯酸消化法

1）基本原理

硝酸是具有强氧化性的酸，沸点 86℃，可以与有机质作用，产生无色 CO_2 及棕色 NO_2 气体，加热时反应更加强烈。高氯酸也是具有强氧化性的强酸，沸点 130℃，与有机质作用，既可使其分解，又可使二氧化硅脱水。周丛生物样品可以采用硝酸-高氯酸混合液消煮，使二氧化硅脱水，分离，以待测定。

2）主要仪器及试剂

主要仪器：调温电炉或调温电热板，容量瓶（100 mL），锥形瓶（50 mL），小漏斗，快速漏斗。

主要试剂如下。

（1）混合酸：浓高氯酸（$HClO_4$，60%～70%，分析纯），浓硝酸（HNO_3，密度 1.51 g/mL，分析纯）以 1：5 混匀。

（2）50 g/L 盐酸溶液：将 135 mL 浓盐酸（HCl，密度 1.19 g/mL，分析纯）用水稀释至 1 L。

（3）10 g/L 盐酸溶液：50 g/L 盐酸与水混合，体积比为 1：4。

（4）100 g/L 硫氰化钾溶液：将 2.5 g 硫氰化钾（KCNS，分析纯）溶于 25 mL 水。

3）操作步骤

（1）称样：用台秤称取 1～5 g 风干磨碎周丛生物样品于小烧杯中，在 65℃烘 24 h，移入干燥器内，放置 20 min，过 100 目筛（0.149 mm），然后用减量法将 1 g 左右的过筛烘干周丛生物样品称入 50 mL 锥形瓶中（精确至 0.0001 g）。

（2）消煮：加 10 mL 混合酸于盛有样品的锥形瓶中，不要摇动锥形瓶，瓶口放置一个小漏斗，漏斗中放入一粒比漏斗颈大的玻璃珠，可以减少消煮时的蒸发，放置在通风橱内过夜。把盛有样品的锥形瓶放在调温电炉或调温电热板上消煮，控制温度，使消煮液保持微沸，此时产生大量棕色气体，为 NO_2。当棕色气体不再发生时，升高炉温让硅脱水，同时注意防止烧干，当液体变透明且无糊状时表示硅脱水已完成。同时需要做两个试剂空白试验，以校正试剂误差。

（3）分离二氧化硅：在 100 mL 容量瓶口放置一个快速漏斗（直径为 7 cm）和蓝带（中孔）定量滤纸。向消煮液内加 10 mL 水，摇匀，将消煮液连同残渣一起倒入滤纸中，用滴管吸 1 mL 热的 10 g/L 盐酸于锥形瓶中，用橡皮头玻璃棒擦洗锥形瓶内壁的残渣，并一起倒入漏斗中，如此操作多次，直至锥形瓶内不再留有残渣。用滴管吸热的 50 g/L 盐酸洗涤沉淀，直到滤液中无 Fe^{3+} 反应，然后再用温水洗数次。残渣即二氧化硅。

4）注意事项

（1）如若周丛生物样品含铁较多，可优先使用 100 g/L 盐酸洗涤沉淀，可以避免滤液体积过大。

（2）整个二氧化硅分离过程要连续操作，不可加热煮沸，要保持漏斗处于温热状态，并防止滤纸穿孔。

（3）检查 Fe^{3+} 是否洗净：接一滴滤液到白瓷比色板凹槽中，再加入一滴 100 g/L 硫氰化钾，若溶液呈红色表示仍有 Fe^{3+} 存在，若溶液无色则表示 Fe^{3+} 已经洗净。

（4）水是指去离子水或重蒸馏水。

（二）三酸混合消化法

1）基本原理

三酸混合消化法即 HNO_3-H_2SO_4-$HClO_4$ 混合消化法。硝酸分解时释放出的新生态氧，具有强氧化性（沸点 120.5℃），可以使有机质中的氢被氧化成 H_2O，碳氧化成 CO_2，硫氧化成 H_2SO_4 等。硫酸（沸点 338℃）在有机质存在时，也会分解，从而增加新生态氧，同时还能使溶液沸点增高，进一步加速氧化过程。

$$2H_2SO_4 \rightarrow 2H_2O+2SO_2+O_2$$

此外，硫酸的存在也避免了硝酸完全分解后局部温度过高导致 NH_4ClO_4 和有机物作用产生爆炸危险的问题。高氯酸（沸点 130℃）在加热时生成无水高氯酸，可以进一步与有机质作用，分解生成具有强氧化力的水、氯、氧，新生态氯和氧，加速分解有机复合物，二氧化硅则脱水沉淀。

2）主要仪器及试剂

主要仪器：电热板；弯颈小漏斗；玻璃珠。

主要试剂如下。

（1）三酸混合溶液：浓硝酸（HNO_3，密度 1.42 g/mL，分析纯）-浓硫酸（H_2SO_4，密度 1.84 g/mL，分析纯）-高氯酸（$HClO_4$，60%～70%，分析纯），混合比为 8：1：1。

（2）10%（体积分数）盐酸溶液：量取 10 mL 浓盐酸（HCl，密度 1.19 g/mL，分析纯）稀释至 100 mL。

（3）0.5%（体积分数）盐酸溶液：量取 0.5 mL 浓盐酸（HCl，密度 1.19 g/mL，分析纯）稀释至 100 mL。

3）操作步骤

（1）称 2 g（精确到 0.0001 g）烘干周丛生物样品（过 0.5 mm 筛）放于 100 mL 三角瓶中，再放入 2～3 粒玻璃珠以防止跳动，瓶口放置一个弯颈小漏斗，加入 10 mL 三酸混合液，在通风橱内放置过夜。

（2）将三角瓶放在通风橱内，先在电热板上低温消化 40 min，然后逐渐升高温度，当消化物残留较少，消化液呈白色时，再升高温度，冒 2～3 min 白色浓烟，使高氯酸完全分解，硫酸开始从瓶壁回流时（出现缕状白烟）立即取下三角瓶。

（3）用热的体积分数为 10% 的盐酸（总用量约 20 mL）洗涤小漏斗，洗液注入三角瓶中。

（4）加热溶解残渣至沸腾，随即用 7～9 cm 的无灰快速滤纸过滤，用热的体积分数为 0.5% 的盐酸洗涤沉淀，滤渣即二氧化硅。

4）注意事项

（1）过浓的高氯酸易引起爆炸，所以必须将高氯酸稀释至 60% 后才可以使用。

（2）消化时高氯酸已分解完毕，但残留物仍呈黑色或棕色时，是由于温度过高或硝酸不足，导致硝酸分解过快，氧化不完全。出现这种情况时，应立即取下样品，冷却，再加入 1 mL 高氯酸和 3～4 mL 硝酸，继续消化，直到消化液完全呈白色。若小漏斗上有黑色物质，必须用少量浓硝酸冲洗，再重新消化。

（3）必须排除过多的高氯酸，因为钾可沉淀为高氯酸钾，所以出现硫酸回流即可终止消化。

（4）当以盐酸作溶剂时，要考虑盐酸的浓度，以避免已脱水的二氧化硅再度水化。

二、硅含量的测定

1）方法选择

质量法。

2）基本原理

800℃灼烧从消煮液中分离出的二氧化硅，而后使用质量法计算硅的含量。

3）主要仪器

高温电炉，调温电炉，瓷坩埚（30 mL）。

4）操作步骤

（1）称量空坩埚质量 m_0：将空坩埚放置于高温电炉中，800℃灼烧 30 min，冷却后称其质量。然后再一次于 800℃灼烧 30 min，冷却后再次称量，当前后两次质量之差小于 0.0005 g 时，即为恒定质量 m_0。

（2）测二氧化硅质量：将滤纸上的二氧化硅连同滤纸折叠后放入已测恒定质量的瓷坩埚（30 mL）中，放入烘箱中于 105℃烘干，然后放在调温电炉上，稍开坩埚盖，使其充分氧化，把温度控制在从坩埚中只有少量黑烟冒出，等黑烟冒完后，把坩埚移入高温炉中，从室温开始逐渐升温，保温 800℃，灼烧 2 h，与称空坩埚质量同样步骤冷却后称一次质量。然后再于 800℃灼烧 30 min，冷却后再次称量，重复灼烧、冷却、称量的步骤，直至坩埚加二氧化硅的质量达到恒定质量 m_1。同时做试剂空白试验。

5）结果计算

$$W(\text{Si}) = \frac{(m_1 - m_0 - m_2)}{m} \times 1000 \times 0.4674$$

式中，W（Si）——硅含量，g/kg；

　　m_1——坩埚加二氧化硅质量，g；

　　m_0——空坩埚质量，g；

　　m_2——空白质量，g；

　　m——烘干样质量，g；

　　0.4674——由二氧化硅换算为硅的系数。

第十四节　周丛生物中氯含量测定方法

一、硝酸银滴定法

（一）基本原理

氯是一种酸性元素，需要向样品中加入氧化钙来补充碱性金属离子，从而形成高熔点盐固定氯，在 525℃下进行煅烧，并用超纯水冲洗去除灰渣。接下来，根据分级沉淀原理，在 pH 6.5～10 的条件下进行滴定，选择铬酸钾作为指示剂，用硝酸银标准溶液进行滴定。滴定终点是指当首先出现白色氯化银沉淀，然后出现砖红色铬酸银沉淀时。

（二）主要仪器及试剂

1）主要仪器

调温电炉；高温电炉；瓷坩埚（30 mL）；150 mL 锥形瓶。

2）主要试剂

（1）固体氧化钙。

（2）50 g/L 的铬酸钾溶液：称取 5 g 铬酸钾放置于烧杯中并加入 100 mL 超纯水。

（3）0.0100 mol/L 硝酸银标准溶液：称取 1.6987 g 硝酸银加入超纯水，溶解后转移至容量瓶中定容至刻度线，存于棕色瓶中。

（4）50 g/L 的酸性硝酸银溶液：5 g 硝酸银加入 100 mL 水和 5 mL 浓硝酸。

（5）2 g/L 对硝基酚指示剂：0.1 g 对硝基酚溶于 50 mL 乙醇溶液。

（6）0.5 mol/L 硫酸溶液：28 mL 硫酸溶液定容至 1 L。

（7）10 g/L 氢氧化钠溶液：1 g 氢氧化钠加入 100 mL 水。

3）操作步骤

制备待测液：称取 0.5 g 干燥研磨后的周丛生物样品，在 65℃的烘箱中烘干 24 h。取出后放入干燥器中 24 min，将干燥样品放入瓷坩埚中称重，加入 0.2 g 氧化钙，用玻璃棒将样品与氧化钙混合，然后加入几滴超纯水。搅拌湿润后，冲入坩埚中，105℃烘箱中烘干。

坩埚放在调温电炉上预灰化，坩埚盖子半盖住，调节温度直到从坩埚中冒出少量烟雾，等烟雾完全消失后，继续燃烧 20 min。将坩埚转移到高温电炉上进行燃烧，温度升至 400℃并保持 30 min，然后升至 525℃并保持 1.5 h。同时进行两个试剂空白实验。取出坩埚，经细孔滤纸将残渣洗入 150 mL 锥形瓶，将 2 滴 50 g/L 铬酸钾溶液倒在黑色瓷板中，滴加 1 滴酸性硝酸银溶液，若溶液澄清，则表明溶液中无氯离子。

滴加一滴对硝基酚指示剂至滤液，逐滴加入 0.5 mol/L 硫酸溶液直至溶液变为无色。接着加入 10 g/L 的氢氧化钠溶液，使溶液呈淡黄色。继续加 5 滴 50 g/L 的铬酸钾溶液。使用 0.0100 mol/L 硝酸银标准溶液进行滴定，先出现白色沉淀，后出现砖红色沉淀。当砖红色不再消失时，即为反应终点。

4）结果计算

$$W\left(\text{Cl}\right) = \frac{c \times \left(V - V_0\right) \times 0.0355}{m} \times 1000$$

式中，W（Cl）——氯离子含量，g/kg；

　　　c——硝酸银标准溶液浓度，μg/mL；

　　　V——使用硝酸银标准溶液的体积，mL；

　　　V_0——滴定空白溶液所用硝酸银标准溶液的体积，mL；

　　　m——烘干样质量，g；

　　　0.0355——氯原子的毫摩尔质量，g/mmol。

二、离子色谱法

（一）基本原理

用热水提取干燥、研磨后的周丛生物样品，浸提液通过净化柱进行纯化，氢氧化钾用作洗涤液，阴离子交换柱用于分离，电导检测器用于检测，根据氯离子保留时间定性，外标法定量。

（二）主要仪器及试剂

1）主要仪器

离子色谱仪，分析天平，离心机，水浴振荡器，OnGuard® II RP 柱，注射器（1 mL），针头过滤器（0.22 μm），容量瓶（250 mL）。

2）主要试剂

氢氧化钾溶液；氯离子标准溶液（1000 mg/L）。

（三）操作步骤

1）制备标准溶液

将氯离子标准溶液（1000 mg/L）稀释成浓度分别为 5 mg/L、10 mg/L、20 mg/L、40 mg/L、50 mg/L 的梯度溶液。

2）提取

称取约 2 g 破碎均匀的周丛生物样品，热水浸渍后收集滤液于 250 mL 容量瓶，冷却后定容混匀。

3）净化

将浸渍液倒入 50 mL 离心管，5000 r/min 离心 15 min，0.22 μm 滤膜过滤，再过 OnGuard® Ⅱ RP 柱，净化后上机测定。

用 5～32 mmol/L 的氢氧化钾溶液淋洗（柱温：30℃，流动相流速：1.0 mL/min，进样体积：25 μL，采样时间：5 min）。

4）测定

标准曲线：将 1000 mg/L 氯离子标准使用液配制成浓度 0.00 mg/L、1.00 mg/L、2.00 mg/L、5.00 mg/L、8.00 mg/L、10.00 mg/L 的标准溶液，依次进样得到各浓度溶液的色谱图，标准曲线以氯离子浓度（mg/L）为横坐标，峰面积为纵坐标绘制，同时进行线性回归方程的计算。

样品测定：在相同条件下，使用 1 mL 注射器依次将空白和样品溶液注入离子色谱仪，记录空白和样品色谱图以进行保留时间定性、峰面积定量分析。

5）结果计算

$$W(\text{Cl}) = \frac{(c - c_0) \times V \times f}{m \times 1000}$$

式中，W（Cl）——氯离子含量，g/kg；

c——测定用试样溶液中的氯离子浓度，mg/L；

c_0——空白溶液中氯离子浓度，mg/L；

V——试样溶液体积，mL；

m——试样取样量，g；

f——试样溶液稀释倍数。

三、自动电位滴定法

（一）基本原理

以银、汞电极作为测量电极和参比电极，在酸性溶液中使用硝酸银标准滴定溶液进行滴定。根据消耗的硝酸银溶液的体积确定氯离子含量，并通过电位突跃确定滴定终点。

（二）主要仪器及试剂

1）主要仪器

自动电位滴定仪。

2）主要试剂

硝酸溶液（2+3）：3 体积水加入 2 体积浓硝酸

200 g/L 的氢氧化钠溶液：将 200 g 氢氧化钠溶于 1 L 不含二氧化碳的超纯水中，倒入密闭的聚乙烯容器中盖严。

0.1 mol/L 氯离子标准溶液：将基准氯化钠在 270℃ 下烘干至恒重，将 5.85 g 烘干（270℃）至恒重的基准氯化钠溶解后倒入 1 L 容量瓶中，定容混匀后储存在 1 L 塑料瓶中。

0.01 mol/L 的硝酸银标准滴定溶液：将 1.7 g 基准硝酸银试剂溶解、定容在 1 L 的棕色容量瓶中，将 3.0 mL 氯离子标准溶液移入滴定杯中，并加入足够的水使其覆盖电极后标定，记录消耗的硝酸银标准滴定溶液的体积 $V_标$，并确保进行两次校准的绝对差值不超过 0.5%。硝酸银标准滴定溶液的浓度为

$$c = \frac{c_0 V}{V_标}$$

式中，c_0——取用氯离子标准溶液的浓度，mol/L；

V——取用氯离子标准溶液的体积，mL；

$V_标$——使用硝酸银标准滴定溶液的体积，mL。

（三）操作步骤

1）提取

称取 0.1～3 g 制备好的试样放入 300 mL 锥形瓶中，同时加入 100 mL 超纯水并加热至沸腾，微微沸腾 10 min 后静置冷却，倒入 250 mL 容量瓶，混匀过滤，弃去滤液。

2）测量 pH

将提取的滤液吸入滴定杯中，并加水使电极完全覆盖。使用硝酸溶液和氢氧化钠溶液将 pH 调节到 3～5。

3）滴定

使用硝酸银标准滴定溶液滴定样品提取液，所用体积为 V_2。

4）空白试验

使用不加样品的试剂进行平行测定，记录使用的硝酸银标准滴定溶液的体积（V_0）。

（四）结果计算

$$W = \frac{c\left(Ag^+\right)\left(V_2 - V_0\right) \times 0.03545}{m} \times \frac{250}{V_1} \times 100$$

式中，W——氯离子含量，g/kg；

$c\left(Ag^+\right)$——硝酸银标准滴定溶液的浓度，mol/L；

V_2——滴定样品消耗的硝酸银标准滴定溶液的体积，mL；

V_0——滴定空白试样消耗的硝酸银标准滴定溶液的体积，mL；

0.03545——氯的毫摩尔质量，g/mmol；

m——试料的质量，g；

250——待测液定容的总体积，mL；

V_1——滴定杯吸取滤液的体积，mL。

四、间接沉淀滴定法

（一）基本原理

将周丛生物溶解、蛋白质沉淀和酸化后，加入过量硝酸银溶液，并使用硫氰酸钾标准滴定溶液以硫酸铁铵作为指示剂滴定过量的硝酸银。通过测定硫氰酸钾标准滴定溶液的消耗量，可以计算出周丛生物中氯离子的含量。

（二）主要仪器及试剂

1）主要仪器

研钵，漩涡振荡器，超声波清洗仪，恒温水浴锅，离心机，电子天平，pH 仪。

2）主要试剂

（1）硫酸铁铵饱和溶液：将 50 g 硫酸铁铵溶于 100 mL 超纯水后，用滤纸过滤。

（2）硝酸溶液（1+3）：量筒量取 1 体积硝酸溶液加入装有 3 体积超纯水的烧杯中，用玻璃棒搅拌混匀。

（3）80%的乙醇溶液：量筒量取 84 mL 95%乙醇溶液及 15 mL 超纯水，用玻璃棒搅拌混匀。

（4）0.1 mol/L 硝酸银标准滴定溶液：将 17 g 硝酸银溶解在少量硝酸中，移入 1 L 棕色容量瓶中定容混匀，存至棕色试剂瓶中。

（5）0.1 mol/L 硫氰酸钾标准滴定溶液：将 9.7 g 硫氰酸钾溶于超纯水中定容至 1 L。

（三）操作步骤

1）样品制备

取适量周丛生物样品，用组织捣碎机捣碎或研钵磨碎，将破碎后样品放置在密闭玻璃容器中。

2）制备样品溶液

称取约 10 g 磨碎的周丛生物置于 100 mL 比色管中，向管中加入 50 mL 热水（约 70℃），振荡 5 min 后继续超声处理 20 min，取出比色管静置冷却至室温，加入超纯水至刻度线，充分摇匀后用滤纸过滤，取部分滤液用于测定。

3）周丛生物中氯化物的沉淀

将 50 mL 的样品（V_1）溶液加入 100 mL 的比色管中，加入 5 mL 的硝酸溶液，混匀后，将 20~40 mL 硝酸银标准滴定溶液滴入比色管中，至氯化银沉淀出现（如呈现胶体溶液，则应在沸水浴中加热至出现氯化银沉淀）。加水至刻度线，放置在遮光处 5 min 后用快速滤纸进行过滤，将 10 mL 最初滤液弃去。

过量硝酸银的标定：取 50 mL 滤液移入 250 mL 的锥形瓶中，用移液枪取 2 mL 饱和硫酸铁铵溶液一同加入，剧烈晃动锥形瓶，同时用硫氰酸钾标准滴定溶液滴定，至出现白色沉淀且终点变为淡红棕色并保持 1 min 不褪色后，记录所使用的硫氰酸钾标准滴定溶液的体积（V_2），同时进行空白对照，记录所使用的硫氰酸钾标准滴定溶液的体积（V_0）。

（四）结果计算

$$X = \frac{0.0355 \times c \times (V_0 - V_2) \times V}{m \times V_1} \times 100$$

式中，X——周丛生物中氯化物的含量，%；

0.0355——等于 1.00 mL 硝酸银标准滴定溶液的氯的质量，g；

c——硫氰酸钾标准滴定溶液浓度，mol/L；

V_0——空白对照所用硫氰酸钾标准滴定溶液的体积，mL；

V_1——用于滴定的周丛生物样品的体积，mL；

V_2——滴定周丛生物样品时使用的 0.1 mol/L 硫氰酸钾标准滴定溶液的体积，mL；

V——样品定容的体积，mL；

m——周丛生物样品的质量，g。

第十五节　周丛生物中硼含量测定方法

一、甲亚胺-H 分光光度法

甲亚胺-H 分光光度法检测周丛生物中硼含量的检测限为 1.0 mg/kg。

（一）检测原理

硼与甲亚胺-H（H 酸和水杨醛的缩合物，临用时配制）形成黄色配合物，在波长为 420 nm 处，该物质的吸光度达到最大值，并且在一定范围内，吸光度与其浓度符合朗伯-比尔定律。

（二）试剂

（1）氢氧化钙溶液：饱和。

（2）硫酸溶液：0.18 mol/L。量取 10 mL 浓硫酸，将其稀释于去离子水中，并定容至 1 L。

（3）H 酸溶液：10 g/L。将 0.5 g H 酸钠（$C_{10}H_8O_7NS_2Na \cdot 1.5H_2O$）溶于 50 mL 去离子水中（可水浴加热使其溶解完全），并加入 1 g 抗坏血酸，冷却后调节酸度为 pH 2.5。该溶液需现用现配。

（4）水杨醛：2 g/L。取 0.2 mL 水杨醛溶于 100 mL 无水乙醇中，摇匀。

（5）缓冲掩蔽液：pH=6.7。称取 23 g 乙酸铵（NH_4OAc）和 3 g Na_2EDTA（$C_{10}H_{14}O_8N_2Na_2 \cdot 2H_2O$），溶于 100 mL 去离子水中。

（6）硼标准储备溶液：100 mg/L。称取 0.5716 g 硼酸（H_3BO_3）溶于去离子水中，并加入 2 mL 浓硫酸，定容至 1 L，存储在聚乙烯试剂瓶中。

（7）硼标准使用溶液：5 mg/L。量取 5 mL 上述 100 mg/L 硼标准储备溶液于 100 mL 容量瓶中，用去离子水稀释并定容，存储在聚乙烯试剂瓶中。

（三）仪器

（1）可调式电热板。

（2）控温马弗炉。

（3）坩埚。

（4）分光光度计。

（四）分析步骤

1）待测样分解

将周丛生物待测样进行风干或于 70℃烘干，研磨后过 0.25 mm 孔径筛。准确称取 0.5 g 过筛样品（精确到 0.0001 g），将 1～2 mL 的饱和氢氧化钙溶液与其充分混合，然后将混合溶液放在可调电热板上，进行低温蒸发，直至完全干燥，并继续加热使其炭化，直至无烟产生。随即将其移入马弗炉中，升温至 400℃并保持 30 min，然后升温至 500℃并保持 1.5 h 进行灰化。取出后冷却，加入 10 mL 的硫酸溶液用于溶解其中的灰分。然后将混合液静置 1 h。将完全溶解的混合液转移至 50 mL 容量瓶中，并使用去离子水定容。冷却取出后加入 10 mL 硫酸溶液溶解灰分，静置 1 h。将溶解液全部转移至 50 mL 容量瓶中并定容至标度。用干滤纸过滤，滤液储存于聚乙烯试剂瓶中供测硼用。用同一方法同时做空白试验。

2）标准曲线的绘制

分别吸取硼标准使用溶液 0.0 mL、1.0 mL、2.0 mL、3.0 mL、4.0 mL、5.0 mL、6.0 mL 置于 50 mL 容量瓶中，用去离子水稀释到标度，各容量瓶中硼的浓度依次为 0 mg/L、0.1 mg/L、0.2 mg/L、0.3 mg/L、0.4 mg/L、0.5 mg/L、0.6 mg/L。从各容量瓶中均取出 5 mL 的硼系列浓度溶液，将它们分别放置于比色管或大试管中，分别加 1 mL H 酸溶液及 1 mL 水杨醛，混匀，再加入 3 mL 缓冲掩蔽液，混匀。室温 20℃以上显色 2 h，溶液呈黄色色阶。显色完成的各待测试管中含硼浓度分别为 0 mg/L、0.05 mg/L、0.1 mg/L、0.15 mg/L、0.2 mg/L、0.25 mg/L、0.3 mg/L。以标准空白溶液调节零点，使用 10 mm 光程比色皿，测量 420 nm 波长处的吸光度，并绘制硼含量与吸光度的标准曲线。

3）样品测定

准确吸取 5 mL 待测液，分别加 1 mL H 酸溶液及 1 mL 水杨醛，混匀，再加入 3 mL 缓冲掩蔽液，混匀。在室温下（20℃以上）显色 2 h，以标准空白溶液调节零点，使用 10 mm 光程比色皿，测量 420 nm 波长处的吸光度。以测得的吸光度，根据标准曲线计算待测样中的硼含量（注：若待测样吸光度大于标准系列最高端吸光度，可稀释待测样进行测试；若待测样吸光度较低，可在定容步骤中进行浓缩）。

（五）结果计算

$$\omega = \frac{\rho \times V_1}{m} \times \frac{V_2}{V_3}$$

式中，ω——周丛生物样品中硼含量，mg/kg；

ρ——查标准曲线得到的硼的浓度，mg/L；

V_1——测定液显色体积，10 mL；

m——周丛生物样品烘干过筛样质量，0.5 g；

V_2——待测样分解溶解定容体积，50 mL；

V_3——测定用吸取待测液体积，5 mL。

若实测时取样量等参数不同于本标准中的数值，周丛生物样品烘干过筛样质量 m、显色体积 V_1、定容体积 V_2 和待测液体积 V_3 等参数按实测时的数值代入计算。

（六）精密度

两次独立测定结果的绝对差值不超过 10%。

二、姜黄素分光光度法

姜黄素分光光度法检测周丛生物中硼含量的检测限为 0.4 mg/kg。

（一）原理

将含硼水样置于酸性条件下，与姜黄素一同蒸发，产生一种称为玫瑰花青苷的络合物。该络合物溶于乙醇或异丙醇中，在 540 nm 波长处具有最大吸收峰。一定范围内其显色的颜色深度与硼含量成正比关系。

（二）试剂

（1）乙醇：95%。

（2）氢氧化钙溶液：饱和。

（3）硫酸溶液：0.18 mol/L。量取 10 mL 浓硫酸，将其稀释于去离子水中，并定容至 1 L。

（4）浓盐酸：1.18 g/mL。

（5）草酸。

（6）姜黄素-草酸溶液：称取 0.04 g 姜黄素和 5.0 g 草酸，加入 80 mL 95% 的乙醇中使其溶解，随后加入 4.2 mL 浓盐酸混匀。若出现不溶物，可用滤纸过滤。使用 95% 乙醇定容至 100 mL。此试剂现用现配，或于 4℃储藏不超过 1 周。

（7）硼标准储备溶液：100.0 mg/L。称取 0.5716 g 硼酸，使用去离子水溶解并定容至 1 L，储存于聚乙烯试剂瓶中。

（8）硼标准使用溶液：1.00 mg/L。准确移取 10.00 mL 硼标准储备溶液于 1 L

容量瓶中，加入去离子水定容，随即存储在聚乙烯试剂瓶中。

（三）仪器

(1) 蒸发皿。
(2) 恒温水浴锅。
(3) 离心机。
(4) 分光光度计。

（四）分析步骤

1）待测样分解

将周丛生物待测样进行风干或于 70℃烘干，研磨后过 0.25 mm 孔径筛。准确称取 0.5 g 过筛样品（精确到 0.0001 g），将 1～2 mL 的饱和氢氧化钙溶液与其充分混合，然后将混合溶液放在可调电热板上，进行低温蒸发，直至完全干燥，并继续加热使其炭化，直至无烟产生。随即将其移入马弗炉中，升温至 400℃并保持 30 min，然后升温至 500℃并保持 1.5 h 进行灰化。取出后冷却，加入 10 mL 的硫酸溶液用于溶解其中的灰分。然后将混合液静置 1 h。将完全溶解的混合液转移至 50 mL 容量瓶中，并使用去离子水定容。用干滤纸过滤，滤液储存于聚乙烯试剂瓶中供测硼用。用同一方法同时做空白试验。

2）标准曲线的绘制

向一系列蒸发皿中分别加入 0.0 mL、0.2 mL、0.4 mL、0.6 mL、0.8 mL、1.0 mL 硼标准使用溶液，依次加入 1.0 mL、0.8 mL、0.6 mL、0.4 mL、0.2 mL、0.0 mL 去离子水，并各加入 4.0 mL 姜黄素-草酸溶液，轻转蒸发皿将溶液均匀混合。将蒸发皿水浴蒸干，蒸发温度控制为（55±3）℃。蒸干后继续留置 15 min，随机取下蒸发皿并冷却至室温。准确量取 25 mL 95%乙醇加入到蒸发皿中，用聚乙烯棒进行搅拌至蒸发皿中的红色化合物完全溶解，将混合液离心后测定吸光度。或将样品用少量乙醇溶解后，转入 25 mL 容量瓶，然后加入乙醇稀释至刻度线，离心处理后即可进行后续测定。溶解完成的梯度浓度待测试液中的含硼浓度分别为 0 mg/L、0.008 mg/L、0.016 mg/L、0.024 mg/L、0.032 mg/L、0.04 mg/L。以标准空白溶液调节零点，使用 20 mm 光程比色皿，测量 540 nm 波长处的吸光度，并绘制硼含量与吸光度的标准曲线。

注意事项如下。
(1) 蒸发时蒸发皿底部须浸入水面下。
(2) 取下蒸发皿后，应将其底部的水迹擦干。如无法及时进行测定，可将蒸发皿放入干燥器中，可保存 48 h。

（3）应立即测定用乙醇溶解后的样品。如无法及时进行测定，可将样品转入干燥的具塞容器中，可稳定 6 h 以上。

3）样品测定

准确吸取 1.0 mL 待测液于相同的蒸发皿中，移取 4.0 mL 姜黄素-草酸溶液加入其中，以下操作按上述条件进行。以标准空白溶液调节零点，使用 20 mm 光程比色皿，测量 540 nm 波长处的吸光度。以测得的吸光度，根据标准曲线计算待测样中的硼含量。

（五）结果计算

$$\omega = \frac{\rho \times V_1}{m} \times \frac{V_2}{V_3}$$

式中，ω——周丛生物样品中硼含量，mg/kg；

$\quad\quad \rho$——查标准曲线得到的硼的浓度，mg/L；

$\quad\quad V_1$——测定液显色体积，25 mL；

$\quad\quad m$——周丛生物样品烘干过筛样质量，0.5 g；

$\quad\quad V_2$——待测样定容体积，50 mL；

$\quad\quad V_3$——测定用吸取待测液体积，1 mL。

若实测时取样量等参数不同于本标准中的数值，周丛生物样品烘干过筛样质量 m、显色体积 V_1、定容体积 V_2 和待测液体积 V_3 等参数按实测时的数值代入计算。

（六）精密度

两次独立测定结果的绝对差值不超过 5.3%。

第七章　周丛生物生物指标测试方法

第一节　周丛生物生物量测定方法

一、概述

研究周丛生物生物量，定量研究周丛生物在生态系统能量流动、物质循环中的作用，对进一步研究周丛生物在不同气候带的分布、保护土壤和水体健康、促进农业生态系统的可持续发展与探究周丛生物对海洋设施的危害及防治措施有重要意义。

周丛生物生物量的测定方法分为直接测量和间接测量，直接测量包括称重、测量周丛生物厚度等，间接测量有测定微生物的活性、传递性能和测量周丛生物的某一指标（表 7-1）。

表 7-1　周丛生物生物量的测定（Characklis et al., 1982；Wu, 2016）

方法	表征方式
直接测量周丛生物质量	周丛生物厚度
	周丛生物重量
间接测量周丛生物质量：测定某一组分	多糖
	总有机碳
	化学需氧量（COD）
	蛋白质
间接测量周丛生物质量：微生物活性	活细胞计数
	表观荧光显微镜
	ATP 法
	底物脂多糖去除率
间接测量周丛生物质量：传递性能	摩擦阻力
	换热阻力

二、直接测量周丛生物生物量

通常利用管式反应器系统测定周丛生物生物量，如通过测定周丛生物的体积和附着面积，测定周丛生物的厚度；或利用同一光强下不同厚度周丛生物的透光性差异，显示环形反应器中的周丛生物厚度（La Motta，1974）。

有研究者采用干重、总磷和总氮来表征周丛生物的生物量：取面积为 25 cm²的周丛生物置于坩埚中用于测定干重（DW），坩埚中的样品在 105℃下干燥 5 h后称量，取样品悬浮液按照《水和废水监测分析方法》（第四版）中的方法测定总氮（TN）和总磷（TP），研究载体对周丛生物生物量和群落的影响（伍良雨等，2019）。

有研究者用显微计数法测量周丛生物的生物量：将野外采集到的周丛生物样品装入 50 mL 采样管中，用 15%的鲁哥氏碘液固定，避光静置 24 h 后浓缩至 5 mL，在显微镜下计数并判断周丛生物的群落组成，来研究河流周丛生物生物量的时空分布并建立基于周丛藻类的水质评价指标（李斌斌等，2018）。

三、间接测量周丛生物生物量

在实验室和野外条件下，直接测量周丛生物生物量很难实现，可以通过测量特定的周丛生物组分、微生物活性间接测定周丛生物生物量。相较于直接测量，间接测量灵敏度高，可以提供有关周丛生物组成的信息，提供周丛生物过程的化学计量信息，如荧光标记 ATP 法、叶绿素 a 含量法、磷脂脂肪酸法（PLFA 法），对研究确定周丛生物中生物的生理状态、采用周丛生物反应器处理废水至关重要。

（一）荧光标记 ATP 法测量周丛生物生物量

由于腺苷三磷酸（ATP）只存在于活着的生物体中，细胞死亡检测不到 ATP残留。研究周丛生物厚度与单位面积 ATP 质量的关系，发现在周丛生物厚度低于320 μm 时，周丛生物厚度随着单位面积 ATP 质量的增加呈线性关系，当周丛生物厚度超过 320 μm 后，ATP 质量的增加不再影响周丛生物厚度（Zhang et al.，2019）。

也有研究者认为，可以通过测量饮用水管壁上的 ATP 含量来指示管壁上的微生物数量进而快速监测水质。ATP 是所有活细胞中激活能量的主要载体，因此 ATP水平可以作为评价微生物活性的一个参数。ATP 含量的测定是基于酶催化的生化反应：细胞 ATP 通过细胞裂解被提取，然后与萤光素酶和荧光素反应，发射的光使用发光计以相对光单位（RLU）进行量化，活体微生物具有相对恒定的 ATP 值并稳定在一定范围，可根据测量结果之间的比例关系转换为 ATP 浓度来指示细菌等微生物的活性（Zhang et al.，2019）。

Jones 等（2017）基于分选流式细胞术（SFCM）和灵敏生化技术提出了高灵敏度的生物荧光标记法用于测量细胞中 NAD（H）和腺苷三磷酸（ATP）的含量，从而来表征周丛生物初级生产力和生长速度的预测因子：采用连续三轮超声破碎和低体积缓冲液冷冻/解冻的方法有效裂解提取 ATP、NAD（H），通过向 100 μL Cell

Titer-Glo *R* 2.0（Promega Corporation，Fitchburg，Wisconsin）中加入 100 μL 裂解物来测定 ATP 含量。这种试剂包含荧光素、一种稳定的专有萤光素酶（Ultra-Glo™ 重组萤光素酶），以及使用生物发光反应测量 ATP 所需的其他试剂，使用 Tropix TR717 微板发光计（PerkinElmer，Waltham，Massachusetts）测量发光。使用白色 96 孔板中的 NAD/NADH-Glo™ 分析试剂盒（Promega）测定 NAD（H）。Bethan 等（2017）以聚球藻、假单胞菌和石斑藻为例，在实验室和野外条件下分别证实了三个周丛生物种群单位体积 ATP 含量与细胞个数之间的强相关性，以及 ATP 与周丛生物生长速率之间缺乏相关性，排除了在藻、菌生长过程中细胞数量对 ATP 含量的影响，认为野外测量周丛生物 ATP 的值可以准确评估周丛生物的生物量。

（二）建立周丛生物生物量模型

用模型拟合周丛生物的生物量及其中微生物之间的网络关系是现阶段的研究热点，目前已建立的模型主要有经验模型和物理过程模型。经验模型使用实验和大量数据拟合找出最优的周丛生物生物量与各影响因素之间的关系，如美国环境保护署在 2009 年提出的水生系统仿真模型（AQUTOX）中，对河流中周丛生物进行建模，模型考虑营养状况、水体类型、周丛生物冲刷的临界力、最适温度、脱落率等因素来模拟、预测周丛生物生物量（Park and Clough，2014）。

计算公式如下：

$$\frac{\mathrm{d}Biomass_{phyto}}{\mathrm{d}t} = Loading + photosynthesis - Respiration - Excretion - Mortality -$$

$$Predation \pm Sinking \pm Floating - Washout + Washin \pm TurbDiff +$$

$$Diffusion + \frac{Slough}{3} \frac{\mathrm{d}Biomass_{phyto}}{\mathrm{d}t} = Loading + photosynthesis -$$

$$Respiration - Excretion - Mortality - Predation \pm Sinking \pm$$

$$Floating - Washout + Washin \pm TurbDiff + Diffusion + \frac{Slough}{3}$$

式中，$\mathrm{d}Biomass_{phyto}/\mathrm{d}t$——周丛生物生物量随时间的变化，g/（m³·d）和 g/（m²·d）；

$Loading$——藻类的边界条件负荷，g/（m³·d）和 g/（m²·d）；

$photosynthesis$——光合作用速率，g/（m³·d）和 g/（m²·d）；

$Respiration$——呼吸损失，g/（m³·d）和 g/（m²·d）；

$Excretion$——排泄或光呼吸，g/（m³·d）和 g/（m²·d）；

$Mortality$——非捕食性死亡率，g/（m³·d）和 g/（m²·d）；

$Predation$——食草性增加生物量，g/（m³·d）和 g/（m²·d）；

$Washout$——因向下游输送造成的损失，g/（m³·d）；

Washin——上游段的沉积量，g/（m³·d）；

Sinking——层间下沉和沉入海底的损失或收益，g/（m³·d）；

Floating——表层浮游植物漂浮造成的损失或收益；

TurbDiff——湍流扩散，g/（m³·d）；

Diffusion——在两段之间的传输链上扩散时产生的收益增量或损失，g/（m³·d）；

Slough——冲刷增加的周丛生物，周丛生物与浮游植物紧密联系在一起，藻类叶绿素 a 反映了附生植物脱落的结果：假设有 1/3 的附生植物脱落时变为周丛生物；

d*t*——时间，d。

Silsbe 等（2016）使用碳、吸收和荧光透光解析模型（CAFÉ）将从海洋颜色测量中获得的固有光学特性合并到浮游植物生长率（μ）和浮游植物净初级生产力（NPP）的精确模型中，模型将海洋初级生产力解析为三个功能特征：吸收的能量、吸收的能量传递到光合作用反应中心的比例，以及吸收的能量转化为生物质碳的效率，通过光合作用过程建立模型，预测海洋中浮游植物的生物量，并将模型参数化以预测不同地区的海洋光学特性与浮游植物生长的关系，计算光谱质量随深度的变化：

$$E_k(z) = E_k(z) \times \int_{400nm}^{700nm} E(t,z,\lambda)\,\mathrm{d}\lambda \times \int_{400nm}^{700nm} a_\varphi(\lambda)\mathrm{d}\lambda \div \int_{400nm}^{700nm} E(t,z,\lambda) \times a_\varphi(\lambda)\mathrm{d}\lambda \times$$

$$\int_{400nm}^{700nm} E(t,z,\lambda)\mathrm{d}\lambda \times \int_{400nm}^{700nm} a_\varphi(\lambda)\mathrm{d}\lambda \div \int_{400nm}^{700nm} E(t,z,\lambda) \times a_\varphi(\lambda)\mathrm{d}\lambda$$

式中，$E_k(z)$——光饱和度参数［mol photons/（m²·d）］；

$E(t,z,\lambda)$——时间 t、深度 z 和波长 λ 的辐照度［mol photons/（m²·d·nm）］；

$a_\varphi(\lambda)$——浮游植物在 λ nm 处的吸收系数（m⁻¹）。

（三）叶绿素 a 含量法测量周丛生物生物量

Ryther 和 Yentsch（1957）将叶绿素 a（chla）用作光合作用的指标，并将光饱和时的光合作用与周丛生物的叶绿素含量相关联，根据水中的叶绿素含量、日总辐射量和水中可见光的消光系数，建立叶绿素和辐射量、消光系数的关系，估算马萨诸塞州沿海水域周丛生物产量；有研究者基于 AQUTOX 模型对西安市水体进行生态模拟，发现在原有水体和增加底栖动物的情况下，水体中叶绿素 a 含量与藻类生长相似程度很高（龚子艺等，2018），这为用叶绿素 a 指示周丛生物生物量提供了可能。

Boyce 等（2010）用叶绿素含量作为指示浮游植物生物量的指标，使用通用加性模型（GAM）找出影响浮游植物叶绿素变化的因素，研究了近一个世纪以来海洋浮游植物的变化趋势及其影响因素，发现高纬度地区浮游植物叶绿素含量下降地区占比最大（78%～80%），东太平洋、印度洋北部和东部局部地区浮游植物叶绿素含量不断增加；随着与陆地的距离增加，浮游植物叶绿素含量下降速度加快。

目前最常用的是分光光度法和荧光光谱法。

1. 分光光度法测定叶绿素 a

基本原理：叶绿素 a 的最大吸收峰位于 660～680 nm，并在一定浓度范围内，根据朗伯-比尔定律可根据吸光度计算出对应的叶绿素 a 浓度。叶绿素 b、叶绿素 c、叶绿素 d、叶绿素 f 和提取液浊度的干扰可通过分别在 640～650 nm、620～640 nm、700～750 nm、700～800 nm 和 750 nm 处测得的吸光度校正。

采集后的周丛生物通过粗过滤后富集，加入有机溶剂提取其中的叶绿素。根据所用提取液的不同，叶绿素 a 的分光光度法测定可分为丙酮法、甲醇法和乙醇法等。虽然在我国一直沿用丙酮法[《水质 叶绿素a的测定 分光光度法》(HJ 897—2017)]，但是近年来，国际上考虑到萃取效率和人身安全等问题，逐渐改用乙醇法。

丙酮法和乙醇法的测定方法及要点如下。

1）丙酮法

该方法适合于藻类繁殖比较快速且旺盛的周丛生物样品的测定。

（1）样品的制备及叶绿素的提取：取 1 g（干重）周丛生物样品称重，于 60℃下低温烘干（6～8 h），取出放入研钵，加入少许石英砂和 $CaCO_3$，再加入质量分数为 90%的丙酮溶液 5 mL 左右，充分研磨，提取其中的叶绿素 a。将研磨完成的混合液体装入离心管中离心（3000～4000 r/min，10 min），将上清液倒入 10 mL 容量瓶中。再加入 2 mL 90%丙酮，继续研磨提取，离心 10 min，并将上清液转移至容量瓶中，重复 1～2 次，用 90%的丙酮定容至容量瓶的刻度线，摇匀（萃取实验需在通风橱中完成）。

（2）测定：取适量上清液在分光光度计上，用 1 cm 比色皿，以质量分数为 90%的丙酮溶液为空白对照，分别读取 630 nm、645 nm、663 nm 和 750 nm 处的吸光度。

（3）计算：叶绿素 a 的质量浓度（mg/g）按如下公式计算。

$$Chla = \frac{\left[11.64 \times (A_{663} - A_{750}) - 2.16 \times (A_{645} - A_{750}) + 0.10 \times (A_{630} - A_{750})\right] \times V_1}{m}$$

式中，m——周丛生物干重（g）；

A——吸光度；

V_1——离心并合并后上清液定容的体积，mL。

2）乙醇法

其测定原理与丙酮法相同，不同的是以体积分数为90%的热乙醇溶液提取样品中的叶绿素，方法要点如下。

（1）样品制备：烘干适量的周丛生物样品（干重），冷却后放入研钵，加入少量石英砂和$CaCO_3$，再加入适量95%的乙醇（1 g∶10 mL），研磨成匀浆，再加入95%乙醇10 mL，静置10 min，离心过滤残渣（5000 r/min，10 min），用乙醇反复冲洗研钵、残渣至无色，收集上清液和洗液于50 mL容量瓶中并定容至刻度线。

（2）测定：以体积分数为95%的乙醇溶液为参比，分别测定样品在665 nm和750 nm处的吸光值A_{665}和A_{750}，然后在样品中加入1 mol/L的盐酸酸化，混匀，1 min后重新测定前面两个波长处的吸光值A'_{665}、A'_{750}。

（3）计算：样品中的叶绿素a质量浓度（mg/g）按下式进行计算。

$$Chla = \frac{27.9V_1 \times \left[\left(A_{665} - A_{750} \right) - \left(A'_{665} - A'_{750} \right) \right]}{m}$$

2. 荧光光谱法测定叶绿素a

方法原理：当丙酮提取液用436 nm的紫外线照射时，叶绿素a可发射670 nm的荧光，在一定浓度范围内，发射荧光的强度与其浓度成正比，因此，可通过测定样品丙酮提取液在436 nm紫外线照射时产生的荧光强度，定量测定叶绿素a的含量。

该方法灵敏度比分光光度法高约两个数量级，适合于周丛生物中的藻类比较少（尤其是周丛生物生长后期）时叶绿素a的测定。但是分析过程中易受其他色素或色素衍生物的干扰，并且不利于野外快速测定。

（四）磷脂脂肪酸法测量周丛生物生物量

磷脂是几乎所有微生物细胞膜的重要组成部分，在自然生理条件下含量相对恒定，约占细胞干重的5%（Madigan et al.，1999）。Vestal和White（1989）研究发现，不同的微生物具有不同种类和数量的磷脂脂肪酸（phospholipid fatty acid，PLFA），一些脂肪酸还可能只特异性地存在于某种（类）微生物的细胞膜中，PLFA检测是通过对样品中PLFA进行分析，来评估样品中微生物的种类和多样性。在稳定的环境条件下，微生物群落中细菌细胞的磷脂含量和微生物量呈正线性相关（Vestal and White，1989），因此可根据这一原理，来确定样品中的微生物量。微生物总的生物量可以由极性磷脂水解后的磷酸盐估算，也可以由总的PLFA量估算（陈振翔等，2005）。利用PLFA估算生物量时，涉及一个PLFA量和生物量之间"转换系数"的概念，该系数一般为 $2 \times 10^4 \sim 6 \times 10^4$ 个细胞/pmol PLFA。

第二节　周丛生物微生物群落组成、结构测定方法

一、概述

微生物群落结构的多样性和动态变化一直是微生物生态学和环境科学领域研究的重点。周丛生物作为自然界中独立的微聚落，更应该从群落结构和生物多样性的角度去分析讨论。目前，课题组根据前人的经验，总结出了 4 个对周丛生物微生物群落进行测定的方法（图 7-1）：①传统的微生物平板培养法；②Biolog®微平板分析法；③磷脂脂肪酸法（PLFA 法）；④分子生物学技术法等。

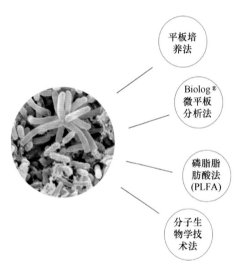

图 7-1　微生物群落研究方法

二、微生物平板培养法

微生物平板培养法是最早的微生物群落数量测定方法，也是最早认识微生物群落结构和多样性的方法，一般分为稀释、接种、培养和计数等几个步骤，即根据在固体培养基上所形成的菌落（由一个单细胞繁殖而成）数量，计算样品中的含菌数。但由于所用的培养基及培养条件均具有选择性，此法计算出的菌数仅为能够在培养基上生长出的菌落数，而能够纯培养的微生物数量只占微生物总数的 0.1%～1%，且菌落数的形成很受外界因素的影响，因此很难全面提供有关微生物群落结构的信息，计算出的结果误差较大。目前这种传统的平板培养法仅作为一种辅助工具来初步判断样品的微生物多样

性，不能作为最终判断结果，需要进一步结合现代生物技术才能客观全面地反映微生物群落结构的真实信息。

三、Biolog®微平板分析法

Biolog®微平板分析法是由美国 BIOLOG 公司于 1989 开发成功的，最初应用于纯种微生物的鉴定，已经能够鉴定包括细菌、酵母菌和霉菌在内的 2000 多种病原微生物和环境微生物。现在 Biolog®技术作为一种工具广泛地应用于各类微生物多样性分析中。

实验原理：Biolog®微平板是一种多底物的酶联反应平板，由一个对照孔（仅有指示剂和水）和 95 个反应孔组成，95 个反应孔装有 95 种单一碳源底物和氧化还原染料四氮唑蓝作为指示剂。将样品溶液接种到每一个微平板孔中，各孔中微生物利用碳源底物，一旦有电子转移，就会引起四氮唑蓝发生氧化还原变色反应，同时也表明这种碳源被接种到其中的微生物而利用。颜色深浅可以反映微生物对碳源的利用程度，因此可以根据反应孔中颜色变化的吸光值来指示微生物对 95 种不同碳源利用方式的差别，从而判定不同样品中微生物群落的差异情况。

实验方法：称取 10 g 烘干的新鲜周丛生物加到装有 90 mL 磷酸缓冲液的锥形瓶中。摇床振荡 1 min，冰浴 1 min，如此重复 3 次。静置 2 min，取上清液 5 mL 加入 45 mL 磷酸缓冲液中，稍加振荡，重复上步得 1∶1000 的稀释液。将 Biolog Eco 微平板从冰箱中取出，预热到 25℃，将稀释 1000 倍的菌液通过 8 通道移液器加到 Biolog Eco 微平板的 96 个孔中，每孔加 150 μL，然后将接种好的 Biolog Eco 微平板在适宜温度下培养，分别于 24 h、48 h、72 h、96 h、120 h、144 h 在 ELx808 酶标仪系统上读取各孔在 590 nm 波长下的光吸收，将得到的数据进行分析（可以根据样品调整不同培养时间下进行的读数，波长≤590 nm）。

数据分析：Biolog Eco 微平板平均每孔颜色变化率（AWCD 值）表明微生物群落的碳源代谢强度，是检测微生物活性及功能多样性的一个重要指标。

公式如下：

$$AWCD=\Sigma(C-R)/31$$

式中，C——31 孔每孔的吸光值；

R——对照孔吸光值。

微生物 AWCD 值反映了微生物的总体活性，而多样性指数可详尽地反映微生物群落物种组成和个体数量的分布情况，反映微生物功能多样性的不同方面。较为常用的指数有 McIntosh 指数（U）、Simpson 优势度指数（D）、Shannon 物种丰富度指数（H）、Shannon 均匀度指数（E）和碳源利用丰富度指数（S）等。

（1）McIntosh 指数，评估物种均匀度，基于群落多维空间距离的多样性指数，实际上是一致性的量度：

$$U = \sqrt{\sum n_i^2}$$

式中，n_i——第 i 孔的相对吸光值。

（2）Simpson 优势度指数，用于表征抽样区域中微生物多样性的集中程度：

$$D = 1 - \sum P_i^2$$

式中，P_i——第 i 孔的相对吸光值与整个平板相对吸光值总和的比值。

（3）Shannon 物种丰富度指数，反映物种丰富程度：

$$H = -\sum P_i \ln P_i$$

式中，P_i——第 i 孔的相对吸光值与整个平板相对吸光值总和的比值。

（4）Shannon 均匀度指数：

$$E = H/H_{max} = H/\ln S$$

式中，H——Shannon 物种丰富度指数；

H_{max}——最大 Shannon 物种丰富度指数；

S——有颜色变化的孔的数目。

（5）碳源利用丰富度指数：

$$S = 被利用碳源的总数$$

Biolog® 方法用于环境微生物群落的研究具有灵敏度高、分辨力强，以及无须分离培养纯种微生物、测定简便等优点，可以通过对多种单一碳源利用的测定得到被测微生物群落的代谢特征指纹，分辨微生物群落的微小变化，也可最大限度地保留微生物群落原有的代谢特征。

四、磷脂脂肪酸法

磷脂脂肪酸（PLFA）是活细胞膜的组成部分，其含量在自然条件下相对恒定。不同的微生物群可通过不同的生化途径形成不同的 PLFA。PLFA 图谱的变化可以说明环境样品中微生物群落结构的变化。

实验原理：细胞膜水解在细胞死亡后几分钟到几小时内释放磷脂，PLFA 被降解，代表微生物群落内"幸存"部分。不同菌群的微生物生物量和群落组成不同，每个样本都有独特的 PLFA 图谱（含量与组成），即特异性；不同样品的图谱之间具有多样性。

实验分析方法如下。

（1）称取 10 mg 去杂质的鲜活周丛生物于锥形瓶中。

（2）依次加磷酸缓冲液、氯仿和甲醇，分别为 7.2 mL、8 mL 和 16 mL，振荡

60 min，静置（避光）12 h。

（3）再加入磷酸缓冲液和氯仿，分别为 7.2 mL 和 8 mL，振摇 30 min，静置过夜。

（4）2500 r/min 离心 3 min，获得氯仿相，氮吹。

（5）收获的氯仿相过硅胶层析柱（依次用氯仿、丙酮、甲醇洗涤层析柱），最后收集甲醇洗涤液，氮吹。

（6）用 1 mL 甲醇/甲苯混合液（$V : V = 1 : 1$）与 1 mL 0.2 mol/L 的 KOH 甲醇溶液溶解样品，并于 30～35℃水浴 15 min，冷却至室温。

（7）加入 2 mL 正己烷/氯仿混合液（$V : V = 4 : 1$），用乙酸将溶液调至中性，加 2 mL 纯水，振摇去水相，取底部正己烷相。

（8）进气相色谱并结合 Sherlock MIS4.5 系统对 PLFA 图谱分析测定其成分及含量。

（9）数据分析：得到 6 种脂肪酸，分别为直链饱和脂肪酸（SSFA）、支链饱和脂肪酸（BSFA）、单键不饱和脂肪酸（MUFA）、环丙烷脂肪酸（CFA）、羟基脂肪酸（OHFA）和多键不饱和脂肪酸（PUFA），分析每种脂肪酸的相对含量及绝对含量。

五、高通量测序法

（一）技术要点

（1）16S rDNA 是编码原核生物核糖体小亚基 rRNA 的 DNA 序列，具有 10 个保守区和 9 个高变区，其中保守区在细菌中差异不大，高变区具有属种特异性。对 16S rDNA 某个高变区进行测序，用于研究周丛生物微生物中细菌或古菌的群落多样性。

（2）18S rDNA 测序：18S rDNA 为编码真核生物核糖体小亚基 rRNA 的 DNA 序列，对 18S rDNA 某个高变区进行测序，用于研究周丛生物群落中真核生物的群落结构。

（3）内部转录间隔区（ITS）测序：ITS 分为 ITS1 和 ITS2 两个区域，ITS1 位于真核 rDNA 序列 18S 和 5.8S 之间，ITS2 位于真核 rDNA 序列 5.8S 和 28S 之间。ITS1 或 ITS2 的测序用于研究周丛生物中真菌群落结构。

（二）技术方法

首先提取周丛生物微生物中的总 DNA，根据实验目的设计 16S rDNA 引物［515F（5'-GTGCCAGCMGCCGCGGTAA-3'）/907R（5'-CCGTCAATTCMTTT

RAGTTT-3′)] 以及 18S rDNA 引物 [528F (5′-GCGGTAATTCCAGCTCCAA-3′) /706R (5′-AATCCRAGAATTTCACCTCT-3′)],并对其进行聚合酶链反应(PCR)扩增。

(三)数据分析

对 PCR 产物进行电泳分析,结合 HiSeq 2500 高通量测序,使用 Cutadapt (V1.9.1,https://cutadapt.readthedocs.io/en/stable/)进行质量控制。检测和去除嵌合序列后最终获得 clean reads,使用 UCHIME 算法将读数与参考数据库进行比较。序列分析由 UPARSE 软件进行,其中≥97%的相似性被分配给相同的操作分类单元(OTU)。由此评价周丛生物中原核微生物与真核微生物的多样性。

第三节 周丛生物胞外聚合物测定方法

一、胞外聚合物提取方法

根据胞外聚合物(extracellular polymeric substance,EPS)在细胞外的存在位置和其性质,可分为 3 种组分的 EPS:外层的松散型 EPS(L-EPS)、最内层的结合态 EPS(B-EPS)以及可以溶解在水溶液中的可溶性 EPS(S-EPS)。这三种组分的 EPS 具有不同的组成和功能,并且会随着周丛生物群落组成和结构的变化而变化。

(一)碱性法提取 EPS

称取约 1 g 的新鲜周丛生物,记录周丛生物湿重,并根据含水率将其转化为干重。加入 2 mL 2 mol/L 的 NaOH 溶液,摇匀,加蒸馏水至 10 mL。于 20℃条件下振荡萃取 2.5 h(120 r/min),离心 20 min(4℃,10 000 r/min),上清液过滤,取滤液。向 2 mL EPS 提取液中加入 4 倍体积的无水乙醇,在 4℃下放置 12 h,再次离心 10 min(10 000 r/min),弃去上清液,所得沉淀物质为粗 EPS。

(二)超声-阳离子交换树脂法提取 EPS

将周丛生物转移到离心管中进行离心分离(5000 r/min,4℃)10 min,收获固体样品得到周丛生物样品,上清液则为 SE 溶液。为了分离结合态 EPS,采用对细胞损伤和 EPS 结构破坏均较小的物理分离方法。先进行 LE 的分离,将收获的周丛生物样品重新分散到 0.05%(w/w)的 NaCl 溶液中到之前的体积,并进行超声(40 W,20 kHz)2 min,之后将分散液进行离心分离（8000 r/min，4℃）20 min，得到上清液为 LE 溶液。分离 LE 后剩余的周丛生物残余样品重新分散到 0.05%（w/w）的 NaCl 溶液中到之前的体积，之后转移到灭菌的提取锥形瓶中。首先，取在 8% NaCl 溶液中浸泡过 8 h 的阳离子交换树脂（CER，001×7，钠型），按 1 : 1（树脂 : 周丛生物）体积加入提取锥形瓶中。之后，将锥形瓶恒温振荡 2 h（400 r/min，4℃），之后静置 5 min 并去除阳离子交换树脂。将上清液离心分离 30 min（12 000 r/min，4℃），上清液即为 TE 溶液。

最后，将得到的所有 EPS 溶液用 0.45 μm 醋酸纤维素滤膜进行过滤，并用再生纤维透析袋（截留分子量为 8000）在超纯水透析 24 h（温度为 4℃，超纯水每 3 h 进行更换），以去除 EPS 中的杂质。透析之后，将 EPS 溶液在真空冷冻干燥机（LyoQeust，Telstar，西班牙）中进行冷冻干燥，从而得到干燥的 EPS 样品。

（三）溶解性（S-EPS）、紧缚型结合态（B-EPS）、松散型胞外聚合物（L-EPS）提取

将周丛生物取出置于 50 mL 离心管中，并与蒸馏水混合形成 50 mL 悬浮液。4℃，6000 r/min 持续 10 min，收集上清液作为 S-EPS 部分，同时将沉淀物重新悬浮在 0.05%（w/w）NaCl 溶液中，并在 20 kHz 下超声 2 min，然后，悬浮液在 8000 r/min 下离心 10 min，收集上清液用于测量 L-EPS，用 0.05%（质量比）的氯化钠溶液再次重悬残余沉积物，并在 20 kHz 下超声 20 min，70℃加热 30 min 后，悬浮液最终在 12 000 r/min 离心 20 min，收集上清液作为紧密结合的胞外多糖（B-EPS）。以上全为粗提取，三种类型的粗 EPS 用 0.45 μm 的 PES 膜过滤后，再转移到 RC（再生）纤维素透析袋（MW：3500 Da）中，在室温下透析 48 h 后，分别获得纯 S-EPS、L-EPS、B-EPS 溶液。将获得的溶液在−60℃冷冻干燥器中冷冻干燥至恒重，然后储存在−80℃直至使用。

二、胞外聚合物多糖和蛋白质测定方法

利用碱性法提取 EPS，获得粗 EPS，加入 0.9% NaCl 溶液搅拌溶解，并定容至 10 mL，测定多糖和蛋白质。多糖测定采用蒽酮比色法，蛋白质测定采用考马斯亮蓝法。

（一）蒽酮比色法测定多糖

糖在硫酸作用下生成糠醛，糠醛与蒽酮反应生成绿色络合物，其颜色与含糖量有关。

（1）制备葡萄糖标液：取适量葡萄糖于烘箱烘至恒重，称取 100 mg 配制成 0.5 L 溶液（每毫升含糖 200 μg 的标液），并绘制标准曲线。

（2）制备蒽酮试剂：称取 1 g 经过纯化的蒽酮，溶解于 1000 mL 稀硫酸。稀硫酸溶液由 760 mL 浓硫酸（比重为 1.84）稀释成 1000 mL。

（3）吸取 1 mL 所提取的 EPS 溶液，加 5 mL 蒽酮试剂，沸水浴煮沸 10 min，取出冷却，然后于分光光度计上进行测定，波长为 625 nm，测得吸光度。依据标准曲线将吸光度转化为含糖浓度，再计算 EPS 中含糖百分比。

（4）计算公式：

$$可溶性糖含量 = (C \times V) / (W \times 10^6) \times 100\%$$

式中，V——样品稀释后的体积，mL。

$\quad\quad$ C——EPS 溶液的含糖量，μg/mL。

$\quad\quad$ W——样品干重，g。

将所测得的多糖浓度转化为质量浓度，即 mg（多糖）/g（周丛生物干重）。

（二）考马斯亮蓝法测定蛋白质

（1）Bradford 浓染液配制：将 100 mg 考马斯亮蓝 G-250 溶于 50 mL 95%乙醇，加入 100 mL 85%的磷酸，并用蒸馏水稀释至 200 mL，此染液放 4℃至少 6 个月保持稳定。将染液稀释至 1000 mL 用于测定。

（2）标准曲线蛋白质样本的准备：尽量使用与待测样本性质相近的蛋白质作为标准品，通常在 20～150 μg/100 μL 绘制标准曲线。

（3）吸取 1 mL 所提取的 EPS 溶液，加 5 mL 稀释的染料结合溶液，染色反应 5～30 min，染液与蛋白质结合后变为蓝色，然后于分光光度计上进行测定，波长为 595 nm，测定其吸光度。

（4）根据标准曲线计算待测样本的浓度，并将所测得的蛋白浓度转化为质量浓度，即 mg（蛋白）/g（周丛生物干重）。

（三）注意事项

采用碱性法提取可能会由于 NaOH 浓度过高导致 EPS 中的蛋白质和多糖变性，对细胞和 EPS 结构破坏较大，蛋白质和多糖含量会降低，不利于后续进一步实验，如果只用于多糖和蛋白质含量的检测则没有问题。

主要参考文献

陈振翔, 于鑫, 夏明芳, 等, 2005. 磷脂脂肪酸分析方法在微生物生态学中的应用[J]. 生态学杂志, 24(7): 828-832.

党雯, 邹春花, 张强, 等, 2015. Biolog 法测定土壤微生物群落功能多样性预处理方法的筛选[J]. 中国农学通报, 31(2): 153-158.

龚子艺, 贾一非, 王沛永, 2018. 基于 Aquatox 的西北地区城市景观水体生态模拟及富营养化控制分析: 以西安为例[C]. 中国风景园林学会 2018 年会, 中国贵州贵阳. 2018-10-20.

国家环境保护总局, 2002. 水和废水监测分析方法（第四版）[M]. 北京: 中国环境科学出版社.

胡婵娟, 刘国华, 吴雅琼, 2011. 土壤微生物生物量及多样性测定方法评述[J]. 生态环境学报, 20(S1): 1161-1167.

李斌斌, 李锐, 谭巧, 等, 2018. 长江上游宜宾至江津段周丛藻类群落结构及水质评价[J]. 西南大学学报(自然科学版), 40(3): 10-17.

李海宗, 2014. 湖泊表层沉积物中微生物群落结构多样性测定方法[J]. 污染防治技术, 27(2): 48-50, 53.

鲁如坤, 2000. 土壤农业化学分析方法[M]. 北京: 中国农业科技出版社.

伍良雨, 吴辰熙, 康杜, 2019. 载体对周丛生物生物量和群落的影响研究[J]. 环境科学与技术, 42(1): 50-57.

Blakesley R W, Boezi J A, 1977. A new staining technique for proteins in polyacrylamide gels using Coomassie brilliant blue G250[J]. Analytical Biochemistry, 82(2): 580-582.

Boyce D G, Lewis M R, Worm B, 2010. Global phytoplankton decline over the past century[J]. Nature, 466(7306): 591-596.

Chamuah G S, Dey S K, 1982. Determination of cation exchange capacity of woody plant roots using ammonium acetate extractant[J]. Plant and Soil, 68(1): 135-138.

Characklis W G, Trulear M G, Bryers J D, et al, 1982. Dynamics of biofilm processes: methods[J]. Water Research, 16(7): 1207-1216.

Cui L, Yang K, Li H Z, et al, 2018. Functional single-cell approach to probing nitrogen-fixing bacteria in soil communities by resonance Raman spectroscopy with $^{15}N_2$ labeling[J]. Analytical Chemistry, 90(8): 5082-5089.

Desmond P, Best J P, Morgenroth E, et al, 2018. Linking composition of extracellular polymeric substances (EPS) to the physical structure and hydraulic resistance of membrane biofilms[J]. Water Research, 132: 211-221.

Feuillie C, Formosa-Dague C, Hays L M C, et al, 2017. Molecular interactions and inhibition of the staphylococcal biofilm-forming protein SdrC[J]. Proceedings of the National Academy of Sciences of the United States of America, 114(14): 3738-3743.

Frølund B, Palmgren R, Keiding K, et al, 1996. Extraction of extracellular polymers from activated sludge using a cation exchange resin[J]. Water Research, 30(8): 1749-1758.

Hamilton R D, Holm-Hansen O, 1967. Adenosine triphosphate content of marine bacteria1[J]. Limnology and Oceanography, 12(2): 319-324.

Jones B M, Halsey K H, Behrenfeld M J, 2017. Novel incubation-free approaches to determine phytoplankton net primary productivity, growth, and biomass based on flow cytometry and quantification of ATP and NAD(H)[J]. Limnology and Oceanography: Methods, 15(11): 928-938.

La Motta E J, 1974. Evaluation of diffusional resistances in substrate utilization by biological films[D]. Ph.D. Thesis, University of North Carolina at Chapel Hill.

Li X A, Chen S, Li J E, et al, 2019. Chemical composition and antioxidant activities of polysaccharides from Yingshan cloud mist tea[J]. Oxidative Medicine and Cellular Longevity,

2019: 1-11.

Liu J Z, Sun P F, Sun R, et al, 2019. Carbon-nutrient stoichiometry drives phosphorus immobilization in phototrophic biofilms at the soil-water interface in paddy fields[J]. Water Research, 167: 115-129.

Loutherback K, Chen L, Holman H Y N, 2015. Open-channel microfluidic membrane device for long-term FT-IR spectromicroscopy of live adherent cells[J]. Analytical Chemistry, 87(9): 4601-4606.

Lu H Y, Liu J Z, Kerr P G, et al, 2017. The effect of periphyton on seed germination and seedling growth of rice (Oryza sativa) in paddy area[J]. Science of the Total Environment, 578: 74-80.

Ma J, Ma E D, Xu H, et al, 2009. Wheat straw management affects CH_4 and N_2O emissions from rice fields[J]. Soil Biology and Biochemistry, 41(5): 1022-1028.

Madigan M T, Martinko J M, Parkerer J, 1999. Brock-Biology of microorganisms[M]. London: Prentice Hall: 53-55.

Malyan S K, Bhatia A, Kumar A, et al, 2016. Methane production, oxidation and mitigation: a mechanistic understanding and comprehensive evaluation of influencing factors[J]. Science of the Total Environment, 572: 874-896.

Pan Y H, Hu L, Zhao T, 2019. Applications of chemical imaging techniques in paleontology[J]. National Science Review, 6(5): 1040-1053.

Pareek V, Tian H, Winograd N, et al, 2020. Metabolomics and mass spectrometry imaging reveal channeled de novo purine synthesis in cells[J]. Science, 368(6488): 283-290.

Park R A, Clough J S, 2014. AQUATOX (RELEASE 3.1 plus) Modeling environmental fate and ecological effects in aquatic ecosystems volume 2: Technical documentation[R]. Washington, DC: US Environmental Protection Agency (USA EPA).

Ryther J H, Yentsch C S, 1957. The estimation of phytoplankton production in the ocean from chlorophyll and light Data1[J]. Limnology and Oceanography, 2(3): 281-286.

Silsbe G M, Behrenfeld M J, Halsey K H, et al, 2016. The CAFE model: a net production model for global ocean phytoplankton[J]. Global Biogeochemical Cycles, 30(12): 1756-1777.

Trulear M G, 1980. Dynamics of biofilm processes in an annular reactor[D]. M.S. Thesis, Rice University Houston.

Vestal J R, White D C, 1989. Lipid analysis in microbial ecology: quantitative approaches to the study of microbial communities[J]. Bioscience, 39(8): 535-541.

Watanabe I, 1984. Use of symbiotic and free-living blue-green algae in rice culture[J]. Outlook on Agriculture, 13(4): 166-172.

White D C, Davis W M, Nickels J S, et al, 1979. Determination of the sedimentary microbial biomass by extractible lipid phosphate[J]. Oecologia, 40(1): 51-62.

Wu Y, 2016. Periphyton: Functions and Application in Environmental Remediation[M]. New York: Elsevier: 436.

Zhang K J, Pan R J, Zhang T Q, et al, 2019. A novel method: using an adenosine triphosphate (ATP) luminescence-based assay to rapidly assess the biological stability of drinking water[J]. Applied Microbiology and Biotechnology, 103(11): 4269-4277.